高等院校机械类"十一五"规划系列教材

机床数控技术

王家忠 李 猛 主 编
王泽河 杨小华 姜海勇 副主编

北京航空航天大学出版社

内 容 简 介

本书是高等学校机械工程及自动化(机械设计制造及自动化、机电一体化、数控技术等)相关专业"十一五"规划系列教材之一。本书以数控机床作为载体,详细分析和阐述了数控技术的最新原理和技术,并紧紧围绕机床数控技术的核心内容,从理论和实践结合的角度介绍了机床数控技术中所涵盖的关键技术,为数控技术的推广和应用打下坚实的基础。全书共7章,主要包括机床数控技术的基本概念、数控机床的加工控制原理、数控机床的编程基础、计算机控制装置、伺服驱动系统、测量反馈系统和数控机床机械技术等。

本书内容丰富新颖、图文并茂,注意各章节内容上的联系,具有系统性、先进性、针对性和实用性的特点。可作为高等普通院校和高等职业院校机械类工科及机械电子工程等相关专业教材,还可作为工程技术人员或相关研究者的参考书。

图书在版编目(CIP)数据

机床数控技术/王家忠等主编. —北京:北京航空航天大学出版社,2009.8
ISBN 978-7-81124-812-8

Ⅰ. 机… Ⅱ. 王… Ⅲ. 数控机床 Ⅳ. TG659

中国版本图书馆 CIP 数据核字(2009)第 109341 号

机 床 数 控 技 术

王家忠　李　猛　主　编
王泽河　杨小华　姜海勇　副主编
责任编辑　金友泉

*

北京航空航天大学出版社出版发行

北京市海淀区学院路 37 号(100191)　发行部电话:010-82317024　传真:010-82328026
http://www.buaapress.com.cn　E-mail:bhpress@263.net
北京市媛明印刷厂印装　各地书店经销

*

开本:787 mm×1 092 mm　1/16　印张:18.5　字数:474 千字
2009 年 8 月第 1 版　2009 年 8 月第 1 次印刷　印数:5 000 册
ISBN 978-7-81124-812-8　　　定价:28.00 元

前　言

本书是高等院校机械工程及自动化（机械设计制造及自动化、机电一体化、数控技术等）相关专业"十一五"规划系列教材之一。

数控技术是现代先进制造技术的基础之一，它的广泛应用使普通机械被数控机械所代替，使全球制造业发生了根本变化，已经被世界各国列为优先发展的关键工业技术，成为当代国际间科技竞争的重点。因此，数控技术的水平，数控设备的拥有和普及程度，已经成为衡量一个国家综合实力和工业现代化水平的重要标志。为了适应这种形势，需要培养大量的数控技术人才。

数控技术课程是机械工程学科中机电控制及其结合的专业技术基础课。本课程是以数控机床作为物化对象，以解剖麻雀的形式讲解数控技术中的关键技术，这也是本书取名"机床数控技术"的原因之一。该技术综合应用机、电、控制及计算机知识，结合各种实践教学环节，进行数控装备机电控制的基本训练，为学生从事机电控制系统和现代先进制造技术工作打下基础。

为了在高等院校发展和普及数控技术，培养数控人才，由此编写了本书。"数控技术"相关教材较多，本书着眼于国内外最新的科研成果和发展动态，力求做到先进性。根据编者多年的教学经验，在讲义的基础上，博采众长，将理论与实践相结合。本书内容新颖、图文并茂、语言简洁、思路清晰，具有系统性、先进性、针对性和实用性的特点。

全书共分7章，分别介绍了机床数控技术的基本概念、数控机床加工控制原理、数控编程基础、计算机数控装置的软硬件组成、伺服驱动系统、测量反馈系统和数控机床的机械技术。

参加本书编写工作的有河北农业大学王家忠（第1章、第4章），李猛（第3章），姜海勇（第6章），王泽河（第2章），浙江丽水职业技术学院杨小华（第5章），刘江涛（第7章）。全书由王家忠、李猛任主编，王家忠统稿。

本书由河北农业大学弋景刚教授主审，参加审稿的还有吉林大学王龙山教授、中国地质大学的李宝林教授和河南理工大学邓乐教授，审稿人对本书提出了宝贵意见。在本书编写过程中，参考了大量同类文献和最新研究成果，在此一并表示衷心感谢。

本书编写虽然力求缜密严谨，但由于编者水平有限，不足之处在所难免，敬请广大读者不吝指正。

注：本书配有教学课件，购买本书的读者可向 wjz9001@163.com 或 010-82317027 索取，非常感谢您对北航出版社图书的关注与支持！

编　者
2009年4月

目 录

第1章 绪 论 ·· 1
　1.1 数控技术的基本概念 ··· 1
　　1.1.1 机床的概念 ··· 1
　　1.1.2 数控的概念 ··· 1
　　1.1.3 数控技术的概念 ·· 2
　　1.1.4 数控机床的概念 ·· 2
　　1.1.5 其他相关的概念 ·· 3
　　1.1.6 数控机床与普通机床、机电一体化及 CAD/CAM 的关系 ························ 3
　1.2 数控机床的组成及其特点 ·· 4
　　1.2.1 数控机床的组成 ·· 4
　　1.2.2 数控加工系统及其组成环节 ··· 6
　　1.2.3 数控机床的工作原理 ·· 6
　　1.2.4 数控机床的加工特点 ·· 7
　1.3 数控机床的分类 ··· 8
　　1.3.1 按运动控制的特点分类 ··· 8
　　1.3.2 按伺服系统的控制方式分类 ··· 9
　　1.3.3 按机床的工艺用途进行分类 ·· 10
　　1.3.4 按数控系统的功能水平进行分类 ··· 11
　　1.3.5 按照可联动轴数进行分类 ··· 11
　　1.3.6 坐标联动控制 ·· 12
　1.4 数控技术的产生与发展 ··· 14
　　1.4.1 数控机床的产生 ··· 14
　　1.4.2 数控机床的发展趋势 ·· 16
本章小结 ·· 18
思考与练习题 ··· 18

第2章 数控系统的加工控制原理 ·· 20
　2.1 概 述 ··· 20
　　2.1.1 零件加工表面分解过程 ·· 20
　　2.1.2 刀具运动轨迹合成过程 ·· 21
　2.2 数控系统工作过程 ·· 22
　2.3 插补原理 ·· 23
　　2.3.1 逐点比较法 ··· 24

  2.3.2 数字积分法 ……………………………………………………………………… 30
  2.3.3 数据采样插补法 …………………………………………………………… 37
 2.4 刀具补偿原理 …………………………………………………………………………… 40
  2.4.1 刀具半径补偿的作用 ……………………………………………………… 40
  2.4.2 刀具半径补偿计算 ………………………………………………………… 41
  2.4.3 C功能刀具半径补偿 ……………………………………………………… 42
 本章小结 …………………………………………………………………………………… 47
 思考与练习题 ……………………………………………………………………………… 48

第3章 数控机床编程基础 ………………………………………………………… 50

 3.1 概　述 …………………………………………………………………………………… 50
  3.1.1 数控编程方法简介 ………………………………………………………… 50
  3.1.2 数控编程的内容与手工编程的步骤 ……………………………………… 52
 3.2 数控编程的几何基础 …………………………………………………………………… 53
  3.2.1 数控编程标准 ……………………………………………………………… 53
  3.2.2 数控编程的坐标系 ………………………………………………………… 54
 3.3 数控编程的工艺基础 …………………………………………………………………… 60
  3.3.1 数控加工的工艺特点与内容 ……………………………………………… 60
  3.3.2 数控加工的工艺分析方法 ………………………………………………… 63
  3.3.3 数控加工的工艺路线设计 ………………………………………………… 66
  3.3.4 数控加工的工序设计 ……………………………………………………… 70
  3.3.5 编写数控加工工艺文件 …………………………………………………… 75
 3.4 数控编程的指令代码和手工编程 ……………………………………………………… 79
  3.4.1 数控编程的程序结构与程序段格式 ……………………………………… 79
  3.4.2 常用功能字简介 …………………………………………………………… 82
  3.4.3 FANUC 0i系统常用准备功能G代码介绍 ……………………………… 83
  3.4.4 常用辅助功能M代码及用法 …………………………………………… 117
  3.4.5 其他常用编程指令 ………………………………………………………… 119
  3.4.6 用户宏程序编程 …………………………………………………………… 123
 3.5 数控手工编程综合应用 ………………………………………………………………… 123
  3.5.1 数控车削编程综合应用 …………………………………………………… 123
  3.5.2 数控铣削编程综合应用 …………………………………………………… 129
  3.5.3 加工中心编程综合应用 …………………………………………………… 132
 3.6 数控编程的自动编程简介 ……………………………………………………………… 134
  3.6.1 计算机辅助数控程序自动编制的基本概念 ……………………………… 134
  3.6.2 CAD/CAM集成数控自动编程系统的原理 …………………………… 135
  3.6.3 CAD/CAM集成数控自动编程系统的应用 …………………………… 136
 本章小结 …………………………………………………………………………………… 138
 思考题与习题 ……………………………………………………………………………… 138

第4章 计算机数控装置 … 142

4.1 概 述 … 142
4.2 计算机数控系统的硬件 … 144
4.2.1 CNC系统的硬件构成 … 144
4.2.2 CNC装置的体系结构 … 145
4.2.3 开放式数控装置的体系结构 … 151
4.3 计算机数控系统的软件 … 152
4.3.1 计算机数控系统的软件概述 … 152
4.3.2 输入数据处理程序 … 155
4.3.3 插补运算及位置控制程序 … 158
4.3.4 速度处理和加减速控制程序 … 159
4.3.5 输出程序 … 160
4.3.6 系统管理和诊断程序 … 161
4.4 数控机床的辅助功能和可编程控制器(PMC)接口 … 162
4.4.1 可编程控制器的定义、特点和分类 … 163
4.4.2 可编程控制器的组成及工作原理 … 165
4.4.3 可编程控制器在数控机床上的应用实例 … 172
4.5 国内外常见数控系统介绍及性能比较 … 182
4.5.1 FANUC数控系统 … 182
4.5.2 SIEMENS数控系统 … 189
4.5.3 A-B公司的7360系统 … 191
4.5.4 国产数控系统 … 191
本章小结 … 194
思考题与习题 … 194

第5章 数控机床伺服驱动系统 … 195

5.1 概 述 … 195
5.1.1 伺服系统的组成 … 195
5.1.2 数控机床对伺服系统的基本要求 … 196
5.1.3 伺服系统的分类 … 197
5.2 数控机床主轴驱动系统 … 199
5.2.1 主轴驱动装置及工作特性 … 199
5.2.2 主轴分段无级变速及控制 … 201
5.2.3 主轴准停控制 … 203
5.2.4 主轴与进给轴关联控制 … 206
5.3 数控机床进给驱动系统 … 208
5.3.1 进给驱动系统组成与分类 … 208
5.3.2 开环进给伺服控制 … 215

5.3.3　闭环进给伺服控制及特性分析 …………………………………… 224
　　5.3.4　脉冲比较的进给伺服控制 ………………………………………… 228
　　5.3.5　相位比较的进给伺服控制 ………………………………………… 229
　　5.3.6　幅值比较的进给伺服控制 ………………………………………… 232
　　5.3.7　数据采样式和反馈补偿式进给伺服控制 ………………………… 236
本章小结 ……………………………………………………………………………… 237
思考题与习题 ………………………………………………………………………… 238

第6章　数控机床测量反馈系统 …………………………………………………… 239

6.1　概　述 …………………………………………………………………………… 239
　　6.1.1　数控机床检测装置的分类 …………………………………………… 240
　　6.1.2　数控机床对检测装置的要求 ………………………………………… 240
　　6.1.3　数控检测装置的性能指标与要求 …………………………………… 241
6.2　旋转变压器 ……………………………………………………………………… 241
　　6.2.1　旋转变压器的组成及工作原理 ……………………………………… 241
　　6.2.2　相位工作方式 ………………………………………………………… 242
　　6.2.3　幅值工作方式 ………………………………………………………… 242
6.3　感应同步器 ……………………………………………………………………… 243
　　6.3.1　感应同步器的组成及工作原理 ……………………………………… 243
　　6.3.2　感应同步器测量系统 ………………………………………………… 245
6.4　光栅测量装置 …………………………………………………………………… 249
　　6.4.1　光栅测量的工作原理 ………………………………………………… 249
　　6.4.2　光栅测量装置的数字变换线路 ……………………………………… 250
　　6.4.3　读数头 ………………………………………………………………… 252
　　6.4.4　等倍透镜系统 ………………………………………………………… 252
6.5　脉冲编码器 ……………………………………………………………………… 252
　　6.5.1　增量式脉冲编码器 …………………………………………………… 253
　　6.5.2　绝对值式脉冲编码器 ………………………………………………… 255
本章小结 ……………………………………………………………………………… 257
思考题与习题 ………………………………………………………………………… 258

第7章　数控机床的机械系统 ……………………………………………………… 259

7.1　概　述 …………………………………………………………………………… 259
　　7.1.1　数控机床机械结构特点 ……………………………………………… 259
　　7.1.2　数控机床对机械结构的要求 ………………………………………… 260
7.2　数控机床的布局特点 …………………………………………………………… 262
　　7.2.1　概　述 ………………………………………………………………… 262
　　7.2.2　数控机床布局特点 …………………………………………………… 262
7.3　数控机床的主运动结构 ………………………………………………………… 265

  7.3.1 概 述 ………………………………………………………………………… 265
  7.3.2 主运动的配置形式和驱动电动机 …………………………………………… 266
  7.3.3 主轴部件 ………………………………………………………………………… 267
 7.4 进给系统的机械传动结构 …………………………………………………………… 268
  7.4.1 进给系统机械传动结构概述 …………………………………………………… 269
  7.4.2 滚珠丝杠螺母副 ………………………………………………………………… 270
  7.4.3 回转工作台 ……………………………………………………………………… 270
  7.4.4 导 轨 ……………………………………………………………………………… 271
 7.5 数控机床的刀具交换装置 …………………………………………………………… 272
  7.5.1 概 述 ………………………………………………………………………… 272
  7.5.2 自动换刀装置的形式 …………………………………………………………… 273
  7.5.3 刀 库 ……………………………………………………………………………… 274
 7.6 机床床身 ……………………………………………………………………………… 275
 7.7 刀具系统 ……………………………………………………………………………… 275
 7.8 夹具及附件 …………………………………………………………………………… 276
本章小结 …………………………………………………………………………………… 277
习题与思考题 ……………………………………………………………………………… 277

附 录 ………………………………………………………………………………………… 279

 附录 1 FANUC 系统准备功能 G 代码 ………………………………………………… 279
 附录 2 FANUC 系统辅助功能 M 代码 ………………………………………………… 280
 附录 3 FANUC 系统部分功能的技术术语及解释 …………………………………… 281

参考文献 …………………………………………………………………………………… 286

第1章 绪 论

本章要点

数控机床的出现满足了多品种、中小批量、形状复杂、精度要求高和产品更新换代的要求，是一种灵活、通用、能够适用产品频繁变化的柔性自动化机床。

本章主要阐述数控技术和数控机床的基本概念；机床数控技术的组成和特点；数控机床的分类方法；在了解数控技术发展历史的基础上，理解数控机床与现代机械制造系统之间的关系和发展数控机床的必要性以及数控机床的发展趋势。

1.1 数控技术的基本概念

1.1.1 机床的概念

国际标准机构 ISO（International Organization for Standardization）对机床（machine tools）所下的定义为："无论制出材料或成品，或有无切屑，将固体材料（金属、木材或塑料等）由一动力源推动而用物理的、化学的或其他方法制出生产工件的机械"。我国的机床或工具机是指狭义的工具机而言，故称之为机床或工作母机。它主要指将金属工作件以自动切削或轮磨等的机械制造方法制造出所需形状、尺寸及表面精度为目的的机械。

从机床的定义出发，可从以下几点理解机床的基本概念：

① 机床是对金属或其他材料的坯料或工件进行加工，使之获得所要求的几何形状、尺寸精度和表面质量的机器。

② 机械产品的零件通常都是用机床加工出来的。机床是制造机器的机器，也是能制造机床本身的机器，这是机床区别于其他机器的主要特点，故机床又称为工作母机或工具机。

③ 机床（也称车床）通常称为工作母机，是制造世界上一切机器的机器。没有机床，大工业的生产和现代世界将回到它们的原始状态中去，世界将不堪设想。

1.1.2 数控的概念

数字控制简称数控（Numerical Control）是一种自动控制技术，是用数字化信号对机械的运动及其工作过程进行控制的一种方法。它利用了计算机强大的数值计算和信息处理能力，对产品加工过程进行数字化信息处理与控制。为了说明数控的基本概念，下面以数控机床中的一个程序段为例来进行说明，例如

N003 G90 G01 X+325.927 Y+279.346 Z−429.732 S1000 T02 F500 M07

该程序段部分的含义如下：

N003　第三个程序段；

G90　绝对坐标编程，在这里指该程序中的位置坐标均是相对于坐标原点的绝对坐标值，

有别于增量坐标编程;

G01　刀具做直线插补运动;

S1000　机床主轴转速为 1000 r/min;

T02　选用 2 号刀具;

F500　机床进给部件的运动速度为 500 mm/min;

M07　冷却液开。

上述程序段为数控加工的指令代码,即数字化的信号,用来控制机床的运动。它的总体含义为:第三个程序段,数控机床选用 2 号刀具,在主轴转速为 1000 r/min,进给部件运动速度为 500 mm/min 和冷却液打开的工艺条件下加工一条空间直线段。该线段以坐标原点或上一程序段的指令点为起点,以给定坐标值(+325.927,+279.346,-429.732)为终点。所有坐标值的计算均以坐标原点为基准。

1.1.3　数控技术的概念

数控技术是根据设计和工艺要求,用计算机对产品加工过程进行数字化信息处理与控制,达到生产自动化、提高综合效益的一门技术。

机床数控技术由机床机械技术、数控系统和外围技术组成,如图 1-1 所示。其中数控系统是最关键的技术,由控制系统(数控装置)、伺服驱动系统和测量反馈系统组成,将在书中第 4 章、第 5 章和第 6 章中分别介绍;机床的机械部分包括基础件和配套件,构成了机床的本体部分,将在第 7 章中介绍;外围技术包括工具技术、编程技术和管理技术,本书将在第 3 章中重点介绍编程技术。

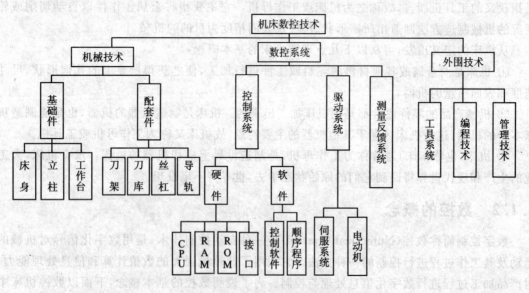

图 1-1　机床数控技术的组成

1.1.4　数控机床的概念

数控技术是现代先进制造技术的基础,其技术水平和普及程度是衡量一个国家综合国力和工业现代化程度的重要标志。国际信息处理联盟(IFIP,International Federation of Information Processing)第五技术委员会对数控机床的定义是：数控机床是一个装有程序控制系统的机床，该系统能够逻辑地处理具有使用号码或其他符号编码指令规定的程序，即数控机床是采用了数控技术的机床或装备了数控装置的机床。数控机床是利用数控技术，准确地按照事先编制好的程序，自动加工出所需工件的机电一体化设备。在现代机械制造中，特别是在航空、造船、国防、汽车模具及计算机工业中得到广泛应用。

1.1.5 其他相关的概念

和机床数控技术相关的概念还有数控系统、计算机数控系统、数控程序、数控编程和数控加工等。

1. 数控系统

数控系统是一种程序控制系统，它能逻辑地处理输入到系统中具有特定代码的程序，并将其译码，从而使机床运动并加工零件，包括由硬件搭成的系统 NC(Numerical Control)和计算机数控系统 CNC(Computerized Numerical Control System)。

2. 计算机数控系统

计算机数控系统(CNC)由装有数控系统程序的专用计算机、输入/输出设备、可编程序控制器(PLC)、存储器、主轴驱动装置及进给驱动装置等部分组成。

3. 数控程序

数控程序(NC Program)是输入数控系统中的、使数控机床执行一个确定的加工任务的、具有特定代码和其他符号编码的一系列指令。

4. 数控编程

简单地说，数控编程是指生成用数控机床进行零件加工的数控程序的过程，可分为手工编程和自动编程两大类。

5. 数控加工

数控加工是指根据零件图样及工艺要求等原始条件编制零件数控加工程序，输入数控系统，控制数控机床中刀具与工件的相对运动，从而完成零件的加工。

1.1.6 数控机床与普通机床、机电一体化及 CAD/CAM 的关系

为了更好地理解数控机床的概念和特点，将数控机床与普通机床、机电一体化及 CAD/CAM 的关系作比较如下。

1. 数控机床与普通机床的比较

数控机床是在普通机床基础上增加了对机床运动和动作自动控制的功能部件，使数控机床能够自动完成对零件加工的全过程，其控制的媒介为数字程序。表 1-1 为数控机床和普通机床的性能比较。

2. 数控机床与机电一体化的关系

机械行业的发展方向是机电一体化(Mechatronics)。机电一体化是指在机构的主功能、动力功能、信息处理功能和控制功能上引进电子技术，并将机械装置和电子设备以及软件等有机结合起来构成系统的总称。机电一体化本身包括机电一体化技术和机电一体化产品两层含义。其中，数控机床和工业机器人一样是典型的机电一体化产品。

3. 数控技术与 CAD/CAM 的关系

数控技术是衡量一个国家经济发展水平的重要标志,使制造业的整体面貌发生重大变化。数控技术是先进制造技术的基础,数控技术使 CAD/CAM 实用化。

表 1-1　数控机床与普通机床的性能比较

序号	项目	数控机床	普通机床
1	加工异形零件的能力	强	弱
2	改变加工对象的柔性程度	高	低
3	加工质量和加工精度	高	低
4	加工效率	高	低
5	设备利用率	高	低
6	产品优化设计与 CAD 连接功能	高	低
7	前期投资	高	低
8	对操作人员素质的要求	高	低
9	对生产计划、生产准备和生产调度的要求	高	低
10	运行费	低	高
11	维修技术和维修费	高	低
12	对不合格产品再加工的费用	低	高

图 1-2 为 CAD/CAM 技术关系图。从图中可以看出,广义的 CAM 包括 CAPP 和 CAM 两部分,其中 CAPP 包括工艺设计、NC 编程和机器人编程等;CAM 包括 NC 加工、装配和检验等,可见数控编程和数控加工是 CAD/CAM 的重要内容,数控机床是数控加工的实施者。

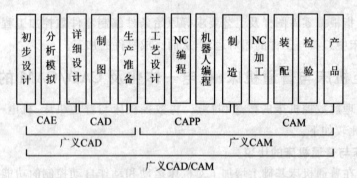

图 1-2　CAD/CAM 技术关系图

1.2　数控机床的组成及其特点

1.2.1　数控机床的组成

数控机床通常是由程序载体、CNC 装置、伺服驱动系统(包括主轴伺服驱动系统和进给伺服驱动系统)、检测与反馈装置、辅助装置和机床本体组成,如图1-3所示。

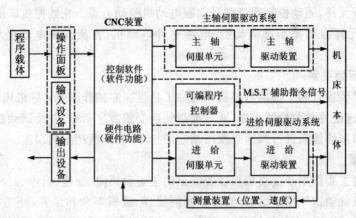

图1-3 数控机床的组成

各部分的作用如下:

1. 程序载体

程序载体是用于存储零件加工程序的装置,可将加工程序以特殊的格式和代码存储在载体上。常用的载体有磁盘、磁带、硬盘和闪存卡等。

由于复杂模具和大型零件的加工程序占用内存空间大,目前将加工程序的执行方式按数控机床控制系统的内存空间大小分为两种方式:一种是采用CNC方式,即先将加工程序输入机床,然后调出来执行;另一种是采用DNC方式,即将机床与计算机连接,机床的内存作为存储缓冲区,加工程序由计算机一边传送,机床一边执行。

2. CNC装置

CNC装置,又称计算机数控装置,是CNC系统的核心,主要包括微处理器(CPU)、存储器、局部总线、外围逻辑电路和输入/输出控制等。有两种形式的数控系统:一种是由专用电路组成的专用计算机数控系统称为硬件数控系统CNC;另一种是由通用小型计算机或微型计算机作为数控装置的数控系统称为计算机数控系统CNC,目前绝大多数为CNC系统。

输入装置将数控代码变成相应的电脉冲信号,传递并存入数控系统内。输入装置有磁带机和软驱等。输入方式可以通过手工(MDI)用键盘直接输入或通过通信的方式RS-232C输入到数控系统。

CNC装置接收输入装置送来的脉冲信号;经过数控装置的系统软件或逻辑电路进行编译、运算和逻辑处理后,输出各种信号和指令,控制机床的各部分,使其进行规定的、有序的动作。

3. 伺服驱动系统

伺服系统包括主轴伺服驱动系统和进给伺服驱动系统,其作用是把来自数控装置的运动指令进行放大处理,驱动机床移动部件的运动,使工作台和主轴按规定的轨迹和速度运动,加工出符合要求的产品。它的伺服精度和动态响应是影响数控机床加工精度、表面质量和生产率的重要因素之一。

伺服系统是数控装置和机床本体之间的电传动联系环节。伺服系统包括驱动装置和执行装置两大部分,执行装置常用的伺服电动机有步进电动机、直流伺服电动机和交流伺服电动机。而执行装置主要由伺服电动机、驱动控制系统和位置检测与反馈装置等组成。伺服电动机是系统的执行元件,驱动控制系统则是伺服电动机的动力源。在数控机床的伺服系统中,常用的伺服驱动元件有功率步进电动机、电液脉冲电动机、直流伺服电动机和交流伺服电动机等。

4. 检测与反馈装置

检测与反馈装置有利于提高数控机床的加工精度。它的作用是:将机床导轨和主轴移动的位移量、移动速度等参数检测出来,通过模数转换变成数字信号,并反馈到数控装置中;数控装置根据反馈回来的信息进行判断并发出相应的指令,纠正所产生的误差。

5. 辅助装置

辅助装置的主要作用是接收数控装置输出的主运动换向、变速、启停、刀具的选择和交换,以及其他辅助装置动作等指令信号,经过必要的编译、逻辑判断和运算,经功率放大后直接驱动相应的驱动源,带动机床的机械部件,液压、气动装置等完成相应指令规定的动作。辅助装置是把计算机送来的辅助控制指令经机床接口转换成强电信号,用来控制主轴电动机启停、冷却液的开关及工作台的转位和换刀等动作。辅助装置主要包括自动换刀装置 ATC(Automatic Tool Changer)、自动交换工作台机构 APC(Automatic Pallet Changer)、工件夹紧放松机构、回转工作台、液压控制系统、润滑装置、切削液装置、排屑装置、过载和保护装置等。

6. 机床本体

数控机床的本体指其机械结构实体。与传统的普通机床相比较,它同样由主传动系统、进给传动机构、工作台、床身以及立柱等部分组成。但数控机床在整体布局、外观造型、传动机构、工具系统及操作机构等方面都发生了很大的变化。为了满足数控技术的要求和充分发挥数控机床的特点,归纳起来包括以下几个方面的变化:

① 采用高性能主传动及主轴部件,使得主轴部件传递功率大、刚度高、抗振性好及热变形小。

② 进给传动采用高效传动件 具有传动链短、结构简单、传动精度高等特点,一般采用滚珠丝杠副和直线滚动导轨副等。

③ 具有完善的刀具自动交换和管理系统。

④ 在加工中心上一般具有工件自动交换、工件夹紧和放松机构。

⑤ 机床本身具有很高的动、静刚度。

⑥ 采用全封闭罩壳 由于数控机床是自动完成加工,为了操作安全等,一般采用移动门结构的全封闭罩壳,对机床的加工部件进行全封闭。

1.2.2 数控加工系统及其组成环节

现代企业数控加工系统一般由编程系统、数控机床、机床工艺系统和加工保障系统等构成,如图 1-4 所示。其中,编程系统一般利用 CAD/CAM 软件,根据零件的加工要求在 CAD 的基础上,进行工艺分析,进而生成数控加工所需的数控代码,通过串行通信或网络的形式传送给数控机床,并在机床工艺系统和加工保障系统的配合下,完成零件的加工。

1.2.3 数控机床的工作原理

数控机床的加工原理框图如图 1-5 所示。

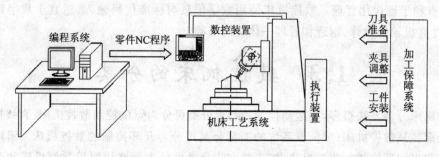

图 1-4 数控加工系统的典型结构

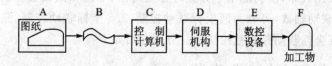

图 1-5 数控机床的加工原理

在图 1-5 中，A 为被加工零件的图纸，图纸上的数据可分为几何数据和工艺数据两类。这些数据是指示给数控设备命令的原始依据(简称"指令")。B 为控制介质(或程序介质、输入介质)，通常用纸带、磁带、磁盘等作为记载指令的控制介质。C 为数据处理和控制的电路，通常是计算机数控系统。零件的加工程序经过数控系统处理后，变成伺服机构能够接收的位置指令和速度指令。D 为伺服机构(或伺服系统)，如果把"控制计算机(C)"比拟为人的"大脑"，则"伺服机构(D)"相当于人的"手"和"足"，数控加工过程要求伺服机构无条件地执行"大脑"的意志。E 为数控设备。F 为加工后的零件成品或半成品。这就是一般数控设备的工作过程。

数控机床的工作过程可分为以下几个阶段：

① 根据被加工零件的图样与工艺要求，用规定的代码和程序格式编写加工程序。

② 将编写好的程序和相关参数以 MDI、磁盘或通信方式，输入至数控系统中。

③ 数控装置将程序进行译码、运算，生成一系列指令，向机床各个坐标的伺服机构和辅助控制装置发出控制信号，驱动相应的部件动作，以加工出合格的零件。

数控系统的加工控制原理将在第 2 章介绍。

1.2.4 数控机床的加工特点

数控机床是柔性很强的自动化机床，其加工特点可归纳为以下几点：

(1) 加工精度高　数控机床是按数字形式给出的指令进行加工的，脉冲当量普遍达到 0.001 mm 以下，且传动链之间的间隙能得到有效补偿。

(2) 适应性强　数控机床改变加工零件时，只需改变加工程序，特别适合于单件、小批量、加工难度和精度要求较高的零件加工。

(3) 自动化程度高，劳动强度低。机床自动化程度的提高，使操作人员的劳动强度大大降低，工作环境得到改善。

(4) 生产效率高　数控机床加工零件粗加工时可以进行大切削用量的强力切削，移动部件的空行程时间短，工件装夹时间短，更换零件时几乎不需要调整机床。

(5) 有利于现代化管理 数控机床使用数字信息与标准代码输入,适宜于数字计算机联网,成为计算机辅助设计、制造和管理一体化的基础。

1.3 数控机床的分类

数控机床分类方法很多,按运动控制的特点分类可分为点位控制数控机床、直线控制数控机床和轮廓控制数控机床;按伺服系统的类型分类可分为开环控制的数控机床、闭环控制的数控机床和半闭环控制的数控机床;按工艺方法分类可分为金属切削类数控机床和金属成形类及特种加工类数控机床;按功能水平分类可分为高档、中档和低档数控机床;在轮廓控制数控机床中,按照可联动轴数,可分为两坐标联动控制、2.5坐标联动控制、三坐标联动控制、四坐标联动控制和五坐标联动控制数控机床。分别介绍如下:

1.3.1 按运动控制的特点分类

按运动控制的特点,可把数控机床分为点位控制数控机床、直线控制数控机床和轮廓控制数控机床,如图1-6所示。

1. 点位控制数控机床

如图1-6(a)所示,点位控制数控机床只控制运动部件从一个位置到另一个位置的准确定位,严格控制点到点之间的距离,而与所走的路径无关。不管中间的移动轨迹如何,在移动的过程中不进行切削加工,对两点之间的移动速度及运动轨迹没有严格要求。但通常为了提高加工效率,一般先快速移动,再以慢速接近终点。

具有点位控制功能的机床主要有数控钻床、数控镗床、数控冲床等。随着数控技术的发展和数控系统价格的降低,单纯用于点位控制的数控系统已不多见。

2. 直线控制数控机床

直线控制数控机床不仅要求具有准确的定位功能,还要求从一点到另一点按直线运动进行切削加工,刀具相对于工件移动的轨迹是平行机床各坐标轴的直线或两轴同时移动构成45°的斜线,如图1-6(b)所示为直线控制数控机床加工示意图。

具有直线控制功能的数控机床主要有简易的数控车床、数控铣床、加工中心和数控磨床等。这种机床的数控系统也称为直线控制数控系统。同样,单纯用于直线控制的数控机床也不多见。

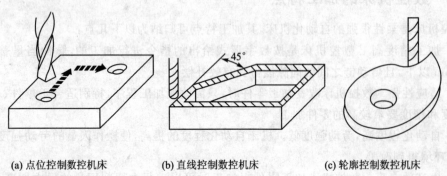

(a) 点位控制数控机床　　(b) 直线控制数控机床　　(c) 轮廓控制数控机床

图1-6 数控机床运动控制特点方法

3. 轮廓控制数控机床

轮廓控制数控机床能够对两个或两个以上的坐标轴进行连续的切削加工控制，它不仅能控制机床移动部件的起点和终点坐标，而且能按需要严格控制刀具移动的轨迹，以加工出任意斜线、圆弧、抛物线及其他函数关系的曲线或曲面。这类数控机床能够对两个或两个以上的运动坐标的位移及速度进行连续相关的控制，可以进行曲线或曲面的加工。如图1-6(c)所示为轮廓控制数控机床加工示意图。

属于这类机床的有数控车床、数控铣床、数控磨床、数控电火花线切割机床和加工中心等。其相应的数控装置称为轮廓控制数控系统，如图1-7所示。

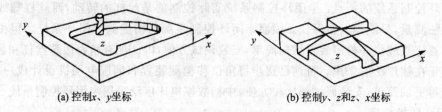

(a) 控制x、y坐标　　　　　　　　(b) 控制y、z和z、x坐标

图1-7　轮廓控制系统图例

1.3.2　按伺服系统的控制方式分类

在伺服系统的控制方式上，根据控制系统有无反馈装置可把数控机床分为开环数控机床和闭环数控机床，按反馈装置安装位置的不同，闭环数控机床又分为全闭环控制和半闭环控制数控机床。

1. 开环数控机床

开环控制数控机床的结构特点是：控制系统不带反馈装置，通常使用步进电动机作为伺服执行机构，如图1-8所示。

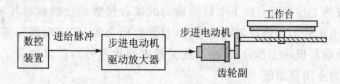

图1-8　开环数控机床的组成

开环控制的工作原理是：数控装置发出的脉冲指令通过环形分配器和驱动电路，使步进电动机转过相应的步距角，再经过传动系统，带动工作台或刀架移动。移动部件的速度与位移量由输入脉冲的频率和脉冲数决定，位移精度主要决定于驱动元器件和电动机（步进电动机）的性能。

开环控制的特点：开环控制具有结构简单，系统稳定，容易调试和成本低等优点，但加工精度较差。仅适用于加工精度要求不是很高的中小型数控机床。一般适用于经济型数控机床和旧机床数控化改造。

2. 半闭环数控机床

半闭环控制系统是在开环系统的丝杠或进给电动机的轴上装有角位移检测装置，如圆光栅、光电编码器及旋转式感应同步器等。该系统不是直接测量工作台位移量，而是通过检测丝杠转角间接地测量工作台位移量，然后反馈给数控装置，半闭环数控系统的结构如图1-9

所示。

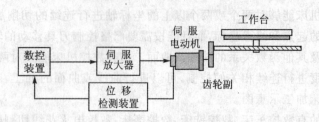

图 1-9　半闭环数控系统结构

半闭环控制系统的特点：半闭环控制系统实际控制的是丝杠的转动，而丝杠螺线副的传动误差无法测量，只能靠制造保证。因而半闭环控制系统的精度低于闭环系统。但由于角位移检测装置比直线位移检测装置结构简单，安装调试方便，因此配有精密滚珠丝杠和齿轮的半闭环系统正在被广泛的采用。目前已逐步将角位移检测装置和伺服电动机设计成一个部件，使系统变得更加简单，安装调试都比较方便，中档数控机床广泛采用半闭环控制系统。

3. 闭环数控机床

闭环控制系统带有检测装置，直接对工作台的位移量进行测量，在机床的运动部件上安装位移测量装置，闭环数控系统的结构如图 1-10 所示。

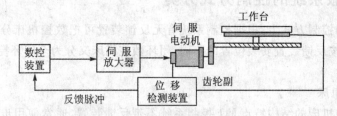

图 1-10　闭环数控系统的结构

闭环控制系统的工作原理：加工中将测量到的实际位置值反馈到数控装置中，与输入的指令位移相比较，用比较的差值控制移动部件，直到差值为零，即实现移动部件的最终准确定位。位置检测信号取自机床工作台（传动系统的最末端执行件），所以包含了整个传动系统的全部误差，故也称为全闭环系统。

闭环控制系统的特点：从理论上讲，闭环控制系统的控制精度主要取决于检测装置的精度，它完全可以消除由于传动部件制造中存在的误差给工件加工带来的影响。所以，这种控制系统可以得到很高的加工精度。闭环系统的设计和调整都有较大的难度，主要用于一些精度要求较高的镗铣床、超精车床和加工中心等。

1.3.3　按机床的工艺用途进行分类

按机床的工艺用途进行分类，数控机床可分为金属切削类机床和金属成形类及特种加工类数控车床两大类。

1. 金属切削类机床

金属切削类机床是指依靠刀具和工件之间的切削力进行工作的机床，包括数控车床、数控铣床、数控钻床、数控磨床、数控镗床等普通数控机床以及加工中心等，其工艺性能和通用机床相似。

加工中心机床也称为可自动换刀的数控机床,是一种带有自动换刀装置(刀库和自动交换刀具的机械手)能进行铣削、钻削、镗削加工的复合型数控机床。它是在普通数控机床的基础上加装一个刀具库和自动换刀装置而构成的数控机床。工件经一次装夹后,数控系统能自动地控制机床自动地更换刀具,自动地对工件的各加工面进行如车、铣、钻、镗、铰、攻丝等多工序的加工。加工中心的特点是:工件一次装夹可完成多道工序。为进一步提高生产率,有的加工中心使用双工作台,一面加工,一面装卸,工作台可自动交换。

2. 金属成形类及特种加工类数控机床

金属成形类及特种加工类数控机床指金属切削类以外的数控机床。金属成形类数控机床包括数控折弯机、数控组合冲床、数控弯管机、数控回转头压力机等,这类机床虽起步晚,但目前发展很快。数控特种加工机床包括数控线(电极)切割机床、数控电火花加工、火焰切割机、数控激光切割机床等。其他类型的数控机床:如数控激光加工设备、数控火焰切割机、数控三坐标测量机等。

1.3.4 按数控系统的功能水平进行分类

按数控系统的功能水平进行分类,数控机床可分为低档、中档和高档三种类型,一般性能指标如表1-2所列。

表1-2 各档次数控机床的功能和指标

功能水平指标	低 档	中 档	高 档
分辨率/μm	10	1	0.1
进给速度/m·min^{-1}	8~15	15~24	15~100
伺服系统类型	开环、步进电动机	半闭环或闭环、直流或交流伺服系统	
联轴功能	<3轴	3~5轴	
通信能力	无	RS-232C或直接数控接口	遵循自动化协议
显示功能	数码管显示或单显	较齐全的CRT显示(文字、图形)	三维图显,图形编程
内装PLC与否	无	有	
主CPU	8位CPU	16位32位CPU	

1.3.5 按照可联动轴数进行分类

在轮廓控制中,按照可联动轴数多少可把数控机床分为两坐标联动控制、2.5坐标联动控制、三坐标联动控制、四坐标联动控制和五坐标联动控制等几种,分述如下:

1. 两坐标联动控制

两坐标联动控制主要用于数控车床加工旋转曲面或数控铣床加工曲线柱面。在数控车床上采用 x、z 两坐标联动,可以加工出手把类零件,如图1-11所示。

在工作台不升降的立式数控铣床上加工平面凸轮零件时,只需要工作台沿纵、横两个坐标轴协

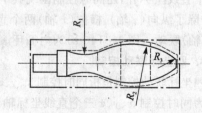

图1-11 手把类零件的二轴联动轮廓加工

调运动,刀具仅作旋转的主运动,如图1-12所示。

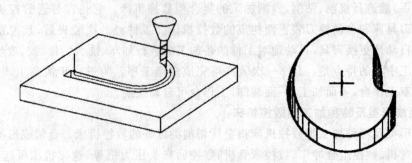

图1-12 平面轮廓的二轴联动轮廓加工

1.3.6 坐标联动控制

二轴半联动主要用于三轴以上机床的控制,其中两根轴可以联动,而另外一根轴可以作周期性进给。如图1-13所示为采用这种方式用行切法加工三维空间曲面。

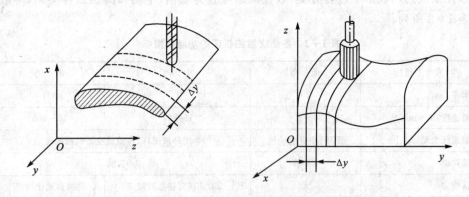

图1-13 二轴半联动的曲面加工

加工此类零件,依靠工作台纵、横两个坐标协调运动完成圆周曲线的一圈加工后,再沿锥台高度方向将刀具提升一个高度(Δz),接着改变圆的半径(x、y坐标的合成值),当Δz很小很小,零件表面即很平滑,因为这里的z坐标没有参加联动,称为2.5坐标控制。

3. 三坐标联动控制

三轴联动一般分为两类:一类是x、y、z三个直线坐标轴联动,比较多的用于数控铣床、加工中心等,如图1-14(a)所示用球头铣刀铣切三维空间曲面;另一类是除了同时控制x、y、z中两个直线坐标外,还同时控制围绕其中某一直线坐标轴旋转的旋转坐标轴。如车削加工中心,它除了纵向(z轴)、横向(x轴)两个直线坐标轴联动外,还需同时控制围绕z轴旋转的主轴(C轴)联动。图1-14(b)为内循环滚珠丝杠螺母回珠器的回珠槽(空间曲线)图。

4. 四坐标联动控制

四坐标联动控制是指同时控制x、y、z三个直线坐标轴与某一旋转坐标轴联动,如图1-15所示为同时控制x、y、z三个直线坐标轴与一个工作台回转轴联动的数控机床。

图1-16为飞机大梁零件在四坐标联动的数控机床上加工飞机大梁零件,除了三个移动坐标(x,y,z)外,还需要一个绕x轴回转的(也称摆动)坐标(A),方能保持刀具与工件型面在

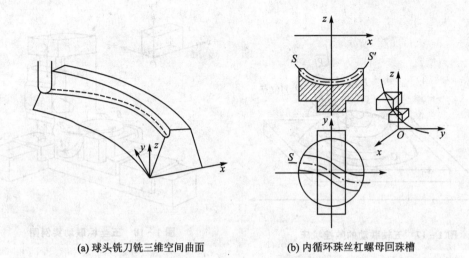

(a) 球头铣刀铣三维空间曲面　　　　(b) 内循环珠丝杠螺母回珠槽

图 1-14　三轴联动的曲面加工

全长上始终贴合,加工中每时每刻都要 x,y,z,A 四坐标联动。

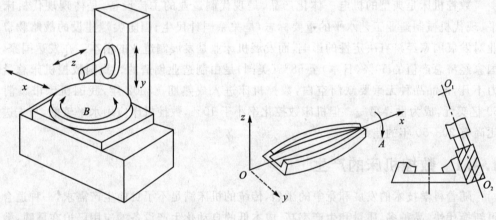

图 1-15　四轴联动的数控机床　　　　图 1-16　飞机大梁零图件

5. 五坐标联动控制

五坐标轴联动控制是指除同时控制 x、y、z 三个直线坐标轴联动外,还同时控制围绕这些直线坐标轴旋转的 A、B、C 坐标轴中的两个坐标轴,形成同时控制五个轴联动,这时刀具可以被定在空间的任意方向,如图 1-17 所示。比如控制刀具同时绕 x 轴和 y 轴两个方向摆动,使得刀具在其切削点上始终保持与被加工的轮廓曲面成法线方向,以保证被加工曲面的光滑性,提高其加工精度和加工效率,减小被加工表面的粗糙度。

图 1-18 为五轴联动的数控机床,除 x、y、z 三个直线移动坐标以外,还有工件的回转 C 和刀具的摆动 B。

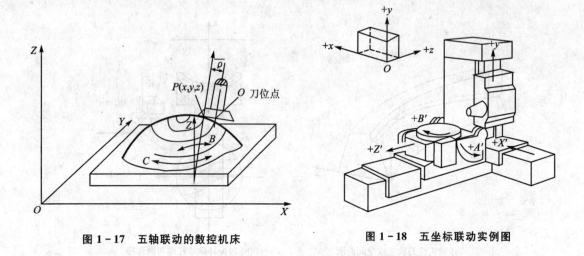

图 1-17 五轴联动的数控机床　　图 1-18 五坐标联动实例图

1.4 数控技术的产生与发展

数控机床是典型的机电一体化产品,是现代制造业的主流设备,是体现现代机床技术水平、现代机械制造业工艺水平的重要标志,是关系国计民生、国防尖端建设的战略物资。制造业对发展国家经济有决定性的影响,而发展机床业是发展制造业的根本。在发达国家,工业化国家经济总产值的50%(日本)至68%(美国)是由制造业创造的。我国数控机床总量供给能力不凡,产品品种无重要缺门空白,数控机床进入成熟期。2002年,我国机床市场消费额达59亿美元,成为世界第一。但机床数控化率小于10%,数控机床应用水平较低,与先进国家相比尚有30~50年的差距。

1.4.1 数控机床的产生

随着科学技术的发展和竞争的激烈,传统的机床满足不了目前生产需求,一种适合于产品更新换代快、品种多、质量和生产率高、成本低的自动化生产设备的应用已迫在眉睫,数控机床则能适应这种要求,满足了目前生产需求。

1948年,美国帕森斯公司在研制加工直升飞机叶片轮廓检验用样板的机床时,首先提出了应用电子计算机控制机床来加工样板曲线的设想。后来受美国空军委托,帕森斯公司与麻省理工学院伺服机构研究所合作进行研制。1952年试制成功第一台三坐标立式数控铣床。后来,又经过改进并开展自动编程技术的研究,于1955年进入实用阶段,这对于加工复杂曲面和促进美国飞机制造业的发展起了重要作用。

1. 数控机床的发展历程

数控机床的发展和计算机技术、数控技术、机电一体化技术以及机械技术的发展密不可分。数控机床经历了两个阶段和六代的发展,其中,两个阶段分别为数控(NC)阶段和计算机数控(CNC)阶段。

(1) 数控(NC)阶段(1952—1970年)　早期计算机的运算速度低,对当时的科学计算和数据处理影响还不大,但不能适应机床实时控制的要求。人们不得不采用数字逻辑电路制成一台机床专用计算机作为数控系统,被称为硬件连接数控(HARD-WIRED NC),简称为数控(NC)。随着元器件的发展,这个阶段历经了三代,即 1952 年第一代,为电子管;1959 年第二代,为晶体管;1965 年第三代,为小规模集成电路。

(2) 计算机数控(CNC)阶段(1970—现在) 直到 1970 年,通用小型计算机业已出现并成批生产,其运算速度比 20 世纪五、六十年代有了大幅度的提高,这比逻辑电路专用计算机成本低、可靠性高。于是将它移植过来作为数控系统的核心部件,从此进入了计算机数控(CNC)阶段。1971 年,美国 Intel 公司在世界上第一次将计算机的两个最核心的部件——运算器和控制器,采用大规模集成电路技术集成在一块芯片上,称之为微处理器(Micro-Processor),又称中央处理单元(简称 CPU)。1974 年,微处理器被应用于数控系统。这是因为小型计算机功能太强,控制一台机床能力有多余,不及采用微处理器经济合理,而且当时的小型计算机可靠性也不理想。虽然早期的微处理器速度和功能都还不够高,但可以通过多处理器结构来解决。

因为微处理器是通用计算机的核心部件,故仍称为计算机数控。到了 1990 年,PC 机(个人计算机,国内习惯称微机,以下简称 PC)的性能已发展到很高的阶段,可满足作为数控系统核心部件的要求,而且 PC 机生产批量很大,价格便宜,可靠性高,因此,数控系统从此进入了基于 PC 的阶段。

计算机数控阶段也经历了三代,即 1970 年第四代为小型计算机;1974 年第五代为微处理器;1990 年第六代为基于 PC(国外称为 PC-BASED)。

在数控机床的发展过程中,发生了以下历史事件:

① 1946 年诞生了世界上第一台电子计算机,它为人类进入信息社会奠定了基础。

② 1948 年提出采用数控技术进行机械加工思想。

1948 年,美国北密歇根的小型飞机承包商帕森斯公司(Parsons Co)在制造飞机的框架和直升飞机的机翼叶片时,利用全数字电子计算机对叶片轮廓的加工路径进行了数据处理,并考虑了刀具半径对加工路径的影响,使得加工精度达到±0.0015 英寸。在当时的水平看,是相当高的。

③ 1952 年,美国麻省理工学院(MIT)成功地研制出一台三坐标联动的试验型数控铣床,这是公认的世界上第一台数控机床,当时的电子元件是电子管。

④ 1959 年,开始采用晶体管元件和印刷线路板,出现了带自动换刀装置的数控机床,称为"加工中心"。

⑤ 从 1960 年开始,其他一些工业国家,如德国、日本也陆续开发生产了数控机床。

⑥ 1965 年,数控装置开始采用小规模集成电路,使数控装置的体积减小,功耗降低,可靠性提高。但仍然是硬件逻辑数控系统(NC)。

⑦ 1967 年,英国首先把几台数控机床连接成具有柔性的加工系统,这就是最初的 FMS(Flexible Manufacturing System,柔性制造系统)。

⑧ 1970 年,在美国芝加哥国际机床博览会上,首次展出了用小型计算机控制的数控机床,这是第一台计算机控制的数控机床(CNC)。

⑨ 1974 年,微处理器直接用于数控系统,促进了数控机床的普及应用和数控技术的发展。

⑩ 20 世纪 80 年代初,国际上出现了以加工中心为主体,再配上工件自动装卸和监控检测

装置的 FMC(Flexible Manufacturing Cell,柔性制造单元)。FMC 和 FMS 被认为是实现计算机集成制造系统 CIMS(Computer Integrated Manufacturing System)的必经阶段和基础。

⑪ 1990 年,PC 机(个人计算机)的性能已发展到很高的阶段,可满足作为数控系统核心部件的要求,而且 PC 机生产批量很大,价格便宜,可靠性高。数控系统从此进入了基于 PC 的阶段。

2. 我国机床工业的发展概况

我国从 1958 年开始研究数控机械加工技术,到 20 世纪 60 年代针对壁锥、非圆齿轮等复杂形状的工件研制出了数控壁锥铣床、数控非圆齿轮插齿机等设备,保证了加工质量,减少了废品,提高了效率,取得了良好的效果。20 世纪 70 年代针对航空工业等加工复杂形状零件的急需,从 1973 年以来组织了数控机床攻关会战,经过 3 年努力,到 1975 年已试制生产了 40 多个品种、300 多台数控机床。据国家统计局的资料,从 1973—1979 年,7 年内全国累计生产数控机床 4108 台(其中约 3/4 以上为数控线切割机床)。从技术水平来说,我国大致已达到国外 20 世纪 60 年代后期的技术水平。为了扬长避短,以解决用户急需,并争取打入国际市场,1980 年前后我国采取了暂时从国外(主要是从日本和美国)引进数控装置和伺服驱动系统为国产主机配套的方针,几年内大见成效。1981 年,我国从日本发那科(FANUC)公司引进了 5,7,3 等系列的数控系统和直流伺服电动机、直流主轴电动机技术,并在北京机床研究所建立了数控设备厂,当年年底开始验收投产,1982 年生产约 40 套系统,1983 年生产约 100 套系统,1985 年生产约 400 套系统,伺服电动机与主轴电动机也配套生产。这些系统是国外 20 世纪 70 年代的水平,功能较全,可靠性比较高,这样就使机床行业发展数控机床有了可靠的基础,使我国的主机品种与技术水平都有较大的发展与提高。1982 年,青海第一机床厂生产的 XHK754 卧式加工中心,长城机床厂生产的 CK7815 数控车床,北京机床研究所生产的 JCS018 立式加工中心,上海机床厂生产的 H160 数控端面外圆磨床等,都能可靠地进行工作,并陆续形成了批量生产的规模。1984 年仅机械工业部门就生产数控机床 650 台,全国当年总产量为 1620 台,已有少数产品开始进入国际市场,还有几种合作生产的数控机床返销国外。1985 年,我国数控机床的品种已有了新的发展,除了各类数控线切割机床以外,其他各种金属切削机床(如各种规格的立式、卧式加工中心,立式、卧式数控车床,数控铣床,数控磨床等)也都有了极大的发展。新品种总计 45 种。到 1989 年底,我国数控机床的可供品种已超过 300 种,其中数控车床占 40%,加工中心占 27%。

目前,我国除具有设计与生产常规的数控机床(包括车、铣,加工中心机床等)外,还生产出了柔性制造系统。1984 年北京机床研究所研制成功了 FMC-1 和 FMC-2 柔性加工单元,之后又开始了柔性制造系统的开发工作,并与日本发那科公司合作,在北京机床研究所内建立了第一条柔性制造系统(JCS-FMC-1 型),用于加工直流伺服电动机的轴类、法兰盘类、刷架体类和壳体类的 14 种零件。近年来,依靠我国科技人员的努力,已先后研制成功并在北京、长春等地安装使用了 FMS。这一切说明,我国的机床数控技术已经进入了一个新的发展时期。预计在不远的将来,我国将会赶上和超过世界先进国家的水平。我国目前数控系统的生产厂家主要有广州数控、华中数控、北京凯恩蒂数控等,并拥有自己的知识产权。

1.4.2 数控机床的发展趋势

目前,数控技术的典型应用是 FMC/FMS/CIM,世界数控技术及其装备发展趋势主要体现 7 化,即运行高速化、加工高精化、功能复合化、控制智能化、体系开放化、驱动并联化和交互网络化等几个方面,其主要发展方向是研制开放式全功能通用数控系统。

1. 运行高速化

运行高速化包括 CPU 速度、进给高速化和主轴高速化等几个方面,是指使进给率、主轴转速、刀具交换速度、托盘交换速度实现高速化,并且具有高的加(减)速度。

(1) CPU 方面 从上一世纪 80 年代的 16 位发展到现在的 32 位、64 位数控系统,90 年代还出现了精简指令集(RISC)芯片的数控系统。CPU 频率由原来的 5 MHz、10 MHz 提高到几百兆赫、上千兆赫,甚至更高。

(2) 进给高速化 在分辨率为 1 μm 时,$f_{max}=240$ m/min,在 f_{max} 下可获得复杂型面的精确加工;在程序段长度为 1 mm 时,$f_{max}=30$ m/min,并且具有 1.5 g 的加减速度。

(3) 主轴高速化 采用电主轴(内装式主轴电动机),即主轴电动机的转子轴就是主轴部件。主轴最高转速达 $2×10^5$ r/min;主轴转速的最高加(减)速度为 1.0 g,即仅需 1.8 s 即可从 0 提速到 $1.5×10^4$ r/min;换刀速度 0.9 s(刀到刀)、2.8 s(切削到切削)。

(4) 高速加工数控系统 高速加工对数控系统要求:

① 高速切削有着不同于传统数控加工的特殊工艺要求,要求能够高速度处理程序段,能快速形成刀具路径,走刀路径应圆滑,少拐点,加工时能够尽量减少机械的冲击,使机床平滑移动,避免刀具振动等。

② 程序算法应保证高精度,确保合理的进给速度,待加工轨迹监控进给速度控制超过 100 个程序段,能够迅速、准确地处理和控制信息流,使其加工误差控制达到最小。

③ 高速切削的数控系统必须具有相应的高速高精度控制功能。比如:NURBS 插补、加工残余分析、待加工轨迹监控、尖点控制、自动防过切保护和补偿功能。

④ 足够的程序容量,让大容量加工程序高速运转,并具有通过网络传递大量数据的能力。

⑤ 具有高的抑制外部扰动能力(即高的鲁棒性),机械误差补偿,机床可靠性和安全性十分重要。

⑥ 系统对高速采样截尾误差进行精确预估,可消除各轴线的轮廓误差,提高走刀精度,以保证系统运行的平稳性。

⑦ 系统具有足够的超前的路径加(减)优化预处理能力,即应具备超前程序段预处理能力;易于改型,比如夹紧调整,或五轴转换。

⑧ 有刀具长度、半径修正和自动光顺走刀路径功能。

2. 加工高精化

加工高精化是指提高机械设备的制造和装配精度,提高数控系统的控制精度和采用误差补偿技术。

(1) 提高 CNC 系统控制精度 采用高速插补技术,以微小程序段实现连续进给,使 CNC 控制单位精细化;采用高分辨率位置检测装置,提高位置检测精度;位置伺服系统采用前馈控制与非线性控制等方法。

(2) 采用误差补偿技术 采用反向间隙补偿、丝杆螺距误差补偿和刀具误差补偿等技术;设备的热变形误差补偿和空间误差的综合补偿技术。研究结果表明,综合误差补偿技术的应用可将加工误差减少 60%～80%。

3. 功能复合化

复合化是指在一台设备能实现多种工艺手段加工的方法。如镗铣钻复合—加工中心（ATC）、五面加工中心（ATC,主轴立卧转换）；车铣复合—车削中心（ATC,动力刀头）；铣镗钻车复合—复合加工中心（ATC,可自动装卸车刀架）；铣镗钻磨复合—复合加工中心（ATC,动力磨头）；可更换主轴箱的数控机床—组合加工中心等。

4. 控制智能化

控制智能化包括加工过程的智能感知与控制技术；作业规划智能化技术；智能化操作，编程技术；专有、复合加工工艺专家系统在数控系统中集成；智能化交流伺服驱动装置和智能 4M 数控系统等。

智能 4M 数控系统是指在制造过程中，加工、检测一体化是实现快速制造、快速检测和快速响应的有效途径，将测量（Measurement）、建模（Modelling）、加工（Manufacturing）、机器操作（Manipulator）四者（即 4M）融合在一个系统中，实现信息共享，促进测量、建模、加工、装夹、操作一体化的 4M 智能系统。

5. 体系开放化

体系开放化包括具有先进性和可扩展性；具有可维护性和可升级性；具有与企业制造信息系统的可集成性；具有特殊工艺软件的可开发性和具有使用操作的简易性等。

开放式数控系统的特征表现在：

可移植性——功能模块可用于不同控制系统；

可扩展性——功能相似模块之间可互相替换，随技术进步可更新软硬件；

可缩放性——有即插即用功能，根据需求变化，能方便有效地重新配置；

互操作性——使用标准 I/O 和网络功能，容易实现与其他自动化设备互联。

除了以上 5 点外，还表现在驱动并联化和交互网络化等方面。

本章小结

本章主要阐述数控技术和数控机床的基本概念；数控机床和普通机床、机电一体化及 CAD/CAM 之间的关系，目的是让同学们正确认识机床数控技术和数控机床的概念。数控机床通常是由程序载体、CNC 装置、伺服驱动系统（包括主轴伺服驱动系统和进给伺服驱动系统）、检测与反馈装置、辅助装置、机床本体组成。机床数控技术由机床机械技术、数控系统和外围技术组成，本书紧紧围绕这几部分展开讨论。数控机床的分类方法有多种，分别从按运动控制的特点、按伺服系统的控制特点、按机床的工艺用途、按数控系统的功能水平和按可联动轴数等进行分类。在了解数控技术发展历史的基础上，理解数控机床与现代机械制造系统之间的关系和发展数控机床的必要性以及数控机床的发展趋势。

思考与练习题

1-1 数控机床与普通机床相比有何不同特点？

1-2 数控技术是如何产生的？它适应于哪种组织形式的生产？

1-3 何谓数字控制？数控系统有哪些特点？

1-4 机床数控技术由哪几部分组成,本教材的组织结构和机床数控技术组成之间有何联系?

1-5 数控机床由哪几部分组成?各有什么作用?

1-6 为什么轮廓控制数控机床比点位控制数控机床加工较为复杂?

1-7 为什么在一般情况下,半闭环数控机床可获得高于开环系统、低于闭环系统的精度?

1-8 如何理解数控机床的五轴联动?数控机床的控制轴数和联动轴数有何区别?

1-9 数控加工技术的发展方向是什么?

1-10 简述数控加工的特点。

第 2 章 数控系统的加工控制原理

本章要点

为了满足零件的尺寸精度、形状精度和表面粗糙度等的要求,需要数控机床的控制精度和数控编程的精度共同保证。其中,数控加工的精度主要取决于数控系统的插补精度,即插补算法。插补运算的速度和精度是数控装置的重要指标,插补原理也叫轨迹控制原理。机床数控系统的轮廓控制主要问题就是怎样控制刀具或工件的运动轨迹。不同的数控系统插补算法有较大的差异,从插补计算输出的数值形式来分,有基准脉冲插补和数据采样插补两种,分别用于开环系统和闭环系统中。为了编程方便,编程时只编制工件轮廓轨迹的数控程序,而刀具中心的运动轨迹通过刀具补偿实现。刀具补偿原理包括长度补偿和半径补偿原理。

本章主要阐述数控系统的加工控制原理,数控机床的加工遵循"分解与合成"的原理。其中,"分解"主要指插补算法;"合成"主要指刀具的机械运动结果。数控系统的插补方法主要讲述用于开环系统的基准脉冲插补和用于闭环、半闭环系统的数据采样插补;数控机床伺服驱动系统的位移和速度控制都和插补方法有关。本章介绍了刀具补偿原理,主要是刀具的 B 刀补和 C 刀补原理。

2.1 概 述

数控机床的加工遵循"分解与合成"的原理,如图 2-1 所示。其中,"分解"是指将零件设计信息细化为控制机床坐标运动的细微指令,包括加表面分解、刀具路径计算、刀具路径分解和数控轨迹插补等;"合成"是指通过驱动装置实现微小运动,通过机床结构及工艺过程将各坐标轴的微小运动进行合成形成刀具运动轨迹及加工轨迹,通过加工轨迹合成形成工件表面。

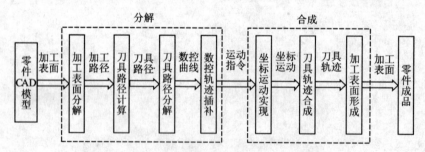

图 2-1 数控机床加工的"分解与合成"过程

2.1.1 零件加工表面分解过程

如图 2-2 所示,零件加工表面分解过程是将零件加工表面先分解为加工路径再分解为刀具路径。

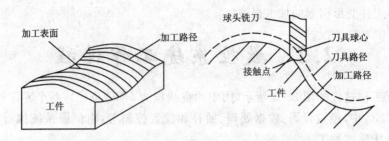

图 2-2 零件加工表面分解为刀具路径的过程

1. 路径、轨迹与轨迹插补的概念

（1）路径 路径表示刀具将要走过的道路，只具有几何形状的概念，没有时间上的概念。

（2）轨迹 轨迹表示刀具不仅要沿给定的路径运动，而且还规定了完成这一运动所需的时间，即轨迹不但具有几何形状的概念，而且还包含速度和加速度等物理概念。

（3）插补 插补是根据给定的基本数控曲线、刀具路径或零件表面等几何元素描述信息，在这些元素上的已知点之间，按要求的精度和速度进行坐标点密化的过程。轨迹插补常用的方法有：脉冲增量插补、数据采样插补和混合插补等。

2. 刀具运动路径分解方法

刀具运动路径分解是指将刀具运动路径分解成数控系统所能接受和执行的最基本的数控曲线。分解方法有直接分解法、函数逼近法和曲线拟合法等方法。

3. 坐标运动实现

坐标运动实现的方法主要有步进实现法和连续实现法。

（1）步进实现法 通过步进电动机等实现。插补每输出一个指令脉冲，机床运动部件就完成一次阶跃式步进运动。插补输出脉冲序列，运动部件就产生一系列的阶跃式步进运动。随着速度的提高，阶跃式步进运动被运动部件的惯性所平滑，最后变为连续运动。

（2）连续实现法 输入为数字量表示的坐标位移指令，输出为机床坐标的连续位移。可通过交流伺服电动机等实现。

2.1.2 刀具运动轨迹合成过程

1. 加工轨迹的形成

刀具实际运动轨迹是通过机床结构将各坐标运动而进行合成产生的，因此其准确性将受多方面因素的影响。为保证刀具合成运动轨迹的精度，必须从以下几方面采取有效措施：

（1）减小随动误差对合成轨迹精度的影响；

（2）减小加减速过程对合成轨迹精度的影响；

（3）减小机床误差对合成轨迹精度的影响。

2. 工件表面的形成

刀具按合成运动轨迹运动时，刀具与工件接触点在工件表面上走出实际的加工轨迹，这众多加工轨迹所形成的包络即构成了工件的被加工表面。为获得准确的加工表面，必须保证实际加工轨迹的几何形状与编程阶段规划的希望加工路径相一致，为此需采取以下措施：

（1）保证刀具几何形状和尺寸的准确性；

（2）减小刀具热变形误差和受力变形误差；

(3) 减小工件变形引起的加工误差。

2.2 数控系统工作过程

数控系统工作过程如图 2-3 所示(图中的虚线框为 CNC 单元),一个零件程序的执行首先要输入到 CNC 中,经过译码、数据处理、插补和位置控制等,由伺服系统执行 CNC 输出的指令以驱动机床完成加工。

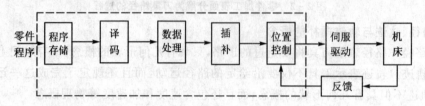

图 2-3 数控系统工作过程

CNC 系统的主要工作包括以下内容:

1. 输 入

输入的数据包括零件程序、控制参数及补偿量等,可通过 MDI 键盘、磁盘、连接上级计算机的 DNC 接口和网络等多种形式。CNC 装置在输入过程中通常还要完成无效码删除、代码校验和代码转换等工作。

2. 译 码

不论数控系统工作在 MDI 方式还是存储器方式,都是将零件程序以一个程序段为单位进行处理,把其中的各种零件轮廓信息(如起点、终点、直线或圆弧等)、加工速度信息(F 代码)和其他辅助信息(M、S、T 代码等)按照一定的语法规则解释成计算机能够识别的数据形式,并以一定的数据格式存放在指定的内存专用单元中。在译码过程中,还要完成对程序段的语法检查,若发现语法错误便立即报警。

3. 刀具补偿

通常 CNC 装置的零件程序以零件轮廓轨迹编程。刀具补偿作用是把零件轮廓轨迹转换成刀具中心轨迹。刀具补偿包括刀具长度补偿和刀具半径补偿。目前在比较好的 CNC 装置中,刀具补偿的工件还包括程序段之间的自动转接和过切削判别,这就是所谓的 C 刀具补偿。

4. 进给速度处理

编程所给的刀具移动速度,是在各坐标的合成方向上的速度。速度处理首先要做的工作是根据合成速度来计算各运动坐标的分速度。在有些 CNC 装置中,对于机床允许的最低速度和最高速度的限制、软件的自动加减速等也在这里处理。

5. 插 补

插补的任务是在一条给定起点和终点的曲线上进行"数据点的密化"。插补程序在每个插补周期运行一次,在每个插补周期内,根据指令进给速度计算出一个微小的直线数据段。通常,经过若干次插补周期后,插补加工完一个程序段轨迹,即完成从程序段起点到终点的"数据点密化"工作。

6. 位置控制

位置控制在伺服回路的位置环上,这部分工作可以由软件实现,也可以由硬件完成。位置控制的主要任务是在每个采样周期内,将理论位置与实际反馈位置相比较,用其差值去控制伺服电动机。在位置控制中通常还要完成位置回路的增益调整、各坐标方向的螺距误差补偿和反向间隙补偿,以提高机床的定位精度。

7. I/O 处理

I/O 处理主要处理 CNC 装置上控制面板的开关信号、机床电气信号的输入、输出和控制(如换刀、换挡、冷却等),数控机床的 I/O 处理一般由各种机床接口来完成。

数控机床中的接口有多种,根据接口所联系的子系统不同,以信息处理系统(CNC 系统)为出发点,分为人机接口、机电接口和通信接口等。人机接口包括键盘输入及接口、显示器及接口、机床开关量及接口和手摇脉冲发生器接口等;通信接口包括 RS-232C、I/O Link 和高速串行总线(HSSB)等;强弱电接口包括机床强电柜和可编程序机床控制器 PMC 等。

8. 显 示

CNC 装置的显示主要为操作者提供方便,通常用于零件程序的显示、参数显示、刀具位置显示、机床状态显示和报警显示等。有些 CNC 装置中还有刀具加工轨迹的静态和动态图形显示。

9. 诊 断

诊断的作用是对系统中出现的不正常情况进行检查、定位,包括联机诊断和脱机诊断。

本章主要介绍数控系统中非常重要的插补原理和刀具补偿原理,其他部分将在第 4 章"计算机数控装置"中介绍。

2.3 插补原理

在机床实际加工中,被加工工件的轮廓形状千差万别。为了满足几何尺寸精度的要求,刀具中心轨迹应该准确地依照工件的轮廓形状来生成。对于简单的曲线,数控装置易于实现;但对于较复杂的形状,常常采用一小段直线或圆弧去逼近,有些场合也可以用抛物线、椭圆、双曲线和其他高次曲线去逼近(或称为拟合)。所谓插补是在对数控系统输入有限坐标点(例如起点、终点)的情况下,计算机根据线段的特征(直线、圆弧、椭圆等),运用一定的算法,自动地在有限坐标点之间生成一系列的坐标数据,即所谓"数据密化",从而自动地对各坐标轴进行脉冲分配,完成整个线段的轨迹运行,以满足加工精度的要求。

插补有两层意思:一是用小线段逼近产生基本线型(如直线、圆弧等);二是用基本线型拟合其他轮廓曲线。插补运算具有实时性,直接影响刀具的运动。五坐标插补加工仍是国外对我国封锁的技术。

插补运算的速度和精度是数控装置的重要指标,插补原理也叫轨迹控制原理。机床数控系统的轮廓控制主要问题就是怎样控制刀具或工件的运动轨迹。无论是硬件数控(NC)系统,还是计算机数控(CNC)系统或微机数控(MNC)系统,都必须有完成插补功能的部分,但采取的方式不同。在 CNC 或 MNC 中,以软件完成插补或软、硬件结合实现插补,而在 NC 中有一个专门完成脉冲分配计算(即插补计算)的计算装置——插补器。无论是软件数控还是硬件数控,其插补的运算原理基本相同,其作用都是根据给定的信息进行数字计算,在计算过程中不断向各个坐标发出相互协调的进给脉冲,使被控机械部件按指定的路线移动。

插补算法除了要保证插补计算的精度之外,还要求算法简单。对于硬件数控来说,可以简化控制电路,采用较简单的运算器;对于计算机数控系统来说,则能提高运算速度,使控制系统较快且均匀地输出进给脉冲。经过多年的发展,插补原理不断成熟,类型众多。从产生的数学模型来分,有直线插补、二次曲线插补等;从插补计算输出的数值形式来分,有基准脉冲插补(又称脉冲增量插补)和数据采样插补。

基准脉冲插补的方法很多,按基本原理可分为以区域判别为特征的逐点比较法插补;以比例乘法为特征的数字脉冲乘法器插补;以数字积分法进行运算的数字积分插补;以矢量运算为基础的矢量判别法插补和兼备逐点比较和数字积分特征的比较积分法插补等。

在 CNC 系统中,除了可采用上述基准脉冲插补法中的各种插补原理外,还可采用各种数据采样插补方法。数据采样插补采用时间分割思想,根据编程的进给速度将轮廓曲线分割为每个插补周期的进给直线段(又称轮廓步长)进行数据密化,以此来逼近轮廓曲线。然后再将轮廓步长分解为各个坐标轴的进给量(一个插补周期的进给量),作为指令发给伺服驱动装置。该装置按伺服检测采样周期采集实际位移,并反馈给插补器与指令比较,有误差则运动,误差为零则停止,从而完成闭环控制。数据采样插补方法有:直线函数法、扩展 DDA 法和二阶递归算法等。

本节将介绍在数控系统中常用的逐点比较法、数字积分法、时间分割法等多种插补方法和刀具半径补偿计算原理。

2.3.1 逐点比较法

逐点比较法是我国数控机床中广泛采用的一种插补方法,它能实现直线、圆弧和非圆二次曲线的插补,插补精度较高。该方法是早期数控机床广泛采用的方法,又称代数法、醉步法,适用于开环系统。

(1) 插补原理 逐点比较法的插补原理:每次仅向一个坐标轴输出一个进给脉冲,而每走一步都要通过偏差函数计算,判断偏差点的瞬时坐标同规定加工轨迹之间的偏差,然后决定下一步的进给方向。每个插补循环由偏差判别、进给、偏差函数计算和终点判别四个步骤组成。

(2) 特点 逐点比较法的特点:运算直观,插补误差不大于一个脉冲当量,脉冲输出均匀,调节方便。

1. 逐点比较法直线插补

如上所述,偏差计算是逐点比较法关键的一步。下面以第Ⅰ象限直线插补为例推导逐点比较法的插补过程。

(1) 偏差函数构造 如图 2-4 所示,假定直线 $\overline{OA}$ 的起点为坐标原点,终点 A 的坐标为 $A(x_e,y_e)$,$P(x_i,y_i)$ 为加工点,若 P 点正好处在直线 $\overline{OA}$ 上,有等式 $x_e y_i - x_i y_e = 0$ 成立。

若任意点 $P(x_i,y_i)$ 在直线 $\overline{OA}$ 的上方,有下述关系成立:$\dfrac{y_i}{x_i} > \dfrac{y_e}{x_e}$,亦即:$x_e y_i - x_i y_e > 0$。

由此可以取偏差判别函数 F_i 为:$F_i = x_e y_i - x_i y_e$。

由 F_i 的数值(称为"偏差")就可以判别出 P 点与直线的相对位置。即:

① 当 $F_i = 0$ 时,点 $P(x_i,y_i)$ 正好落在直线上;

② 当 $F_i > 0$ 时,点 $P(x_i,y_i)$ 落在直线的上方;

③ 当 $F_i < 0$ 时,点 $P(x_i,y_i)$ 落在直线的下方。

从图 2-4 可以看出,对于起点在原点,终点为 $A(x_e, y_e)$ 的第 I 象限直线 OA 来说,当点 P 在直线上方(即 $F_i > 0$)时,应该向 $+x$ 方向发一个脉冲,使机床刀具向 $+x$ 方向前进一步,以接近该直线;当点 P 在直线下方(即 $F_i < 0$)时,应该向 $+y$ 方向发一个脉冲,使机床刀具向 $+y$ 方向前进一步,趋向该直线;当点 P 正好在直线上(即 $F_i = 0$)时,既可向 $+x$ 方向发一脉冲,也可向 $+y$ 方向发一脉冲。因此通常将 $F_i > 0$ 和 $F_i = 0$ 归于一类,即 $F_i \geq 0$。这样从坐标原点开始,走一步,算一次,判别 F_i,再趋向直线,逐点接近直线

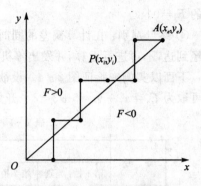

图 2-4 直线插补过程

$\overline{OA}$,步步前进。当两个方向所走的步数和终点坐标 $A(x_e, y_e)$ 值相等时,发出终点到达信号,停止插补。对于图 2-4 的加工直线 OA,运用上述法则,根据偏差判别函数值,就可以获得如图中折线段那样的近似直线。

(2) 偏差函数的递推计算 如果按照上述法则进行 F_i 运算时,要作乘法和减法运算,这对于计算过程以及具体电路实现起来都不很方便。对于计算机而言,这样会影响速度;对于专用控制机而言,会增加硬件设备。通常采用迭代法,或称递推法来简化运算,即每走一步后新加工点的加工偏差值用前一点的加工偏差递推出来。

下面推导该递推式:由前面可知,加工点的坐标为 (x_i, y_i) 时的偏差为 $F_i = x_e y_i - x_i y_e$。

① 当 $F_i \geq 0$ 时,则向 x 轴发出一进给脉冲,刀具从 (x_i, y_i) 点向 x 方向前进一步,到达新加工点 $P(x_{i+1}, y_j)$,$x_{i+1} = x_i + 1$,因此新加工点 $P(x_{i+1}, y_i)$ 的偏差值为

$$F_{i+1} = x_e y_i - x_{i+1} y_e = x_e y_i - (x_i + 1) y_e = x_e y_i - x_i y_e - y_e = F_i - y_e \ \text{即}$$
$$F_{i+1} = F_i - y_e \tag{2-1}$$

② 当 $F_i < 0$,则向 y 轴发出一个进给脉冲,刀具从这一点向 y 方向前进一步,新加工点 $P(x_{i+1}, y_{i+1})$ 的偏差值为

$$F_{i+1} = x_e y_{j+1} - x_{i+1} y_e = x_e (y_i + 1) - x_i y_e = x_e y_i - x_i y_e + x_e = F_i + x_e \ \text{即}$$
$$F_{i+1} = F_i + x_e \tag{2-2}$$

由式(2-1)及式(2-2)可以看出,新加工点的偏差完全可由前一加工点的偏差递推出来。

(3) 终点判别 直线插补的终点判别可采用三种方法:
① 判断插补或进给的总步数;
② 分别判断各坐标轴的进给步数;
③ 仅判断进给步数较多的坐标轴的进给步数。

综上所述,逐点比较法的直线插补过程为每走一步要进行判别、进给、运算和比较 4 个节拍(步骤),即

① 判别:根据偏差值确定刀具位置是在直线的上方(或线上),还是在直线的下方。
② 进给:根据判别的结果,决定控制哪个坐标(x 或 y)移动一步。
③ 运算:计算出刀具移动后的新偏差,提供给下一步作判别依据。根据式(2-1)及式(2-2)计算新加工点的偏差,使运算大大简化。但是每一新加工点的偏差是由前一点偏差 F_i 推算出来的,并且一直递推下去,这样就要知道开始加工时那一点的偏差是多少。当开始加工时,是以人工方式将刀具移到加工起点,即所谓"对刀",这一点当然没有偏差,所以,开始加工

点的 $F_i=0$。

④ 终点判别：在计算偏差的同时，还要进行一次终点比较，以确定是否到达了终点。若已经到达，不再进行运算，并发出停机或转换新程序段的信号。

下面以实例来验证图 2-4。设欲加工直线 OA，其终点坐标为 $x_e=5, y_e=3$，则终点判别值可取为 $E_8=x_e+y_e=5+3=8$。开始时偏差 $F_\infty=0$，加工过程的运算节拍如表 2-1 所列。

表 2-1 逐点比较法直线插补运算举例

序号	工作节拍			
	第1拍：判别	第2拍：进给	第3拍：运算	第4拍：终点判别
F_0	$F_{00}=0$	$+\Delta x$	$F_1=F_0-y_e=0-3=-3$	$E_7=E_8-1=7$
F_1	$F_{10}(=-3)<0$	$+\Delta y$	$F_2=F_1+x_e=-3+5=2$	$E_6=E_7-1=6$
F_2	$F_{11}(=2)>0$	$+\Delta x$	$F_3=F_2-y_e=2-3=-1$	$E_5=E_6-1=5$
F_3	$F_{21}(=-1)<0$	$+\Delta y$	$F_4=F_3+x_e=-1+5=4$	$E_4=E_5-1=4$
F_4	$F_{22}(=4)>0$	$+\Delta x$	$F_5=F_4-y_e=4-3=1$	$E_3=E_4-1=3$
F_5	$F_{32}(=1)>0$	$+\Delta x$	$F_6=F_5-y_e=1-3=-2$	$E_2=E_3-1=2$
F_6	$F_{42}(=-2)<0$	$+\Delta y$	$F_7=F_6+x_e=-2+5=3$	$E_1=E_2-1=1$
F_7	$F_{43}(=3)>0$	$+\Delta x$	$F_8=F_7-y_e=3-3=0$	$E_0=E_1-1=0$
				到达终点

2. 逐点比较法圆弧插补

图 2-5 所示为第Ⅰ象限逆圆弧为例推导逐点比较法圆弧插补的插补原理。

(1) 偏差函数构造 要加工图 2-5 所示第Ⅰ象限逆时针走向的圆弧 AE，半径为 R，以原点为圆心，起点坐标为 $A(x_0, y_0)$，对于圆弧上任一加工点的坐标设 $P(x_i, y_i)$ 点，则 P 点与圆心的距离 R_p 的平方为 $R_p^2 = X_i^2 + Y_i^2$，现在讨论这一加工点的加工偏差。

取加工偏差判别式为 $F_i = (X_i^2 - X_0^2) + (Y_i^2 - Y_0^2)$。有以下几种情况：

① 若 $F_i=0$，表示加工点位于圆上；
② 若 $F_i>0$，表示加工点位于圆外；
③ 若 $F_i<0$，表示加工点位于圆内。

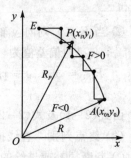

图 2-5 圆弧插补过程

运用上述法则，利用偏差判别式，即获得图 2-5 折线所示的近似圆弧。

(2) 偏差函数的递推计算 对逆圆弧，偏差函数的递推计算为：

① 当 $F_i \geq 0$ 时，x 坐标需向负方向进给一步 $(-\Delta x)$，移到新的加工点 $P(x_{i+1}, y_i)$ 位置，此时新加工点的 x 坐标值为 x_i-1，y 坐标值仍为 y_i，新加工点 $P(x_{i+1}, y_i)$ 的加工偏差为 $F_{i+1}=(x_i^2-1)^2-x_0^2+y_i^2-y_0^2$，经展开并整理，得

$$F_{i+1} = F_i - 2x_i + 1 \tag{2-3}$$

② 当 $F_i<0$ 时，y 坐标需向正方向进给一步 $(+\Delta y)$，移到新加工点 $P(x_i, y_{j+1})$，此时新加工点的 x 坐标值仍为 x_i，y 坐标值则改为 y_j+1，新加工点 $P(x_i, y_{i+1})$ 的加工偏差为

$F_{i+1}=x_i^2-x_0^2+(y_i+1)^2-y_0^2$,展开上式,并整理得

$$F_{i+1} = F_i + 2y_i + 1 \qquad (2-4)$$

(3) 终点判别

① 判断插补或进给的总步数:$N=|X_a-X_b|+|Y_a-Y_b|$,

② 分别判断各坐标轴的进给步数:$N_x=|X_a-X_b|$,$N_y=|Y_a-Y_b|$。

综上所述可知:当 $F_i \geqslant 0$ 时,应走 $-\Delta x$,新偏差为 $F_{i+1}=F_i-2x_i+1$,动点坐标为 $x_{i+1}=x_i-1$,$y_{i+1}=y_i$;当 $F_i<0$ 时,应走 $+\Delta y$,新偏差为 $F_{i+1}=F_i+2y_i+1$,动点坐标为 $x_{i+1}=x_i$,$y_{i+1}=y_i+1$。

下面举例说明逐点比较法圆弧插补过程。设欲加工图 2-6 所示第Ⅰ象限逆时针走向的圆弧 $\overset{\frown}{AB}$,起点 A 的坐标是 $x_0=4$,$y_0=0$,终点 B 的坐标是 $x_e=0$,$y_e=4$,终点判别值:$E=(x_0-x_e)+(y_e-y_0)=(4-0)+(4-0)=8$。

加工过程的运算节拍见表 2-2,插补后获得的实际轨迹如图 2-6 折线所示。

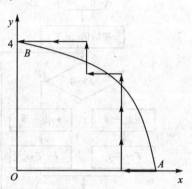

图 2-6 逐点比较法圆弧插补举例

表 2-2 逐点比较法圆弧插补举例加工过程的运算节拍

步 数	偏差判别	坐标进给	偏差计算	坐标计算	终点判别
起 点			$F_0=0$	$x_0=4$,$y_0=0$	$\Sigma=4+4=8$
1	$F_0=0$	$-x$	$F_1=F_0-2x_0+1=0-2*4+1=-7$	$x_1=4-1=3$,$y_1=0$	$\Sigma=8-1=7$
2	$F_1<0$	$+y$	$F_2=F_1+2y_1+1=-7+2*0+1=-6$	$x_2=3$,$y_2=y_1+1=1$	$\Sigma=7-1=6$
3	$F_2<0$	$+y$	$F_3=F_2+2y_2+1=-3$	$x_3=4$,$y_3=2$	$\Sigma=5$
4	$F_3<0$	$+y$	$F_4=F_3+2y_3+1=2$	$x_4=3$,$y_4=3$	$\Sigma=4$
5	$F_4>0$	$-x$	$F_5=F_4-2x_4+1=-3$	$x_5=4$,$y_5=0$	$\Sigma=3$
6	$F_5<0$	$+y$	$F_6=F_5+2y_5+1=4$	$x_6=4$,$y_6=0$	$\Sigma=2$
7	$F_6>0$	$-x$	$F_7=F_6-2x_6+1$	$x_7=4$,$y_7=0$	$\Sigma=1$
8	$F_7<0$	$-x$	$F_8=F_7-2x_7+1=0$	$x_8=4$,$y_8=0$	$\Sigma=0$

可见,圆弧插补偏差计算的递推公式也是比较简单的。但在计算偏差的同时,还要对动点的坐标进行加 1、减 1 运算,为下一点的偏差计算做好准备。

逐点比较法插补第Ⅰ象限直线和第Ⅰ象限逆圆弧的计算流程分别如图 2-7 和图 2-8 所示。

3. 象限与坐标转换问题

前面讨论的用逐点比较法进行直线及圆弧插补的原理和计算公式,只适用于第Ⅰ象限直线和第Ⅰ象限逆圆弧特定的情况。对于不同象限的直线和不同象限、不同走向的圆弧来说,其插补计算公式和脉冲进给方向都是不同的。为了将各象限直线的插补公式统一于第Ⅰ象限的公式,将不同象限、不同走向的 8 种圆弧的插补公式统一于第Ⅰ象限逆圆的计算公式,就需要将坐标和进给方向根据象限等的不同而进行变换,这样,不管哪个象限的圆弧和直线都按第Ⅰ

象限逆圆和直线进行插补计算。而进给脉冲的方向则按实际象限和线型来决定,采用逻辑电路或程序将进给脉冲分别发到 $+x,-x,+y,-y$ 四个通道上去,以控制机床工作台沿 x 和 y 向的运动。

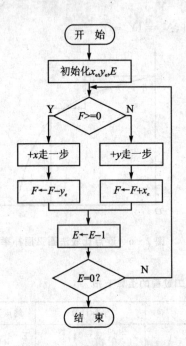

图 2-7 直线插补计算流程图

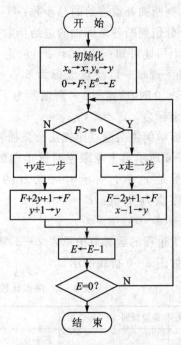

图 2-8 圆弧插补计算流程图

用 SR1,SR2,SR3,SR4 分别表示第 Ⅰ,Ⅱ,Ⅲ,Ⅳ 象限的顺时针圆弧,用 NR1,NR2,NR3,NR4 分别表示第 Ⅰ,Ⅱ,Ⅲ,Ⅳ 象限的逆时针圆弧,如图 2-9(a)所示;用 L_1,L_2,L_3,L_4 分别表示第 Ⅰ,Ⅱ,Ⅲ,Ⅳ 象限的直线,如图 2-9(b)所示。由图 2-9 可以看出:按第 Ⅰ 象限逆时针走向圆弧 NR1 线型插补运算时,如将 x 轴的进给反向,即走出第 Ⅱ 象限顺时针走向圆弧 SR2;将 y 轴的进给反向,即走出 SR4;将 x 和 y 轴两者进给都反向,即走出 NR3。此时 NR1,NR3,SR2,SR4 四种线型都取相同的偏差运算公式,无须改变。

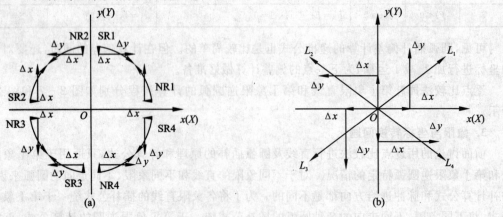

图 2-9 直线和圆弧不同象限的走向

还可以看出,按 NR1 线型插补时,把运算公式的坐标 x 和 y 对调,以 x 作 y,以 y 作 x,那么就得到 SR1 的走向。按上述原理,应用 SR1 同一运算公式,适当改变进给方向也可获得其余线型 SR3,NR2,NR4 的走向。由此可知,若针对不同象限建立类似于第Ⅰ象限的坐标,就可得到与第Ⅰ象限直线和第Ⅰ象限逆圆的类似情况,从而可以用统一公式作插补计算,然后根据象限的不同发出不同方向的脉冲。图 2-9(a)、(b)分别为 8 种圆弧和 4 种直线的坐标建立情况,据此可以得到表 2-3 的进给脉冲分配类型。

表 2-3　$\Delta x,\Delta y$ 脉冲分配的 12 种类型

图形	脉冲	象限			
		Ⅰ	Ⅱ	Ⅲ	Ⅳ
G03	Δx	$-x$	$-y$	$+x$	$+x$
	Δy	$+y$	$+x$	$-y$	$+y$
G02	$\Delta x \Delta y$	$-y$	$+x$	$+y$	$-x$
		$+x$	$+y$	$-x$	$+y$
G01	$\Delta x \Delta y$	$+x$	$+y$	$-x$	$-y$
		$+y$	$-x$	$-y$	$+x$

从表 2-4 可以看出,对于直线(G01)来说,按照第Ⅰ象限直线偏差计算公式得到的 Δx 和 Δy 脉冲,根据不同的象限,分配到机床不同坐标(x,y)的正负方向上。若是第Ⅱ象限直线,则 Δx 应发往 $+y$ 坐标;若是第Ⅲ象限直线,则 Δx 应发往 $-x$ 坐标,等等。由此表可以得到发往 $\pm x,\pm y$ 坐标方向的脉冲分配逻辑式为

$+x = \text{G02}\cdot\Delta y\cdot\text{Ⅰ}+\text{G01}\cdot\Delta x\cdot\text{Ⅰ}+\text{G02}\cdot\Delta x\cdot\text{Ⅱ}+\text{G03}\cdot\Delta x\cdot\text{Ⅲ}+\text{G03}\cdot\Delta y\cdot\text{Ⅳ}+\text{G01}\cdot\Delta y\cdot\text{Ⅳ}$

$-x = \text{G03}\cdot\Delta x\cdot\text{Ⅰ}+\text{G03}\cdot\Delta y\cdot\text{Ⅱ}+\text{G01}\cdot\Delta y\cdot\text{Ⅱ}+\text{G02}\cdot\Delta y\cdot\text{Ⅲ}+\text{G01}\cdot\Delta x\cdot\text{Ⅲ}+\text{G02}\cdot\Delta x\cdot\text{Ⅳ}$

$+y = \text{G03}\cdot\Delta y\cdot\text{Ⅰ}+\text{G01}\cdot\Delta y\cdot\text{Ⅰ}+\text{G02}\cdot\Delta y\cdot\text{Ⅱ}+\text{G01}\cdot\Delta x\cdot\text{Ⅱ}+\text{G02}\cdot\Delta x\cdot\text{Ⅲ}+\text{G03}\cdot\Delta x\cdot\text{Ⅳ}$

$-y = \text{G02}\cdot\Delta x\cdot\text{Ⅰ}+\text{G03}\cdot\Delta x\cdot\text{Ⅱ}+\text{G03}\cdot\Delta y\cdot\text{Ⅲ}+\text{G01}\cdot\Delta y\cdot\text{Ⅲ}+\text{G02}\cdot\Delta y\cdot\text{Ⅳ}+\text{G01}\cdot\Delta x\cdot\text{Ⅳ}$

4. 逐点比较法的进给速度计算

逐点比较法除能插补直线和圆弧之外,还能插补椭圆、抛物线和双曲线等二次曲线。该方法进给速度平稳,精度较高,无论是在普通 NC 系统还是在 CNC 系统中都有着非常广泛的应用。下面就来分析逐点比较法插补时的进给速度问题。

如前所述,插补器向各个坐标分配进给脉冲,使相应的坐标移动。因此,对于某一坐标而言,进给脉冲的频率就决定了进给速度。以 x 坐标为例,设 f_x 是以"脉冲/s"表示的脉冲频率,v_x 是以"mm/min"表示的进给速度,其间的比例关系:$v_x=60\delta f_x$,式中 δ 为脉冲当量,以"mm/脉冲"表示。

各个坐标进给速度的合成线速度称为合成进给速度或插补速度。对三坐标系统来说,合成进给速度 v 为:$v=\sqrt{v_x^2+v_y^2+v_z^2}$,式中 v_x,v_y,v_z 分别为 x,y,z 三个方向的进给速度。

合成进给速度 v 直接决定了加工时的粗糙度和精度。在实际应用中,合成进给速度 v 与

插补计算方法、脉冲源频率及程序段的形式和尺寸都有关系。也就是说,不同的脉冲分配方式,指令进给速度 F 和合成进给速度 v 之间的换算关系各不相同。

逐点比较法的特点是:脉冲源每产生一个脉冲,不是发向 x 轴(Δx),就是发向 y 轴(Δy)。令 f_g 为脉冲源频率,单位为"pps",则有 $f_g = f_x + f_y$,从而 x 和 y 方向的进给速度 v_x 和 v_y(单位为 mm/min)分别为:$v_x = 60\delta f_x$,$v_y = 60\delta f_y$,从而合成进给速度 v 为:$v = \sqrt{v_x^2 + v_y^2} = 60\sqrt{f_x^2 + f_y^2}$。

当 $f_x = 0$(或 $f_y = 0$)时,也就是进给脉冲按平行于坐标轴的方向分配时有最大速度,这个速度由脉冲源频率决定,所以称其为脉冲源速度 $v_g = 60\delta f_g$(实质是指循环节拍的频率,单位为 mm/min)。

合成进给速度 v 与 v_g 之比为:$\dfrac{v}{v_g} = \dfrac{\sqrt{f_x^2 + f_y^2}}{f_g} = \dfrac{\sqrt{x^2 + y^2}}{x + y}$,其插补速度 v 的变化范围为 $v = (1 \sim 0.707) v_g$,最大速度与最小速度之比为:$k_v = \dfrac{v_{max}}{v_{min}} = 1.414$。这样的速度变化范围,对一般机床来说已可满足要求,所以,逐点比较法的进给速度是较平稳的。

2.3.2 数字积分法

数字积分法又称数字微分分析(Digital Differential Analyzer——DDA)法,它是用数字积分的方法计算刀具沿各坐标轴的位移。

1. DDA 的基本原理

由高等数学可知,求函数 $y = f(t)$ 对 t 的积分运算,从几何概念上讲,就是求此函数曲线所包围的面积 F(见图 2-10),即 $F = \int_a^b y \, dt = \lim\limits_{n \to \infty} \sum\limits_{i=0}^{n-1} y(t_{i+1} - t_i)$。

若把自变量的积分区间 $[a, b]$ 等分成许多有限的小区间 Δt(其中 $\Delta t = t_{i+1} - t_i$),这样,求面积可以转化成求有限个小区间面积之和,即 $F = \sum\limits_{i=0}^{n-1} \Delta F_i = \sum\limits_{i=0}^{n-1} y_i \Delta t$。数字运算时,$\Delta t$ 一般取最小单位"1",即一个脉冲,则 $F = \sum\limits_{i=0}^{n-1} y_i$。

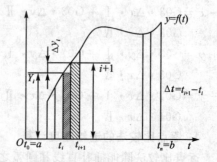

图 2-10 函数的积分原理

由此可见,函数的积分运算变成了变量的求和运算。当所选取的积分间隔 Δt 足够小时,则用求和运算代替求积运算所引起的误差可以不超过允许的值。

2. DDA 直线插补

设要对 xy 平面上的直线进行脉冲分配,直线起点为坐标原点 O,终点为 $E(x_e, y_e)$,如图 2-11 所示。

假定 v_x 和 v_y 分别表示动点在 x 和 y 方向的移动速度,则在 x 和 y 方向上的移动距离微小增量 Δx 和 Δy 应为

$$\left.\begin{array}{l}\Delta x = v_x \Delta t \\ \Delta y = v_y \Delta t\end{array}\right\} \quad (2-5)$$

对直线函数来说，v_x 和 v_y 是常数，则式

$$\frac{v_x}{x_e} = \frac{v_y}{y_e} = k \quad (2-6)$$

成立，式中 k 为比例系数。

在 Δt 时间内，x 和 y 位移增量的参数方程为

$$\left.\begin{array}{l}\Delta x = v_x \Delta t = k x_e \Delta t \\ \Delta y = v_y \Delta t = k y_e \Delta t\end{array}\right\} \quad (2-7)$$

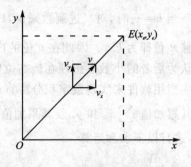

图 2-11 合成速度与分速度的关系

动点从原点走向终点的过程，可以看作是各坐标每经过一个单位时间间隔 Δt 分别以增量 kx_e 和 ky_e 同时累加的结果。经过 m 次累加后，x 和 y 分别都到达终点 $E(x_e, y_e)$，式

$$\left.\begin{array}{l}x = \sum_{i=1}^{m} k x_e \Delta t = m k x_e = x_e \\ y = \sum_{i=1}^{m} k y_e \Delta t = m k y_e = y_e\end{array}\right\} \quad (2-8)$$

成立，则有

$$mk = 1 \quad \text{或} \quad m = \frac{1}{k} \quad (2-9)$$

式(2-9)表明，比例系数 k 和累加次数 m 的关系是互为倒数。因为 m 必须是整数，所以 k 一定是小数。在选取 k 时主要考虑每次增量 Δx 或 Δy 不大于1，以保证坐标轴上每次分配进给脉冲不超过一个单位步距，即 $\Delta x = k x_e < 1, \Delta y = k y_e < 1$。

式中 x_e 和 y_e 的最大容许值受计算机的位数及用几个字节存储坐标值所限制。如用 TP801(Z80)单板机作控制机，用两个字节存储坐标值，因该单板机为8位机，故 x_e 和 y_e 的最大容许寄存容量为 $2^{16} - 1 = 65535$。为满足 $kx_e < 1$ 及 $ky_e < 1$ 的条件，即：$kx_e = k(2^k - 1) < 1$ 及 $ky_e = k(2^k - 1) < 1$，则 $k < \frac{1}{2^{16} - 1}$。

如果取 $k = \frac{1}{2^{16}}$，则 $\Delta x = kx_e = \frac{(2^{16} - 1)}{2^{16}} < 1$，即满足 $kx_e < 1$ 的条件。这时累加次数为 $m = \frac{1}{k} = 2^{16}$ 次。一般情况下，若假定寄存器是 n 位，则 x_e 和 y_e 的最大允许寄存器容量应为 $2^n - 1$（各位全1时），若取 $k = \frac{1}{2^n}$，则

$$\left.\begin{array}{l}kx_e = \frac{1}{2^n}(2^n - 1) = \frac{2^n - 1}{2^n} \\ ky_e = \frac{1}{2^n}(2^n - 1) = \frac{2^n - 1}{2^n}\end{array}\right\}$$

显然，由上式决定的 kx_e 和 ky_e 是小于1的，这样，不仅决定了系数 $k\left(k = \frac{1}{2^n}\right)$，而且保证了 Δx 和 Δy 小于1的条件。因此，刀具从原点到达终点的累加次数 m 就有 $m = \frac{1}{k} = 2^n$。

当 $k=\dfrac{1}{2^n}$ 时,对二进制数来说,kx_e 与 x_e 的差别只在于小数点的位置不同,将 x_e 的小数点左移 n 位即为 kx_e。因此在 n 位的内存中存放 x_e(x_e 为整数)和存放 kx_e 的数字是相同的,只是认为后者的小数点出现在最高位数 n 的前面。

当用软件来实现数字积分法直线插补时,只要在内存中设定几个单元,分别用于存放 x_e 及其累加值 $\sum x_e$ 和 y_e 及其累加值 $\sum y_e$。将 $\sum y_e$ 和 $\sum x_e$ 赋一初始值,在每次插补循环过程中,进行以下求和运算

$$\sum x_e + x_e \to \sum x_e$$
$$\sum y_e + y_e \to \sum y_e$$

将运算结果的溢出脉冲 Δx 和 Δy 用来控制机床进给,就可走出所需的直线轨迹。

综上所述,可以得到下述结论:数字积分法插补器的关键部件是累加器和被积函数寄存器,每一个坐标方向就需要一个累加器和一个被积函数寄存器。一般情况下,插补开始前,累加器清零,被积函数寄存器分别寄存 x_e 和 y_e;插补开始后,每来一个累加脉冲 Δt,被积函数寄存器里的内容在相应的累加器中相加一次,相加后的溢出作为驱动相应坐标轴的进给脉冲 Δx(或 Δy),而余数仍寄存在累加器中;当脉冲源发出的累加脉冲数 m 恰好等于被积函数寄存器的容量 2^n 时,溢出的脉冲数等于以脉冲当量为最小单位的终点坐标,刀具运行到终点。

数字积分法插补第Ⅰ象限直线的程序流程如图 2-12 所示。

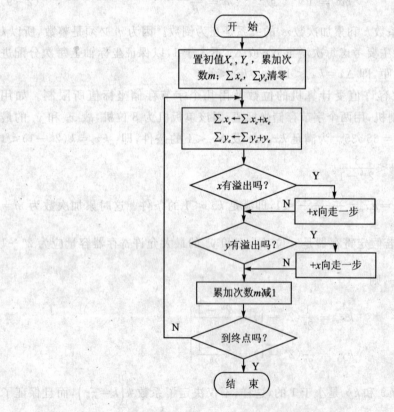

图 2-12 DDA 直线插补流程图

下面举例说明 DDA 直线插补过程。插补第一象限直线 OA，起点为 $O(0,0)$，终点为 $A(5,3)$。取被积函数寄存器分别为 J_{VX}、J_{VY}，余数寄存器分别为 J_{RX}、J_{RY}，终点计数器为 J_E，均为三位二进制寄存器。则迭代次数为 $m=2^3=8$ 次时插补完成。在插补前，J_E，J_{RX}，J_{RY} 均为零，J_{VX} 和 J_{VY} 分别存放 $x_e=5$（即二进制的 101），$y_e=3$（即二进制的 011）。在直线插补过程中 J_{VX} 和 J_{VY} 中的数值始终为 x_e 和 y_e 保持不变。本例的具体轨迹如图 2-13 中的折线所示，表 2-4 为 DDA 直线插补过程。由此可见，经过 8 次迭代之后，x 和 y 坐标分别有 5 个和 3 个脉冲输出。直线插补轨迹与理论曲线的最大误差不超过 1 个脉冲当量。

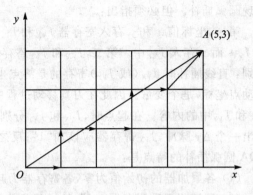

图 2-13 DDA 直线插补过程

表 2-4 DDA 直线插补过程

累加次数	X 积分器			Y 积分器			终点计数器 J_E	备注
	$J_{VX}(X_e)$	J_{RX}	溢出	$J_{VY}(Y_e)$	J_{RY}	溢出		
0	101	000		011	000		000	初始状态
1	101	101		011	011		001	第一次迭代
2	101	010	1	011	110		010	X 溢出
3	101	111		011	001	1	011	Y 溢出
4	101	100		011	100		100	X 溢出
5	101	001	1	011	111		101	X 溢出
6	101	110		011	010	1	110	Y 溢出
7	101	011	1	011	101		111	X 溢出
8	101	000		011	000	1	000	X,Y 溢出

3. DDA 圆弧插补

以第 I 象限逆圆弧为例，设刀具沿圆弧 $\overset{\frown}{AB}$ 移动，半径为 R，刀具的切向速度为 v，$p(x,y)$ 为动点（见图 2-14），则有下述关系：$\dfrac{v}{R}=\dfrac{v_x}{y}=\dfrac{v_y}{x}=k$。式中 k 为比例常数。因为半径 R 为常数，切向速度 v 为匀速，所以 k 可认为是常数。

在单位时间增量 Δt 内，x 和 y 位移增量的参量方程可表示为

$$\left.\begin{aligned}\Delta x &= v_x \Delta t = ky\Delta t\\ \Delta y &= v_y \Delta t = kx\Delta t\end{aligned}\right\} \qquad (2-10)$$

根据式(2-10)，仿照直线插补方案用两个积分器来

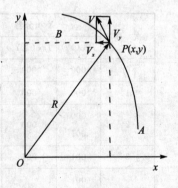

图 2-14 DDA 圆弧插补

实现圆弧插补。但必须指出：

第一，坐标值 x 和 y 存入寄存器 J_{VX} 和 J_{VY} 的对应关系与直线不同，恰好位置互调，即 y 存入 J_{VX}，而 x 存入 J_{VY} 中。第二，J_{VX} 和 J_{VY} 寄存器中寄存的数值与直线插补时还有一个本质的区别：直线插补时 J_{VX}（或 J_{VY}）寄存的是终点坐标 x_e（或 y_e）是个常数；而在圆弧插补时寄存的是动点坐标，是个变量。因此在刀具移动过程中必须根据刀具位置的变化来更改速度寄存器 J_{VX} 和 J_{VY} 中的内容。在起点时，J_{VX} 和 J_{VY} 分别寄存起点坐标值 y_0 和 x_0；在插补过程中，J_{RY} 每溢出一个 Δy 脉冲，J_{VX} 寄存器应该加"1"；反之，当 J_{RX} 溢出一个 Δx 脉冲时，J_{VY} 应该减"1"。DDA 圆弧插补的特点是：

（1）各累加器的初始值为零，各寄存器为起点坐标值；

（2）X 被积函数积存器存 Y_i，Y 被积函数积存器存 X_i，为动点坐标；

（3）X_i，Y_i 在积分过程中，产生进给脉冲 ΔX，ΔY 时，要对相应坐标进行加 1 或减 1 的修改；

（4）DDA 圆弧插补的终点判别要有二个计数器，即哪个坐标终点到了，哪个坐标停止积分迭代；

（5）与 DDA 直线插补一样，J_{VX}，J_{VY} 中的值影响插补速度。

DDA 圆弧插补的终点判别可以利用两个终点减法计数器，把 x 和 y 坐标所需输出的脉冲数 $|x_e-x_0|$ 和 $|y_e-y_0|$ 分别存入这两个计数器中，x 或 y 积分器每输出一个脉冲，相应的减法计数器减 1，当某一坐标计数器为零时，说明该坐标已到达终点，这时，该坐标停止迭代。当两个计数器均为零时，圆弧插补结束。

下面举一个 DDA 圆弧插补的具体例子。如图 2-15 所示，设有一个圆弧，起点为 $A(5,0)$，终点为 $B(0,5)$，即 $\begin{cases} x_0=5 \\ y_0=0 \end{cases}$ 和 $\begin{cases} x_e=5 \\ y_e=5 \end{cases}$。其插补过程如表 2-5 所列。

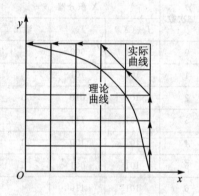

图 2-15 DDA 圆弧插补运算过程

表 2-5 DDA 圆弧插补运算过程

次 序	X 积分器			X 终	Y 积分器			Y 终	备 注
	$J_{YX}(Y_i)$	$J_{RX}(\Sigma Y_i)$	ΔX		$J_{VY}(X_i)$	$J_{RY}(\Sigma X_i)$	ΔY		
0	000	000	0	101	101	000	0	101	初 始
1	000	000	0	101	101	101	0	101	
2	000 001	000	0	101	101	010	1	100	修正 Y_i
3	001	001	0	101	101	111	0	100	
4	001 010	010	0	101	101	100	1	011	修正 Y_i

续表 2-5

次序	X 积分器			X 终	Y 积分器			Y 终	备注
	$J_{YX}(Y_i)$	$J_{RX}(\sum Y_i)$	ΔX		$J_{VY}(X_i)$	$J_{RY}(\sum X_i)$	ΔY		
5	010 011	100	0	101	101	001	1	010	修正 Y_i
6	011	111	0	101	101	110	0	010	
7	011 100	010	1	100	101 100	011	1	001	修正 Y_i 修正 X_i
8	100	110	0	100	100	111	0	001	
9	100 101	010	1	011	100 011	011	1	000	修正 Y_i 修正 X_i
10	101	111	0	011	011				
11	101	001	1	001	011 010				修正 X_i
12	101	001	1	001	010 001				修正 X_i
13	101	110	0	001	001				
14	101	011	1	000	001 000				结束

对于顺圆、逆圆及其他象限的插补运算过程和积分器结构基本上与第Ⅰ象限逆圆是一致的。其不同在于，控制各坐标轴的 Δx 和 Δy 进给方向不同，以及修改 J_{VX} 和 J_{VY} 内容时是 $\oplus$ 还是 $\ominus$，要由 y 和 x 坐标的增减而定，如表 2-6 所列。

表 2-6 DDA 圆弧插补时的坐标修改情况

	SR_1	SR_2	SR_3	SR_4	NR_1	NR_2	NR_3	NR_4
$J_{VX}(y)$	−	+	−	+	+	−	+	−
$J_{VY}(x)$	+	−	+	−	+	−	+	−
Δx	+	+	−	−	+	+	−	−
Δy	−	+	+	−	+	−	−	+

4. 改进 DDA 插补速度和质量的措施

使用 DDA 法插补时，其插补进给速度 v 不仅与系统的迭代频率 f_g（即脉冲源频率）成正比，而且还与余数寄存器的容量 N 成反比，与直线段的长度 L（或圆弧半径 R）成正比。它们之间有下述关系成立

$$v = 60\delta \frac{1}{N} f_g \tag{2-11}$$

式中：v—插补进给速度；δ—脉冲当量；L—直线段的长度；N—寄存器的容量；f_g—迭代频率。

显然，即使编制同样大小的速度指令，但针对不同长度的直线段，其进给速度是变化的（假设 f_g 和 N 为固定），必须设法加以改善。常用的改善方法是左移规格化和进给速率编程

(FRN)。

由上面 DDA 圆弧插补例子可以看出,当插补第Ⅰ象限逆圆时,y 坐标率先到达。这时若不强制 y 方向停止迭代,将会出现超差,不能到达正确的终点。为了改善这一情况,常用余数寄存器预置数的办法来解决。

下面讨论使 DDA 法从原理走向实用必须解决的速度和精度控制问题。

(1) 进给速度的均匀化措施——左移规格化 从上述可知,数字积分器溢出脉冲的频率与被积函数寄存器中的存数成正比。如用 DDA 作直线插补时,每个程序段的时间间隔是固定不变的,因为不论加工行程长短,都必须同样完成 $m=2^n$ 次的累加运算。这就是说,行程长,走刀快;行程短,走刀慢,所以各程序段的进给速度是不一致的。这样影响了加工的表面质量,特别是行程短的程序段生产率低。为了克服这一缺点,使溢出脉冲均匀,溢出速度提高,通常采用"左移规格化"处理。

所谓"左移规格化"处理,是当被积函数的值比较小时,如被积函数寄存器在 i 个前零时,若直接迭代,那么至少需要 2^i 次迭代,才能输出一个溢出脉冲,致使输出脉冲的速率下降。因此在实际的数字积分器中,需把被积函数寄存器中的前零移去即对被积函数实现"左移规格化"处理。经过左移规格化的数就成为规格化数——寄存器中的数其最高位为"1"时,该数即称为规格化数;反之最高位为"0"的数称为非规格化数。显然,规格化数累加两次必有一次溢出,而非规格化数必须作两次以上或多次累加才有一次溢出。

(2) 提高插补精度的措施——余数寄存器预置数 前已述及,DDA 直线插补的插补误差小于一个脉冲当量,但是 DDA 圆弧插补的插补误差有可能大于一个脉冲当量。其原因是:由于数字积分器溢出脉冲的频率与被积函数寄存器的存数成正比,当在坐标轴附近进行插补时,一个积分器的被积函数值接近于零,而另一个积分器的被积函数值却接近最大值(圆弧半径),这样,后者可能连续溢出,而前者几乎没有溢出,两个积分器的溢出脉冲速率相差很大,致使插补轨迹偏离理论曲线,该曲线如图 2-15 所示。

为了减小插补误差,提高插补精度,可以把积分器的位数增多,从而增加迭代次数。这相当于把图 2-15 矩形积分的小区间 Δt 取得更小。这样做可以减小插补误差,但是进给速度却降低了,所以不能无限制地增加寄存器的位数。在实际的积分器中,常常应用一种简便而行之有效的方法——余数寄存器预置数。即在 DDA 插补之前,余数寄存器 J_{RX} 和 J_{RY} 预置某一数值(不是零),这一数值可以是最大容量,即 2^n-1,也可以是小于最大容量的某一个数,如 $2^n/2$,常用的则是预置最大容量值(称为置满数或全加载)和预置 0.5(称为半加载)两种。

"半加载"是在 DDA 迭代前,余数寄存器 J_{RX} 和 J_{RY} 的初值不是置零,而是置 1000…000(即 0.5)。也就是说,把余数寄存器 J_{RX} 和 J_{RY} 的最高有效位置"1",其余各位均置"0",这样,只要再叠加 0.5,余数寄存器就可以产生第一个溢出脉冲,使积分器提前溢出。这在被积函数较小,迟迟不能产生溢出的情况时,有很大的实际意义,因为它改善了溢出脉冲的时间分布,减小了插补误差。

"半加载"可以使直线插补的误差减小到半个脉冲当量以内,一个显而易见的例子是:若直线 OA 的起点为坐标原点,终点坐标是 $A(15,1)$,没有"半加载"时,x 积分器除第一次迭代没有溢出外,其余 15 次迭代均有溢出;而 y 积分器只有在第 16 次迭代时才有溢出脉冲(见图 2-16(a))。若进行了"半加载",则 x 积分器除第 9 次迭代没有溢出外,其余 15 次均有溢出;而 y 积分器的溢出提前到第 8 次迭代有溢出,这就改善了溢出脉冲的时间分布,提高了插补精度(见图 2-16(a))。

"半加载"使圆弧插补的精度得到明显改善。若对图 2-16(b)的例子进行"半加载",其插补轨迹如图中的折线所示。比较后可以发现,"半加载"使 x 积分器的溢出脉冲提前了,从而提高了插补精度。

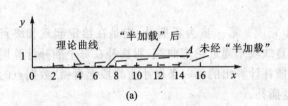

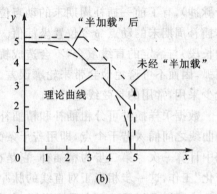

图 2-16 "半加载"后的轨迹

所谓"全加载",是在 DDA 迭代前将余数寄存器 J_{Rx} 和 J_{Ry} 的初值置成该寄存器的最大容量值(当为 n 位时,即置入 2^n-1),会使得被积函数值很小的坐标积分器提早产生溢出,插补精度得到明显改善。

图 2-17 是使用"全加载"的方法得到的插补轨迹,由于被积函数寄存器和余数寄存器均为三位,置入最大数为 7(111)。

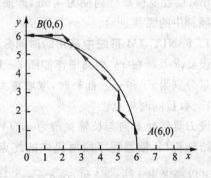

图 2-17 "全加载"后的实际轨迹

2.3.3 数据采样插补法

上节介绍的逐点比较法和数字积分法插补方法的共同特点是插补计算的结果是以脉冲的方式输出给伺服系统,或者说产生的是单个的行程增量,因而统称为脉冲增量插补法或基准脉冲插补法。该方法既可用于 CNC 系统,又常用于 NC 系统,尤其适于以步进电动机为伺服元件的数控系统中。

数据采样插补法(或称为时间分割法)为 CNC 系统中较广泛采用的另一种插补计算方法。它尤其适合于闭环和半闭环以直流或交流电动机为执行机构的位置采样控制系统。这种方法是把加工一段直线或圆弧的整段时间细分为许多相等的时间间隔,称为单位时间间隔(或插补周期)。每经过一个单位时间间隔就进行一次插补计算,算出在这一时间间隔内各坐标轴的进给量,这样边计算,边加工,直至加工终点。

与基准脉冲插补法不同,采用数据采样法插补时,在加工某一直线段或圆弧段的加工指令中必须给出加工进给速度 v,先通过速度计算,将进给速度分割成单位时间间隔的插补进给量 l(或称为轮廓步长),又称为一次插补进给量。例如,在 FANUC 7M 系统中,取插补周期为 8 ms,若 v 的单位取 mm/min,l 的单位取 μm/8 ms,则一次插补进给量可用下列数值方程计算:$l=\dfrac{v\times 1000\times 8}{60\times 1000}=\dfrac{2}{15}v$。

按上式计算出一次插补进给量 l 后，根据刀具运动轨迹与各坐标轴的几何关系，可求出各轴在一个插补周期内的插补进给量，按时间间隔（如 8 ms）以增量形式给各轴送出一个一个插补增量，通过驱动部件使机床完成预定轨迹的加工。

由上述分析可知，该算法的核心问题是如何计算各坐标轴的增长数 Δx 或 Δy（而不是单个脉冲），有了前一插补周期末的动点位置值和本次插补周期内的坐标增长段，很容易计算出本插补周期末的动点命令位置坐标值。对于直线插补来讲，插补所形成的轮廓步长子线段（即增长段）与给定的直线重合，不会造成轨迹误差。而在圆弧插补中，因要用切线或弦线来逼近圆弧，因而不可避免地会带来轮廓误差。其中切线近似具有较大的轮廓误差，因此切线近似法较少采用，常用的是弦线逼近法。

数据采样插补可分粗插补和精插补两步完成。第一步为粗插补，它是在给定起点和终点的曲线之间插入若干个点，即用若干条微小直线段来逼近给定曲线，粗插补在每个插补计算周期中计算一次。第二步为精插补，它是在粗插补计算出的每一条微小直线段上再做"数据点的密化"工作，这一步相当于对直线的脉冲增量插补。

本章以 FANUC 7M 系统为例，介绍目前常用的数据采样方法。在 7M 系统中，插补周期为 8 ms，位置反馈采样周期为 4 ms，即插补周期为位置采样周期的 2 倍，它以内接弦进给代替圆弧插补中的弧线进给。

1. FANUC 7M 系统中采用的时间分割法直线插补

设要求刀具在 xy 平面中作如图 2-18 所示的直线运动。在这一程序段中，x 和 y 轴的位移增量分别为 x_e 和 y_e。插补时，取增量大的作长轴，小的为短轴，要求 x 和 y 轴的速度保持一定的比例，且同时终点。

设刀具移动方向与长轴夹角为 α，OA 为一次插补的进给步长 l。根据程序段所提供的终点坐标 $P(x_e, y_e)$，可以确定出 $\mathrm{tg}\,\alpha = \dfrac{y_e}{x_e}$ 和 $\cos\alpha = \dfrac{1}{\sqrt{1+\mathrm{tg}^2\alpha}}$，从而求得本次插补周期内长轴的插补进给量为

$$\Delta x = l\cos\alpha \qquad (2\text{-}12)$$

导出其短轴的进给量为

$$\Delta y = \frac{y_e}{x_e}\Delta x \qquad (2\text{-}13)$$

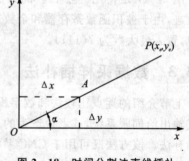

图 2-18 时间分割法直线插补

2. 圆弧插补

如图 2-19 所示，以顺圆弧 $\overset{\frown}{AB}$ 为待加工曲线，下面推导其插补公式。在顺圆弧上的 B 点是继 A 点之后的插补瞬时点，两点的坐标分别为 $A(x_i, y_i)$，$B(x_{i+1}, y_{i+1})$。所谓插补，在这里是指由点 $A(x_i, y_i)$ 求出下一点 $B(x_{i+1}, y_{i+1})$，实质上是求在一次插补周期的时间内，x 轴和 y 轴的进给量 Δx 和 Δy。图中的弦 $\overrightarrow{AB}$ 正是圆弧插补时每个周期的进给步长 l，AP 是 A 点的圆弧切线，M 是弦的中点。显然，$ME\perp AF$，E 是 AF 的中点，而 $OM\perp AB$。由此，圆心角具有下列关系

$$\phi_{i+1} = \phi_i + \delta \qquad (2\text{-}14)$$

式中 δ 为进给步长 l 所对应的角增量，称为角步距。由于 $\triangle AOC \sim \triangle PAF$，所以 $\angle PAF = \angle AOC = \phi_i$，显然 $\angle BAP = \dfrac{1}{2}\angle AOB = \dfrac{1}{2}\delta$，因此 $\alpha = \angle BAP + \angle PAF = \phi_i + \dfrac{1}{2}\delta$。图 2-19 为时间分割法圆弧插补。

第 2 章 数控系统的加工控制原理

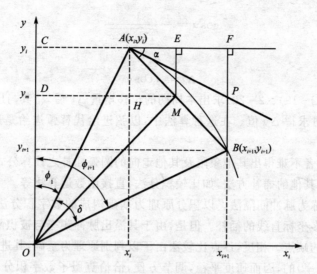

图 2-19 时间分割法圆弧插补

在 $\triangle MOD$ 中，$\mathrm{tg}\left(\phi_i+\dfrac{\delta}{2}\right)=\dfrac{DH+HM}{OC-CD}$，将 $DH=x_i$，$OC=y_i$，$HM=\dfrac{1}{2}l\cos\alpha$ 和 $CD=\dfrac{1}{2}l\sin\alpha$ 代入上式，则有

$$\mathrm{tg}\,\alpha=\mathrm{tg}\left(\phi_i+\dfrac{\delta}{2}\right)=\dfrac{x_i+\dfrac{l}{2}\cos\alpha}{y_i-\dfrac{l}{2}\sin\alpha} \tag{2-15}$$

因为 $\mathrm{tg}\,\alpha=\dfrac{FB}{FA}=\dfrac{\Delta y}{\Delta x}$，而 $HM=\dfrac{1}{2}\Delta x$；$CD=\dfrac{1}{2}\Delta y$，又可以推出 x_i 和 y_i，而 Δx 和 Δy 的关系式为

$$\dfrac{\Delta y}{\Delta x}=\dfrac{x_i+\dfrac{1}{2}\Delta x}{y_i-\dfrac{1}{2}\Delta y}=\dfrac{x_i+\dfrac{1}{2}l\cos\alpha}{y_i+\dfrac{1}{2}l\sin\alpha} \tag{2-16}$$

式(2-21)充分反映了圆弧上任意相邻两点的坐标间的关系。只要找到计算 Δx 和 Δy 的恰当方法，就可以按式

$$\left.\begin{array}{l}x_{i+1}=x_i+\Delta x\\ y_{i+1}=y_i+\Delta y\end{array}\right\} \tag{2-17}$$

求出新的插补点坐标，所以，关键是求解出 Δx 和 Δy。事实上，只要求出 $\mathrm{tg}\,\alpha$ 值，根据函数关系便可求得 Δx，Δy 值，进而求得 x_{i+1}，y_{i+1} 值。由于式(2-15)中的 $\sin\alpha$ 和 $\cos\alpha$ 均为未知数，要直接算出 $\mathrm{tg}\,\alpha$ 很困难。7M 系统采用的是一种近似算法，即以 $\cos 45°$ 和 $\sin 45°$ 来代替 $\cos\alpha$ 和 $\sin\alpha$，先求出

$$\mathrm{tg}\,\alpha=\dfrac{x_i+\dfrac{1}{2}l\cos\alpha}{y_i-\dfrac{1}{2}l\sin\alpha}\approx\dfrac{x_i+\dfrac{1}{2}l\cos 45°}{y_i-\dfrac{1}{2}l\sin 45°} \tag{2-18}$$

再由关系式

$$\cos\alpha = \frac{1}{\sqrt{1+\mathrm{tg}^2\alpha}} \qquad (2-19)$$

进而求得

$$\Delta x = l\cos\alpha \qquad (2-20)$$

由式(2-18)、(2-19)、(2-20)求出本周期的位移增量 Δx 后,将其与已知的坐标值 x_i、y_i 代入式(2-21),即可求得 Δy 值。在这种算法中,以弦进给代替弧进给是造成径向误差的主要原因。

依照此原理,读者不难得出其他象限及其他走向的圆弧插补之计算公式。这里不再赘述。
除此之外,还有其他的插补方法,如比较积分法、直接函数运算法等。

比较积分法又称为脉冲间隔法。以积分原理为基础构成的数字积分法,可以灵活地实现各种函数的插补和多坐标直线的插补。但是,由于其溢出脉冲频率与被积函数值大小有关,存在着速度调节不便的缺点。相反,逐点比较法由于以判别原理为基础,其进给脉冲是跟随指令运算频率(脉冲源频率)的,因而速度平稳,调节方便,恰恰克服了数字积分法的缺点。但它在某些二次曲线的插补计算上不大方便。如果能把两种方法结合起来,吸收各自的优点,就能得到更为理想的脉冲分配方案。比较积分法就是在这种背景下产生的新型脉冲分配方法。

直接函数运算法属于最小偏差法的一种。它与逐点比较法类似,是一种代数运算方法。但它的进给方式不像逐点比较法那样或 x 方向或 y 方向急剧变化,这对机械部分是有利的,特别是可以改善步进电动机的谐振现象。另外,直接函数法可以比较并选择误差较小的一个进给方向,这也是它的一个优点。因为直接函数法每插补一步要试算两个方向并作比较。

以上介绍了常用的几种基准脉冲插补法和数据采样插补法。在实际使用中还会见到上述一些插补算法的变形算法或扩展算法,如最小偏差法、单步追赶法和方向余弦法等。读者需要时可参阅有关文献资料。

2.4 刀具补偿原理

刀具补偿分为长度补偿和半径补偿两种,多数由于换刀或刀具磨损产生。本节以刀具半径补偿为例介绍刀具的补偿原理。

2.4.1 刀具半径补偿的作用

在轮廓加工过程中,由于刀具总有一定的半径(如铣刀半径或线切割机的钼丝半径),刀具中心的运动轨迹并不等于所需加工零件的实际轨迹,必考虑刀具半径。现以铣削过程为例(见图2-20),若要用半径为 r 的刀具加工外形轮廓为 A 的工件,那么刀具中心必须沿着与

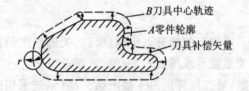

图 2-20 数控加工刀具中心轨迹

轮廓 A 偏离 r 距离的轨迹 B 移动,即铣削时刀具中心轨迹和工件的廓形是不一致的。可以根据轮廓 A 的坐标参数和刀具半径 r 的值计算出轨迹 B 的坐标参数,再编制成程序进行加工,但这很不方便。因为当材料、工艺变化或刀具磨损需要更换刀具时,须重新编写程序。为了既能使编程方便,又能使刀具中心沿轨迹运动,加工出合格的零件来,就需要有刀具半径补偿(或

简称刀偏)功能。

刀具半径补偿通常不是程序编制人员完成的,程序编制人员只是按零件的加工轮廓编制程序。同时用指令 G41,G42,G40 告诉 CNC 系统刀具是沿零件内轮廓运动还是沿外轮廓运动,实际的刀具半径补偿计算是在 CNC 系统内部由计算机自动完成的。CNC 系统根据零件轮廓尺寸和刀具运动的方向指令(G41,G42,G40),以及实际加工中所用的刀具半径值自动地完成刀具半径补偿计算。

根据 ISO 标准,当刀具中心轨迹在编程轨迹(零件轮廓)前进方向右边时称为右刀具补偿,简称右刀补,用 G42 表示;反之,则称为左刀补,用 G41 表示;刀具补偿撤消时用 G40 表示。在实际轮廓加工过程中,刀具半径补偿执行过程一般可分刀具补偿建立、刀具补偿进行和刀具补偿撤消三步进行。

2.4.2 刀具半径补偿计算

1. 直线刀具补偿计算

如图 2-21 所示,被加工直线段的起点在坐标原点,终点 A 的坐标为 (x,y)。假定上一程序段加工完后,刀具中心在 O' 点且其坐标已知。刀具半径为 r,现在要计算的是刀具补偿后直线段 $O'A'$ 的终点坐标 (x',y')。设直线段终点刀具补偿矢量 AA' 的投影坐标为 $(\Delta x_{新},\Delta y_{新})$,则

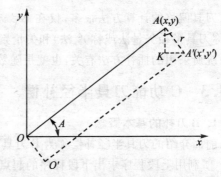

$$\left.\begin{array}{l}x' = x + \Delta x_{新} \\ y' = y + \Delta y_{新}\end{array}\right\} \quad (2-21)$$

因为 $\angle XOA = \angle A'AK = \alpha$,所以

图 2-21 直线刀具补偿

$$\left.\begin{array}{l}\Delta x_{新} = r\sin\alpha = r\dfrac{y}{\sqrt{x^2+y^2}} \\ \Delta y_{新} = -r\cos\alpha = -r\dfrac{x}{\sqrt{x^2+y^2}}\end{array}\right\} \quad (2-22)$$

将式(2-21)代入式(2-22)得

$$\left.\begin{array}{l}x' = x + \dfrac{ry}{\sqrt{x^2+y^2}} \\ y' = y - \dfrac{rx}{\sqrt{x^2+y^2}}\end{array}\right\} \quad (2-23)$$

式(2-23)是直线刀具半径补偿计算公式,但是该公式是在增量编程方式下推出的。事实上,如果是绝对编程方式,仍然可以用式(2-23)计算直线刀具补偿,所不同的是式(2-23)中的 (x,y) 和 (x',y') 都应是绝对坐标值。

2. 圆弧刀具半径补偿计算

如图 2-22 所示,被加工圆弧的圆心在坐标原点,圆弧半径为 R,圆弧起点 A 的坐标为 (x_0,y_0),圆弧终点 B 的坐标为 (x_e,y_e),刀具半径为 r。

假定上一程序段加工结束后刀具中心点为 A',且其坐标为已知。那么圆弧刀具半径计算的目的就是要计算出刀具中心圆弧 $A'B'$ 的终点坐标 (x'_e,y'_e)。设 BB' 在两个坐标上的投影为

$\Delta x_{新}, \Delta y_{新}$,则

$$\left.\begin{array}{l} x'_e = x_e + \Delta x_{新} \\ y'_e = y_e + \Delta y_{新} \end{array}\right\} \quad (2-24)$$

因 $\angle BOX = \angle B'BK = \alpha$,故

$$\left.\begin{array}{l} \Delta x_{新} = r\cos\alpha = r \cdot \dfrac{x_e}{R} \\ \Delta y_{新} = r\sin\alpha = r \cdot \dfrac{y_e}{R} \end{array}\right\} \quad (2-25)$$

将式(2-25)代入式(2-24)得圆弧刀具补偿计算公式为

$$\left.\begin{array}{l} x'_e = x_e + \dfrac{rx_e}{R} \\ y'_e = y_e + \dfrac{ry_e}{R} \end{array}\right\} \quad (2-26)$$

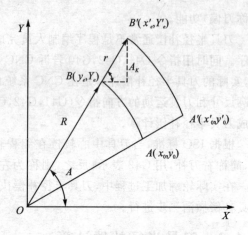

图 2-22 圆弧刀具半径补偿

刀具偏移的计算方法很多,仅在 NC 系统中常用的就有 DDA 法、极坐标法、逐点比较法(又称刀具半径矢量法或称 r^2 法)和矢量判别法等。这些刀具偏移计算方法的采用,大多与数控系统所采用的插补方法有关,也就是随数控系统的不同而异,读者可参考有关文献查阅。

2.4.3 C 功能刀具半径补偿

1. B 刀补的基本概念

前面介绍的刀具半径补偿称为 B 刀具补偿,或简称为 B 刀补,B 刀补的共同点是:

① 利用上段程序求出下段程序的起点偏移后的坐标值,实质上主要是计算出刀具半径在本程序段终点的坐标分量。

② B 刀补的执行过程一般都分刀补建立、刀补进行和刀补撤消三步进行。

③ 对于两线段组成的尖角过渡问题,在加工过程中,一般都要附加一段程序,而且附加的轨迹常常为圆弧,即所谓非圆滑过渡的附加程序。

以加工如图 2-23 剖线部分外形轮廓等零件时的尖角过渡问题为例,说明 B 刀补的计算方法。

图 2-23 的轮廓由圆弧 $\overset{\frown}{A'B}$ 和直线 $\overline{BC}$ 组成。插补的过程一般是:由 $\overset{\frown}{A'B}$ 圆弧段开始,接着加工 $\overline{BC}$ 直线段,粗看起来,似乎有两个程序就可以了。但事实并非如此,因为第一个程序段加工 $\overset{\frown}{A'B}$,刀具中心沿圆弧 $\overset{\frown}{A'B}$ 运动。结束时,刀具中心停在 B' 点上,如果紧接着第二个程序,显然得不出直线段 $\overline{BC}$,只有使刀具中心走一个从 B' 至 B'' 的附加程序后,才能正确加工出零件外形 $\overline{BC}$ 段。因此 $B'B''$ 程序段称为"非圆滑过渡的附加程序"。显然,为了使刀具中心由 B' 点走到 B'' 点,最好的方法是走一个以 B 点为圆心、r 为半径的圆弧。因此附加程序实质就是圆弧插补,即 B 点是圆弧的中心,起点是 B',终点是 B'',圆弧半径就是刀具半径 r。

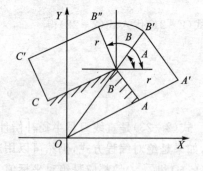

图 2-23 B 刀补处理尖角过渡问题

以极坐标输入法为例,此程序的输入数据为 $\cos\alpha, \sin\alpha, \cos\beta, \sin\beta$,圆弧半径(等于 r)不需

由零件程序输入,只是通过刀补参数由 MDI 面板输入。因此,附加程序段的起点和终点坐标分别为

$$\text{起点:} \begin{cases} x_{BB'} = r\cos\alpha \\ y_{BB'} = r\sin\alpha \end{cases} \quad \text{终点:} \begin{cases} x_{BB''} = r\cos\beta \\ y_{BB''} = r\sin\beta \end{cases}$$

x,y 两个方向应走的总步数为:$\sum(\Delta x + \Delta y) = (x_{BB'} - x_{BB''}) + (y_{BB'} - y_{BB''})$,由式可知,附加程序实际上是刀具偏移计算的一个特例,即 $R=0$ 的情况。

可见,在 B 刀补中是将尖角过渡和与零件轮廓相同的刀补计算分开进行的,尤其对于尖角过渡程序必须事先由编程人员给予足够的重视并认真编写。实际上,当程序编制人员按零件的轮廓编制程序时,各程序段之间是连续过渡的,没有间断点,也没有重合段。但是,在进行了刀具半径补偿(B 刀具补偿)后,在两个程序段之间的刀具中心轨迹就可能会出现间断点和交叉点。如图 2-24 所示,粗线为编程轮廓,当加工外轮廓时,会出现间断 $A'B'$;当加工内轮廓时,会出现交叉点 C''。

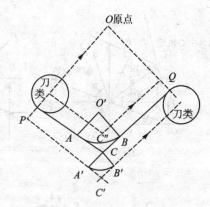

图 2-24 B 刀具补偿的交叉点与间断点圆弧刀具半径补偿

对于只有 B 刀具补偿的 CNC 系统,编程人员必须事先估计出在进行刀具补偿后可能出现的间断点和交叉点的情况,并进行人为的处理。如遇到间断点时,可以在两个间断点之间增加一个半径为刀具半径的过渡圆弧段 $\overset{\frown}{A'B'}$。遇到交叉点时,事先在两程序段之间增加一个过渡圆弧段 $\overset{\frown}{AB}$,圆弧的半径必须大于所使用的刀具的半径。显然,这种仅有 B 刀具补偿功能的 CNC 系统对编程人员是很不方便的。

2. C 刀补的基本概念

为了解决 B 刀具补偿算法中出现的交叉点与间断点,人们提出了很多改进算法。最早也是最容易为人们所想到的刀具半径补偿方法,就是由数控系统根据和实际轮廓完全一样的编程轨迹,直接算出刀具中心轨迹的转接交点 C' 和 C'',然后再对原来的程序轨迹作伸长或缩短的修正。但由于当时 NC 装置的运算速度和硬件结构的限制,C' 和 C'' 点不易求得。随着 CNC 技术的发展,系统工作方式、运算速度及存储容量都有了很大的改进和增加,采用直线或圆弧过渡,直接求出刀具中心轨迹交点的刀具半径补偿方法已经能够实现了,这种方法被称为 C 功能刀具半径补偿(简称 C 刀具补偿或 C 刀补)。

B 刀具补偿对编程限制的主要原因是在确定刀具中心轨迹时,都采用了读一段,算一段,再走一段的控制方法。这样,就无法预计到由于刀具半径所造成的下一段加工轨迹对本段加工轨迹的影响。于是,对于给定的加工轮廓轨迹来说,当加工内轮廓时,为了避免刀具干涉,合理地选择刀具的半径以及在相邻加工轨迹转接处选用恰当的过渡圆弧等问题,就不得不靠程序员来处理。为了解决下一段加工轨迹对本段加工轨迹的影响,在计算完本段轨迹后,提前将下一段程序读入,然后根据它们之间转接的具体情况,再对本段的轨迹作适当的修正,得到正确的本段加工轨迹,这就是 C 刀补的关键所在,它主要解决程序段间转接情况。

在 CNC 系统中,所能控制的最基本的轮廓线型是直线段和圆弧段。随着前后两段编程

轨迹的连接方式不同,相应的转接方式有:直线与直线的转接;圆弧与圆弧的转接和直线与圆弧的转接。根据两段程序轨迹的矢量夹角α和刀具补偿方向的不同,又可以有伸长型、缩短型和插入型等几种转接过渡方式,而插入型又分直线过渡型和圆弧过渡型两种过渡方式。下面分别予以介绍。

(1) 直线与直线转接 图 2-25 是直线与直线相交并进行左刀具补偿的情况。图中编程轨迹为 $OA \to AF$。

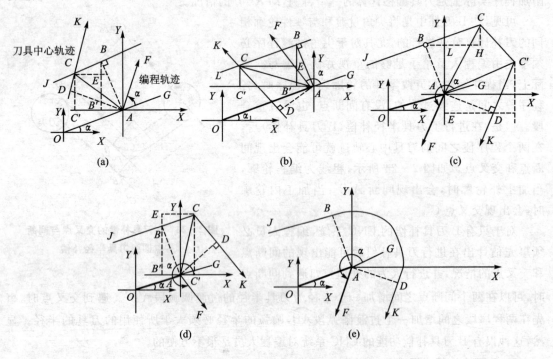

(a)、(b) 为缩短型;(c)、(d) 为插入型;(e) 为伸长型
图 2-25 直线与直线转接情况

在图 2-24(a)、(b)中,AB 和 AD 为刀具半径。对应于编程轨迹 OA 和 AF,刀具中心轨迹 JB 与 DK 将在 C 点相交。这样,相对于 OA 与 AF 来说,将缩短 CB 与 DC 的长度。因此称这种转接为缩短型转接。

在图 2-24(d)中,C 点将处于 JB 与 DK 的延长线上,因此称之为伸长型转接。

对于图 2-24(c)、(e)来说,若仍采用伸长型转接,势必要增加刀具非切削的空行程时间。为了解决这个问题,可以用两种方法:

① 插入直线 令 BC 等于 $C'D$ 且等于刀具半径长度 AB 和 AD,同时在中间插入过渡直线 CC'。也就是说,刀具中心除了沿原来的编程轨迹伸长移动一个刀具半径长度外,还必须增加一个沿直线 CC' 的移动。对于原来的程序段,等于在中间再插入一个程序段,称这种转接型式为插入型转接。

② 插入圆弧 在刀具中心轨迹 JB 与 DK 之间插入一个圆弧 $\overset{\frown}{BD}$,该圆弧的圆心在 A 点,其半径为刀具半径长度 AB。

显然,圆弧插入型转接要比直线插入型转接更加简单。但是圆弧插入型也有一个缺点,当刀具从 B 点沿圆弧 BD 移动到 D 点时轮廓尖角处始终处于切削状态,尖角加工的工艺性就比较差,这在磨削加工中尤其突出,所需加工的尖角往往会被加工成小圆角。

图 2-26 是直线接直线,进行右刀具补偿的情况。

在同一个坐标平面内直线接直线时,当第一段编程矢量逆时针旋转到第二段编程矢量的夹角 α 在 $0°\sim 360°$ 范围内变化时,相应刀具中心轨迹的转接将顺序地以上述三种类型的方式进行。

在图 2-25 和图 2-26 中,$\overline{OA}$ 为第一段编程矢量,$\overline{AF}$ 第二段编程矢量,α 夹角即为逆时针转向的 $\angle GAF$。

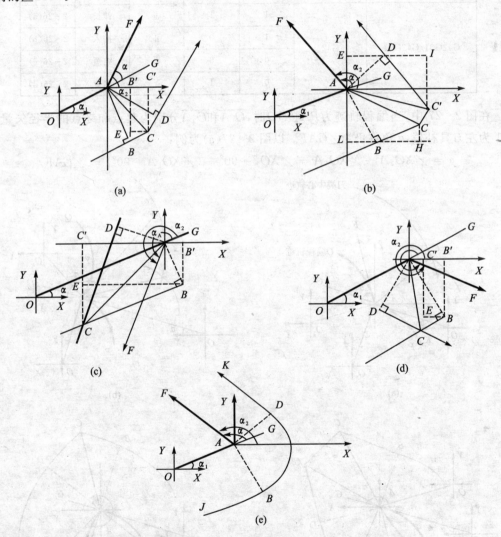

(a) 伸长型转接;(b)、(e) 插入型转接;(c)、(d) 缩短型转接

图 2-26 G42 直线与直线转接情况

对应图 2-25 和图 2-26,表 2-7 列出了直线和直线连接时转接的分类情况。

(2) 圆弧与圆弧转接　和直线接直线时一样,圆弧接圆弧时转接类型的区分也可以通过相接两圆的起点和终点半径矢量的夹角 α 的大小来判别。但是,为了分析方便,往往将圆弧等效于直线处理。

表 2-7 直线接直线时的转接分类

编程轨迹的连接	刀具补偿方向	$\sin\alpha \geq 0$	$\cos\alpha \geq 0$	象限	转接类型	对应图号
G41G01/G41G01	G41	1	1	Ⅰ	缩短	2-25(a)
		1	0	Ⅱ	缩短	2-25(b)
		0	0	Ⅲ	插入	2-25(c)
		0	1	Ⅳ	伸长	2-25(d)
G42G01/G42G01	G42	1	1	Ⅰ	伸长	2-26(a)
		1	0	Ⅱ	插入	2-26(b)
		0	0	Ⅲ	缩短	2-26(c)
		0	1	Ⅳ	缩短	2-26(d)

在图 2-27 中,当编程轨迹为 $\overset{\frown}{PA}$ 接 $\overset{\frown}{AQ}$ 时, $\overline{O_1A}$ 和 $\overline{O_2A}$ 分别为起点和终点的半径矢量,若 G41 为左刀具补偿,α 角将仍为∠GAF。以图 2-27(a)为例:

$$\alpha = \angle XO_2A - \angle XO_1A = \angle XO_2 - 90° - (\angle XO_1A - 90°) = \angle GAF$$

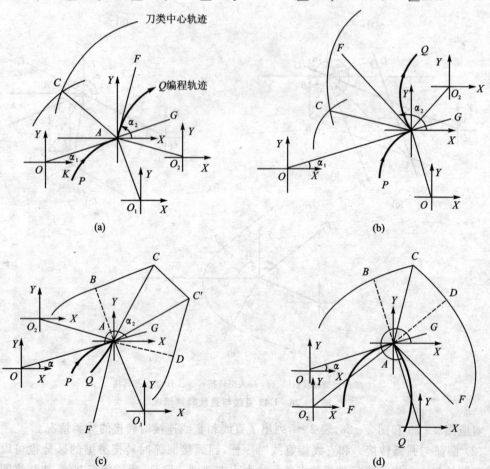

图(a)、(b)等效于图 2-25(a)、(b);图(c)等效于图 2-25(c);图(d)等效于图 2-25(d)

图 2-27 G41 圆弧与圆弧的转接情况

比较图2-25与图2-27,它们的转接型分类和判别是完全相同的,即当左刀具补偿顺圆接顺圆 G41 G02/G41 G02 时,它的转接类型的判别等效于左刀具补偿直线接直线 G41 G01/G41 G01 的转接。

(3) 直线与圆弧　图2-27还可以看作是直线与圆弧的连接,亦即 G41 G01/G41 G02 接($\overparen{OA}$ 接 $\overparen{AQ}$)和 G41 G02/G41 G01($\overparen{PA}$ 接 AF)。因此,它们的转接类型的判别也等效于直线接直线 G41 G01/G41 G01。

由上述分析可知,根据刀具补偿方向、等效规律及 α 角的变化这三个条件,各种轨迹间的转接形式的分类是不难区分的,可参阅有关文献。图2-28是直线接直线时转接分类判别的软件实现框图。

当然,在实际计算时,还要对图2-25至图2-27中的刀具半径矢量 $\overline{AB}$,$\overline{AD}$,以及从直线转接交点指向刀具中心轨迹交点的矢量 $\overline{AC}$,$\overline{AC'}$ 等进行计算。这些矢量的详细计算过程不再赘述,读者可参阅有关文献。

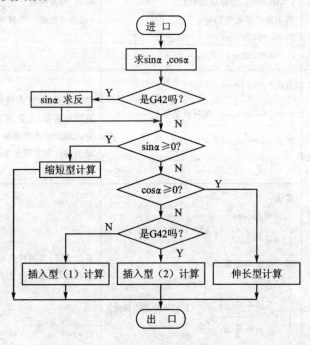

图2-28　直线接直线转接分类的软件实现

本章小结

本章主要阐述数控系统的加工控制原理,数控机床的加工遵循"分解与合成"的原理。其中,"分解"主要指插补算法;"合成"主要指刀具的机械运动结果。数控系统的插补方法主要讲述用于开环系统的基准脉冲插补和用于闭环、半闭环系统的数据采样插补,数控机床伺服驱动系统的位移和速度控制都和插补方法有关。依插补输出信号的形式,可以将插补分为基准脉冲插补法和数据采样插补法两类。本章着重介绍了逐点比较法、数字积分法以及数据采样插补法等多种插补方法和刀具半径补偿的原理。插补方法有多种方式进行分类。

本章所介绍的数字积分法(DDA)、逐点比较法等均属于基准脉冲插补法,插补过程分为判别、进给、运算和终点判别 4 个阶段,其特点是以脉冲方式产生输出;数据采样插补法又称为时间分割法,其特点是计算出轮廓线段在每一插补周期内的进给量,边计算,边控制加工。针对 FANUC 7M 系统采用的时间分割法作了介绍。上述这些插补方法在 NC 和 CNC 系统中被广泛地应用着。但某一具体系统可能只使用了其中的一种插补方法,设计时究竟选用哪一种插补算法并设计程序,取决于机床的用途、精度以及设计者的方便和爱好等。为使读者便于了解各种插补方法,现将其小结列于表 2-8 中。

表 2-8 插补算法

名称	原理	插补公式	特点
逐点比较法	区域判别	第 1 象限直线插补: $F_i \geqslant 0$ 时,走 $+x$,$F_{i+1} = F_i - y_e$ $F_i < 0$ 时,走 $+y$,$F_{i+1} = F_i + x_e$ (其中 x_e、y_e 为终点坐标) 第 1 象限逆圆弧插补: $F_i \geqslant 0$ 时,走 $-x$,$F_{i+1} = F_i - 2x_i + 1$ $F_i < 0$ 时,走 $+y$,$F_{i+1} = F_i + 2y_i + 1$	速度比较平稳;可实现直线、圆弧、椭圆、抛物线、双曲线等二次曲线的插补;精度较高(误差一般在一个脉冲当量以内)
数字积分法(DDA)	数字累加	直线: $x = \int x_e dt$ $y = \int y_e dt$ (x_e、y_e 为终点坐标) 圆弧: $x = -\int y dt$ $y = \int x dt$	功能易扩展;可方便实现二次曲线及空间直线的插补;也能实现指数函数等曲线插补。但进给速度波动较大,误差亦较大;自动刀偏计算实现起来不如逐点比较法方便
数据采样插补法	时间分割	直线: $\begin{cases} \Delta x = f \cos \alpha \\ \Delta y = \dfrac{y_e}{x_e} \Delta x \end{cases}$ (FANUC 7M 系统) 第一象限顺圆弧: $\begin{cases} \Delta x = l \cos \alpha \\ \Delta y = \dfrac{x_i + \frac{1}{2} \Delta x}{y_i - \frac{1}{2} \Delta y} \Delta x \end{cases}$ (FANUC 7M 系统)	算法多样;共同特点是弦线逼近;程序设计较容易,多用于位置采样控制系统

实际加工时,为了方便编程只编制工件轮廓轨迹的数控程序,而刀具中心的运动轨迹通过刀具补偿实现,刀具补偿原理包括长度补偿和半径补偿原理。刀具半径补偿计算又称刀具偏移计算,简称为刀偏(或刀补)计算,其目的就是根据零件尺寸和刀具半径值计算出刀具中心的运动轨迹。在 CNC 系统中采用了 C 刀补方法,从而有效地避免了刀具干涉,改善了尖角加工的工艺性,也提高了加工效率。

思考与练习题

2-1 请简述数控系统零件加工的"分解与合成"加工原理的基本过程。

2-2 何谓插补?在数控机床加工时,刀具能否严格地沿着零件设计轮廓运动,为什么?

2-3 数控系统插补运算有哪两类方法,分别用于何种场合?

2-4 简述基准脉冲插补的原理和特点?

2-5 欲用逐点比较法插补直线OE,起点为$O(0,0)$,终点为$E(12,15)$,试写出插补过程并绘出轨迹。

2-6 利用逐点比较法插补圆弧$\widehat{PQ}$,起点为$P(8,0)$,终点为$Q(0,8)$,试写出插补过程并绘出轨迹。

2-7 试推导出逐点比较法插补第Ⅰ象限顺圆弧的偏差函数递推公式,并写出插补圆弧$\widehat{AB}$的过程,绘出其轨迹。设起点坐标为$A(0,7)$,终点为$B(7,0)$。

2-8 试用数字积分法插补一条直线$\overline{OE}$,已知起点为$O(0,0)$,终点为$E(7,3)$。写出插补计算过程并绘出轨迹。

2-9 在数字积分插补算法中,直线积分器和圆弧积分器有何异同?

2-10 设用积分法插补直线$\overline{OD}$,已知$O(0,0)$,$D(6,7)$,被积函数寄存器和余数寄存器的最大可寄存数值为$J_{\max}=7$(即$J\geqslant 8$时溢出),写出插补过程并绘出轨迹。

2-11 设用积分法插补圆弧$\widehat{PQ}$,起点为$P(7,0)$,终点为$Q(0,7)$,被积函数寄存器和余数寄存器的最大可寄存数值为$J_{\max}=7$(即$J\geqslant 8$时溢出,若用二进制计算,则当$J\geqslant 1000$时产生溢出)。

(1) 若x,y方向的余数寄存器R_x和R_y插补前均清零,试写出插补过程并绘出插补轨迹。

(2) 若x,y方向的余数寄存器R_x和R_y插补前均置4,试写出插补过程并绘出插补轨迹。

(3) 若x,y方向的余数寄存器R_x和R_y插补前均置7,试写出插补过程并绘出插补轨迹。

2-12 简述数据采样插补的原理和特点。

2-13 何谓B刀补?何谓C刀补,两者之间有何不同?

第 3 章 数控机床编程基础

本章要点

数控机床是由计算机控制的,而计算机又必须通过程序来控制。零件加工程序是控制数控机床运动的源程序,它提供零件加工时机床各种运动和操作的全部信息,主要包括加工工序、各坐标的运动行程、速度、联动状态、主轴的转速和转向、刀具的更换、切削液的打开和关断以及排屑等。

零件加工程序的语言,在国际上大部分已经标准化(ISO 标准或 EIA 标准),世界各国都用这些标准语言编程。但有些尚未标准化,为今后技术进一步发展留有余地。对那些没有标准化的语言,各生产厂家略有不同。本书所讲的一些语言和语句格式,是根据日本 FANUC 系统数控编程方法来编写的。不同类型的数控系统、不同厂家生产的机床编程的方法都不尽相同,请读者应用时,一定要参考相应机床编程说明书。

3.1 概 述

在数控机床上加工零件,首先要编制零件的加工程序,然后才能加工。编制数控加工程序的过程称为数控加工程序编制,简称数控编程(NC Programming),它是数控加工中的一项极为重要的工作。

程序编制的过程,就是将零件的工艺过程、工艺参数、刀具位移量与方向以及其他辅助动作(换刀、冷却、夹紧等),按照运动顺序和所用数控机床规定的指令代码及程序格式编成加工程序单,生成加工指令序列的过程。数控加工程序即零件程序生成后,将程序单中的全部内容记录在控制介质上,然后输入数控装置,经过计算机数控系统运算和处理,发出各种控制指令,进而控制机床运动和辅助动作,自动完成零件的加工。

3.1.1 数控编程方法简介

根据被加工零件的复杂程度的不同,数控加工程序的编程方法有手工编程和计算机自动编程两种。

1. 手工编程

所谓手工编程是指编制零件程序的全过程都是由人工完成(有时手工编程也可借助计算机进行计算)。对于形状简单的零件,计算比较简单,程序段不多,采用手工编程较容易完成。该方法在点位加工及直线与圆弧组成的简单轮廓加工中应用广泛。但对于几何形状复杂,尤其是由空间曲面组成的零件,编程时数值计算繁琐,所需时间长,且易出错,程序校验困难,用手工编程难以实现。根据有关统计表明,对于复杂零件,编程时间与机床加工时间之比平均约为 30∶1,数控机床不能开动的原因中,有 20%~30% 是由于加工程序不能及时编制出来而造成的。因此,对于形状复杂的零件加工,为缩短生产周期,提高数控机床的利用率,有效解决各种复杂零件的加工问题,必须采用计算机自动编程。

2. 计算机自动编程

计算机自动编程也即计算机辅助编程,简称自动编程。该方法是指编制零件程序的大部分或全部过程由计算机来完成。如完成坐标值计算、编写零件加工程序单等,有时甚至能够进行计算机辅助工艺处理。自动编程编写的程序还可通过计算机仿真软件或自动绘图仪进行刀具运动轨迹的图形检查,编程人员可以及时发现程序是否正确,并及时修正。自动编程大大减轻了编程人员的劳动强度,可以提高编程效率几十倍甚至上百倍,同时解决了手工编程无法解决的许多复杂零件的编程难题。工件表面形状愈复杂,工艺过程愈繁琐,自动编程的优势愈明显。

自动编程的类型主要有以下几种:

(1) 数控语言编程 数控语言编程主要有数控语言和编译程序。编程人员需要根据零件图样要求用一种直观易懂的编程语言(数控语言)和编程零件的源程序(源程序描述零件形状、尺寸、几何元素之间相互关系及进给路线、工艺参数等),相应的编译程序对源程序自动进行编译、计算、处理,最后得出加工程序。数控语言编程中使用最多的是 APT 数控语言编程系统。

APT 使数控加工编程任务从面向"汇编语言"级的数控系统指令代码描述,上升到面向零件几何元素和加工方式的高级语言级直接描述,具有程序简练、走刀控制灵活等优点;但 APT 也存在数控语言编程难以克服的缺点和不足:零件的设计与加工之间是通过工艺人员对图纸解释和工艺规划来传递信息,对操作者要求很高,且阻碍了设计与制造的一体化;用 APT 语言描述零件模型一方面受语言描述能力的限制,同时也使 APT 系统几何定义部分过于庞大,并缺少直观的图形显示和验证手段。

(2) 图形交互式编程 图形交互式编程是以计算机绘图为基础的自动编程方法,需要 CAD/CAM 自动编程软件支持。这种编程方法的特点是以工件图形为输入方式,并采用人机对话方式,而不需要使用数控语言编制源程序。从加工零件的图形再现、进给轨迹的生成、加工过程的动态模拟,直到生成数控加工程序,都是通过屏幕菜单驱动,具有形象直观、高效及容易掌握等优点。近年来,国内外运行在微机或工作站上的发展较快的 CAD/CAM 软件主要有:美国 CNC 软件公司的 MasterCAM、美国 UGS(Unigraphics Solutions)公司(2007 年 5 月,UGS 公司被西门子收购,更名为"UGSPLM 软件公司")的 UG(Unigraphics)、美国 PTC (Parametric Technology Corporation)公司的 Pro/Engineering,国内北航海尔、西北工业大学、华中理工大学等开发的图形编程系统 CAXA - ME(制造工程师)、NPU/GNCP、InterCAM 等,都是性能较完善的三维 CAD 造型和数控编程一体化的软件,且具有智能型后置处理环境,可以面向众多的数控机床和大多数数控系统。

(3) 语音式自动编程 语音式自动编程是利用人的声音作为输入信息,并与计算机和显示器直接对话,令计算机编出数控加工程序的一种方法。语音编程系统编程时,编程员只需对着话筒讲出所需指令即可。编程前应使系统"熟悉"编程员的"声音",即首次使用该系统时,编程员必须对着话筒讲该系统约定的各种词汇和数字,让系统记录下来并转换成计算机可以接收的数字命令。

(4) 实物模型式自动编程 实物模型式自动编程适用于有模型或实物、而无尺寸的零件加工的程序编制。因此,这种编程方式应具有一台坐标测量机,用于模型或实物的尺寸测量,再由计算机将所需数据进行处理,最后控制输出设备,输出加工程序单。这种方法也称为数字化技术自动编程。

3.1.2 数控编程的内容与手工编程的步骤

数控机床程序编制的内容包括:分析零件图样、确定零件加工工艺过程、进行数学处理、编写零件加工程序单、程序输入数控系统、校对加工程序和首件试加工。

数控机床编程的步骤一般如图3-1所示。

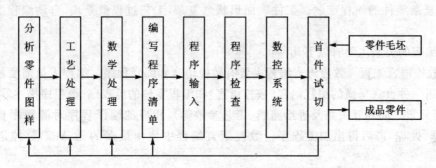

图3-1 数控机床编程的步骤

1. 分析零件图样和工艺处理

首先根据图样对零件的几何形状尺寸、技术要求进行分析,明确加工的内容及要求,决定加工方案、确定加工顺序、设计夹具、选择刀具、确定合理的走刀路线及选择合理的切削用量等。同时还应发挥数控系统的功能和数控机床本身的能力,正确选择对刀点、切入方式,尽量减少诸如换刀、转位等辅助时间。

2. 数学处理

编程前,根据零件的几何特征,先建立一个工件坐标系,根据零件图样的要求,制定加工路线,在建立的工件坐标系上,首先计算出刀具的运动轨迹。对于形状比较简单的零件(如直线和圆弧组成的零件),只需计算出几何元素的起点、终点、圆弧的圆心以及两几何元素的交点或切点的坐标值;对于形状比较复杂的零件(如非圆曲线、曲面组成的零件),当数控系统的插补功能不能满足零件的几何形状时,就需要计算出曲面或曲线上很多离散点,在点与点之间用直线段和圆弧段逼近,根据要求的精度计算出节点间的距离,一般要用计算机来完成数值计算的工作。

3. 编写零件程序清单

加工路线和工艺参数确定以后,根据数控机床编程说明书规定的指令代码及程序段格式,逐段编写零件程序清单。此外,还应填写有关的工艺文件,如数控加工工序卡片、数控刀具明细表、工件安装和工件零点设定卡片和数控加工程序单等。

4. 程序输入

现代数控机床多用键盘、光盘、磁盘和磁带,并通过这些设备把程序直接输入到计算机中。在通信控制的数控机床中,程序可以由计算机接口传送。如果需要保留程序,可复制到磁盘或录制到磁带上。

5. 程序校验与首件试切

程序清单必须经过校验和试切才能正式使用。校验的方法是将程序内容输入到数控装置中,让机床空运转,以检查机床的运动轨迹是否正确。但这些方法只能检验运动是否正确,不能查出被加工零件的加工精度,因此必须进行零件的首件试切。首件试切时,应该以单程序段的运行方式进行加工,随时监视加工状况,调整切削参数和状态,当发现存在加工误差时,应分析误差产生的原因,找出问题所在,加以修正。

3.2 数控编程的几何基础

参照相关数控国际标准和国家标准,并按照机床数控编程说明书规定格式进行数控加工程序编制时,数控编程过程需要几何基础和工艺基础两大基础。其中,数控编程的几何基础包括:数控机床坐标系、工件坐标系、编程坐标系,数控机床零点、工件零点、参考点、起刀点、对刀点、刀位点、换刀点的含义和设定的原则。

机床坐标系是数控机床的基准坐标系,是所有编程坐标系中刀具进给和坐标确定的基准,其原点位置是机床在出厂之前就由厂家精确测定好的,数控机床加工在机床开机后首先要建立机床坐标系。

工件坐标系是编程人员为编程方便以工件上的某一位置为原点建立的编程坐标系。其原点位置是由编程人员确定的,该位置与机床原点之间的位置关系由编程人员在编程前通过系统参数进行设定。

3.2.1 数控编程标准

数控加工程序中所用的各种代码,如坐标尺寸值、坐标系设定、数控准备功能指令、辅助动作指令、主轴运动和进给速度指令、刀具指令以及程序和程序段格式等方面都已制订了一系列的国际标准,我国也参照相关国际标准制定了相应的国家标准,这样极大地方便了数控系统的研制和数控机床的设计、使用和推广。但在编程的许多细节上,各国厂家生产的数控机床并不完全相同,因此编程时还应按照具体机床的编程说明书中的有关规定来进行,这样所编出的程序才能为机床的数控系统所接受。

数控代码(编码)国际通用标准有 EIA(美国电子工业学会,Electronic Industries Association)制订的 EIA RS-244 和 ISO(国际标准化组织,International Standards Organization)制定的 ISO-RS840 两种标准。国际上大都采用 ISO 代码,但由于 EIA 代码发展较早,已有的数控机床中有一些是应用 EIA 代码的,现在我国规定新产品一律采用 ISO 代码。也有一些机床既可采用 ISO 代码也可采用 EIA 代码。

常用的数控标准有以下几方面:
① 数控的名词术语;
② 数控机床的坐标轴和运动方向;
③ 数控机床的字符编码(ISO 代码、EIA 代码);
④ 数控编程的程序段格式;
⑤ 准备功能(G 代码)和辅助功能(M 代码);
⑥ 进给功能、主轴功能和刀具功能。

此外,还有关于数控机床的机械、数控系统等方面的许多标准。

我国制定的数控标准与国际上使用的 ISO 数控标准基本一致。我国原机械工业部根据

ISO 标准制定了 JB/T3208—1999《数控机床 穿孔带程序段格式中的准备功能 G 和辅助功能 M 的代码》、JB/T3051—1999《数控机床 坐标和运动方向的命名》。

3.2.2 数控编程的坐标系

目前国际标准化组织已经统一了标准坐标系。我国也制订了 JB3051—1999《数控机床坐标和运动方向的命名》的标准,对数控机床的坐标轴和运动方向做出了明确规定。

1. 坐标和运动方向命名的原则

为了便于编程人员编写程序,编程人员可不考虑实际机床在加工零件时是刀具移向工件,还是工件移向刀具,而一律假定工件固定,刀具相对于静止的工件而运动。

2. 标准坐标系(机床坐标系)的规定

为了确定机床的运动方向和移动的距离,要在机床上建立一个坐标系,这个坐标系就叫标准坐标系,也叫机床坐标系。在编制程序时,可以以该坐标系来规定运动的方向和距离。数控机床的坐标系是采用右手直角笛卡儿坐标系。如图 3-2 所示,对于基本的直线运动坐标轴,分别用 X、Y、Z 表示;围绕 X、Y、Z 轴旋转的圆周进给坐标轴分别用 A、B、C 表示。X、Y、Z 三者之间的关系及其方向按右手定则判定,即伸出右手时,大拇指的方向为 X 轴的正方向,食指为 Y 轴正方向,中指为 Z 轴正方向。A、B、C 的正方向按右手螺旋法则判定,即当右手 4 指并拢后,拇指分别指向 X、Y 或 Z 轴正方向时,4 指握拳的方向即表示 A、B 或 C 的正方向。

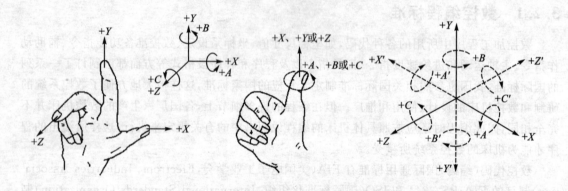

图 3-2 右手直角笛卡儿坐标系

如果工件移动而刀具固定,则正方向要反向并在相应字母上加"'"表示,即直线坐标分别用 $+X'$、$+Y'$、$+Z'$;回转坐标分别用 $+A'$、$+B'$、$+C'$。

3. 运动方向的确定

JB 3051—1999 中规定:机床某一部件运动的正方向,是增大工件和刀具之间距离的方向。数控机床坐标轴的判别顺序为:$Z \to X \to Y$。

(1) Z 坐标的运动 Z 坐标的运动由传递切削力的主轴所决定,与主轴轴线平行的坐标轴即为 Z 轴,刀具退离工件的方向为 Z 轴正方向。对于车床、磨床等是主轴带动工件旋转;对于铣床、钻床、镗床等是主轴带动刀具旋转,总是由主轴轴线决定 Z 轴的方向。图 3-3 到图 3-5 分别表示了卧式车床、立式和卧式铣床的 Z 坐标轴及其正方向。对于没有主轴的机床(如牛头刨床),Z 轴垂直于工件装卡面,如图 3-6 所示。

(2) X 坐标的运动 X 轴一般是水平的,它平行于工件的装夹面。对于工件旋转的机床(如车床、磨床等),X 坐标在工件的径向上,且平行于横向滑座。刀具离开工件旋转中心的方向为 X 轴的正方向,如图 3-3 所示。对于刀具旋转的机床(如铣床、镗床、钻床等),如 Z 轴是垂直的,当面对主轴向立柱方向看时,X 轴的正方向朝右,如图 3-4 所示。如 Z 轴是水平的,当从主轴尾端向工件方向看时,X 轴的正方向朝右,如图 3-5 所示。

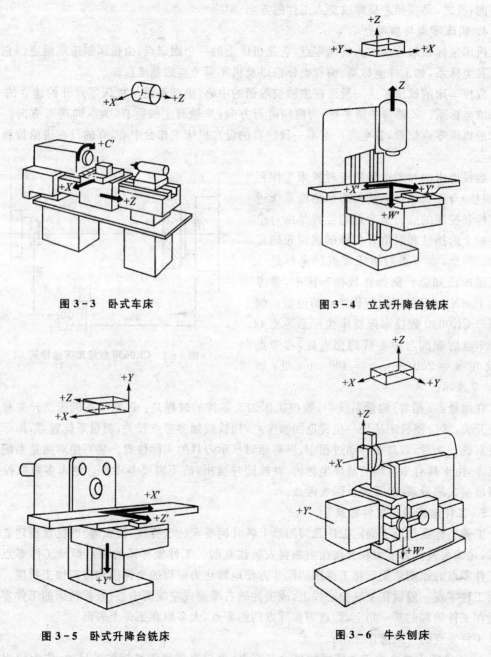

图 3-3 卧式车床

图 3-4 立式升降台铣床

图 3-5 卧式升降台铣床

图 3-6 牛头刨床

(3) Y 坐标的运动 Y 坐标轴垂直于 X、Z 坐标轴。Y 轴运动的正方向可根据 X 和 Z 坐标的正方向,按右手定则确定。

(4) 附加坐标 如果在 X、Y、Z 主要坐标轴之外,还有平行于它们的直线运动坐标轴,可分别指定为 U、V、W 坐标系。如还有第三组运动,则分别指定为 P、Q、R 坐标系。

(5) 回转运动 A、B 和 C 表示其轴线相应地平行于 X、Y、Z 坐标轴的回转运动,运动的正方向按右手螺旋规则判定。

(6) 主轴旋转运动的方向 主轴的顺时针旋转运动方向(正转)是按照右旋螺纹旋入工件的方向;反之,是按照左旋螺纹旋入工件的方向。

4. 机床零点与参考点

机床坐标系的原点称为机床零点,它是机床上的一个固定点,由机床制造厂确定。它是其他所有坐标系,如工件坐标系、编程坐标系以及机床参考点的基准点。

数控车床的机床零点一般设在主轴前端面的中心,坐标系是从机床零点开始建立的 X、Z 轴二维坐标系。Z 轴与主轴平行,为横向进刀方向;X 轴与主轴垂直,为纵向进刀方向。数控铣床的机床零点位置,各生产厂家不一致。有的设在机床工作台中心,有的设在进给行程范围的终点。

数控机床的参考点是用于对机床工作台(或滑板)与刀具相对运动的增量测量系统进行定标和控制的点。参考点的位置是由每个运动轴上的挡铁和限位开关精确地预先确定好的。因此,参考点对机床零点的坐标是一个固定的已知数。例如在数控车床中,参考点位于 $+X$、$+Z$ 的正向行程终点的位置。例如国产 CK0630 数控车床机床坐标系原点 O 位于卡盘后端面与中心线的交点处,参考点 O' 设在 $x = 200$ mm,$z = 400$ mm 处,如图 3-7 所示。

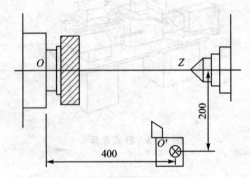

图 3-7 CK0630 数控车床坐标系

在增量(或相对)测量系统中,数控机床加工零件的过程是:首先接通机床总开关和控制系统开关,然后使机床从任一位置返回参考点,挡铁接触参考点开关,测量系统置零,即标定了测量系统。之后,刀具在移动过程中,屏幕随时显示刀具的实际位置。装有绝对测量系统的数控机床,由于具有坐标轴的精确坐标值,并能随时读出,故不需要参考点。绝大多数数控机床采用增量式测量系统,需要返回参考点。

5. 工件坐标系与工件零点

工件坐标系是用于确定工件几何图形上各几何要素(点、直线、圆弧等)的位置而建立的坐标系,是编程人员为了编程方便而由编程人员建立的。工件坐标系的原点即是工件零点。选择工件零点的原则是便于将工件图的尺寸方便地转化为编程的坐标值和提高加工精度。数控车床工件零点一般设在主轴中心线上,或工件的右端面或左端面中心;数控铣床的工件零点一般设在工件轮廓的某一角上,而进刀深度方向的零点,大多取在工件上表面。

工件零点的一般选用原则:

① 工件零点选择在工件图样的尺寸基准上,可以直接用图纸标注的尺寸,作为编程点的坐标值,减少计算工作量。

② 能使工件方便地装夹、测量和检验。

③ 工件零点尽量选在尺寸精度较高、粗糙度比较低的工件表面上,这样可以提高工件的加工精度和同一批零件的加工一致性。

④ 对于有对称形状的几何零件,工件零点最好选择在对称中心上,工件零点的选择实例如图 3-8 所示。

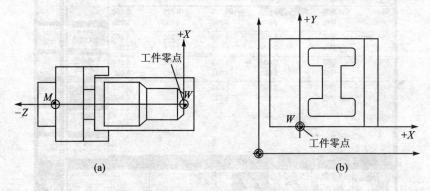

图 3-8 工件零点的选择

工件坐标系的设定可以通过输入工件零点与机床零点在 X、Y、Z 三个方向上的距离 (x,y,z) 来实现。如图 3-9 所示,要设定工件坐标系 G54,只要通过控制面板或其他方式,输入 X20、Y30 即可完成。

一般的数控系统可以设定几个工件坐标系,例如美国 A-B 公司的 9 系列数控系统就可设定 9 个工件坐标系,即 G54、G55、G56、G57、G58、G59、G59.1、G59.2、G59.3,它们是同一组模态指令,且只能一个有效。在图 3-10 中,通过给机床参考点赋坐标值 $X=-3$、$Y=-2$ 定义了机床坐标系,然后在机床坐标系中用坐标值 $X=3$、$Y=2$ 定义 G54 工件坐标系的零点位置。零件程序中的坐标位置就是 G54 工件坐标系的坐标值。不同的零件可有不同的坐标系。在同一个机床坐标系中可设定几个工件坐标系,用 G54~G59.3 区分,使用它们之前,应将各工件坐标系的零点偏置值存在偏置表中,例如 SIEMENS 810D/M 工件坐标系零点偏置设置表如图 3-11 所示,图 3-12 是多个工件坐标系的例子。

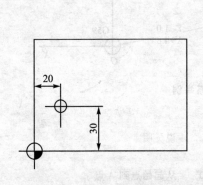

图 3-9 工件坐标系的设定

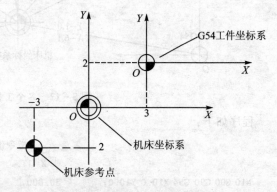

图 3-10 工件坐标系的定义

下面以一个实例为例,说明工件坐标系与机床坐标系的关系。如图 3-13 所示,设刀具已在参考点 $(-6,0)$,要使刀具在两个坐标系中移动,移动的顺序是从参考点到 A 点再到 B 点、C 点、D 点,再经 O_1 点返回参考点。

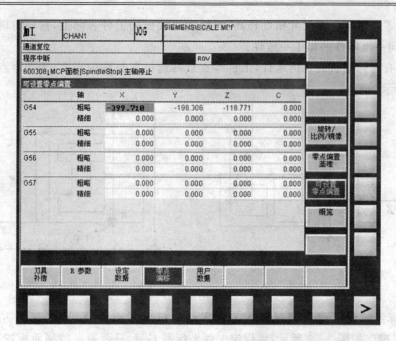

图 3-11 SIEMENS 810D/M 工件坐标系零点偏置设置表

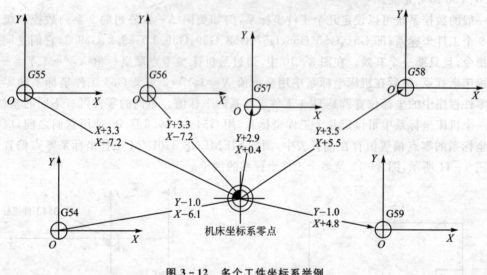

图 3-12 多个工件坐标系举例

程序如下：

程　序	指令值 X	Y	说　明
N10 G00 G90 G54 X10.0 Y10.0;	30.000	20.000	从起始点到 A 点
N20 G01 X30.0 F100.0;	50.000	20.000	到 B 点（G54 工件坐标系）
N30 X10.0 Y20.0;	30.000	30.000	到 C 点（G54 工件坐标系）
N40 G00 G53 X10.0 Y20.0;	10.000	20.000	到 D 点（G53 机床坐标系）
N50 X0 Y0;	20.000	10.000	到 O_1 点（G54 工件坐标系）
N60 G28 X0 Y0;	-6.000	0	返回到参考点

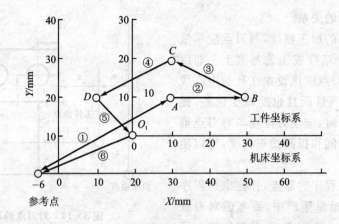

图 3-13 机床坐标系与工件坐标系关系举例

分析上述程序不难看出:N10 程序段是命令刀具按工件坐标系的坐标指令值运动,其结果是把刀具由移动前的位置(-6,0)按绝对坐标方式快速移动到工件坐标系(由 G54 选择的)内的 $X=10$ mm、$Y=10$ mm 点,即由参考点移到 A 点。N20、N30 程序段是在工件坐标系中把刀具移动到 B 点和 C 点。N40 程序段中的 G53 又把坐标系选择成机床坐标系,这里的 X、Y 指令值(10,20)是机床坐标系的绝对坐标(G90 指令在本程序段中仍有效),因而执行 N40 程序段后,刀具就从 C 点移动到 D 点。N50 程序段是令刀具从 D 点移动到工件坐标系原点 $(x0,y0)$ 点,由于 G53 是当前程序段方式有效,是非模态指令,G54 是模态指令,N50 程序段中的坐标值是 G54 工件坐标系内的,而不是 G53 机床坐标系内的。N60 程序段中的 G28 是自动返回参考点指令,程序段中的运行指令 $x0、y0$ 是刀具返回途中要经过的点,即中间点坐标,执行 N60 程序段后刀具经过 G54 工件坐标系中的 $x0、y0$ 点返回参考点(-6,0)。

6. 起刀点

起刀点是指刀具起始运动的刀位点,亦即程序开始执行时的刀位点。当用夹具时常与工件零点有固定联系尺寸的圆柱销等进行对刀,这时则用对刀点作为起刀点。

7. 刀位点

刀位点即刀具上表示刀具特征的基准点,如立铣刀、端面铣刀刀头底面的中心、球头铣刀的球头中心、车刀与镗刀的理论刀尖、钻头的钻尖。

8. 对刀点和换刀点及其位置的确定

对刀点可指刀具相对于工件运动的起点,因此,有时对刀点也是程序起点或起刀点。在程序编制时,要正确选择对刀点和换刀点的位置。

选择对刀点的原则如下:

① 便于数学处理(基点和节点的计算)和程序编制简单;

② 在机床上容易找正;

③ 加工过程中便于测量检查;

④ 引起的加工误差小。

对刀点既可以设置在工件上(如工件的设计基准或定位基准),也可以设置在夹具或机床上(夹具或机床上设置相应的对刀位置)。若设在夹具或机床上的某一点,则该点必须与工件的定位基准保持一定精度的尺寸关系,如图 3-14 所示为对刀点的设定,这样才能保证机床坐标系与工件坐标系的关系。

为了提高工件的加工精度,对刀点应尽量选择在工件的设计基准或工艺基准上。如以孔定位的工件,对刀点应该设置在孔的中心线上,这样不仅便于测量而且也能减少误差,提高加工精度。对刀时,应使刀位点与对刀点重合。为减少找正时间和提高找正精度,可以使用对刀仪。

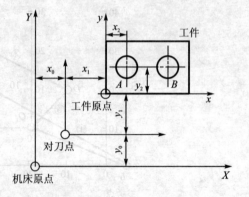

图 3-14 对刀点的设定

对刀点不仅是程序的起点,往往也是程序的终点。因此,在批量生产中,要考虑对刀点的重复定位精度。一般而言,刀具在加工一段时间后或每次机床启动时,都要进行一次刀具回机床原点或参考点的操作,以减少对刀点累计误差的产生。

具有自动换刀装置的数控机床,如加工中心等,在加工中要自动换刀,还要设置换刀点。换刀点的位置根据换刀时刀具不碰撞工件、夹具、机床的原则确定。一般换刀点设置在工件或夹具的外部,并且应该具有一定的安全余量。

3.3 数控编程的工艺基础

数控技术的应用与发展,深深地影响着产品加工工艺的设计思路。目前,国内外飞机制造业已广泛采用数控铣削加工的整体结构。原来需要成百上千个钣金零件、连接件装配起来的梁、框、肋、壁板等组件,采用整体结构后只由几个零件组成,现代飞机结构件零件数量比按传统设计的数量约减少一半左右。在提高了整机制造质量的同时,减少了工艺装备数量、装配工作量和飞机重量,从而缩短了周期,降低了成本,生产技术管理工作也大为简化。

3.3.1 数控加工的工艺特点与内容

1. 数控加工的工艺特点

数控加工与通用机床加工在加工方法与对象上有许多相似之处,不同点主要表现在控制方式上。在通用机床上加工零件时,就某道工序而言,其工步的安排、机床部件运动的次序、位移量、走刀路线、切削参数的选择等,都是由操作工人在加工过程中自行考虑和确定的,是用手工操作方式来进行控制的;而在数控机床上加工时,情况完全不同。加工前,必须由编程人员把全部加工工艺过程、工艺参数和位移数据等制成程序,记录在控制介质上,用来控制机床加工。整个过程是自动进行的,因而形成了以下的工艺特点:

(1) 数控加工工艺的内容十分具体 在数控加工时,具体的工艺问题,如工步的划分、对刀点、换刀点、走刀路线等,不仅成为数控工艺处理时必须认真考虑的内容,而且还必须正确地选择并编入到加工程序中,编程人员必须事先具体设计和具体安排的内容。

(2) 数控加工的工艺处理相当严密 数控机床虽然自动化程度较高,但自适应性差,它不可能对加工中出现的问题自由地进行调整。因此,在进行数控加工工艺设计时,必须注意到加工过程中的每一个细节,考虑要十分严密。实践证明,数控加工中出现差错或失误的主要原因,多为工艺方面考虑不周或计算与编程时粗心大意。所以,编程人员不仅必须具备较扎实的工艺基础知识和较丰富的工艺设计经验,而且必须具有严谨踏实的工作作风。

(3) 数控加工工艺要注重加工的适应性　注重加工的适用性,也就是要根据数控加工的特点,正确选择加工方法和加工对象。由于数控加工自动化程度高、质量稳定、可多坐标联动、便于工序集中,但价格昂贵,操作技术要求高等特点均比较突出,所以加工方法、加工对象选择不当往往会造成较大损失。为了既能充分发挥出数控加工的优点,又能达到较好的经济效益,在选择加工方法和对象时要特别慎重,甚至有时还要在基本不改变零件原有性能的前提下,对其形状、尺寸、结构等做适应数控加工的修改。

通常情况下,在一般数控机床上加工,数控加工所承担的工作量最好占被加工零件总工作量的80%以上,在加工中心上加工的产品应占90%以上,这样才能充分地体现出数控加工的综合技术经济效益。

2. 数控加工工艺处理的主要内容

实践证明,数控加工的工艺处理主要包括以下几方面的内容:

① 选择并确定进行数控加工的零件及内容。

② 对被加工零件的图样进行工艺分析,明确加工内容和技术要求,在此基础上确定零件的加工方案,划分和安排加工工序。

③ 设计数控加工工序,如工步的划分、零件的定位、夹具与刀具的选择、切削用量的确定等。

④ 选择对刀点、换刀点的位置,确定加工路线,考虑刀具的补偿。

⑤ 分配数控加工中的容差。

⑥ 数控加工工艺技术文件的定型与归档。

多数零件在进行数控加工前需预先加工定位孔和定位基准平面。钢质模锻零件还需进行粗加工和消除内应力等预处理,然后提交数控加工。一般数控机床上只完成结构零件的外形、内形、凸台端面等形面铣削加工,数控加工完成后还须进行手工倒角、毛刺打磨和修整,经热处理和特种检查检验交付。

根据零件的几何形状和加工要求,结合工厂的实际情况,选择合适的数控机床和刀具。针对零件的外形特点,在采用自动编程系统软件支持的情况下,选择适当的加工方案。

例如,平面类结构件变厚度腹板件和变高度带筋件,当其斜率变化较小时,常用r角端铣刀在三坐标铣床上加工,如图3-15所示。

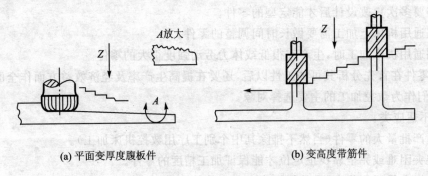

(a) 平面变厚度腹板件　　　　(b) 变高度带筋件

图 3-15　三坐标铣削加工斜面

当其斜率变化较大时,用 r 角端铣刀在四、五坐标数控铣床上加工,如图 3-16 所示。

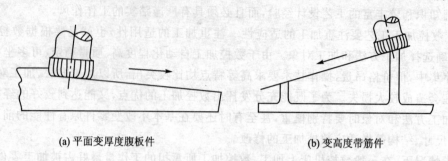

(a) 平面变厚度腹板件　　　　　　　　(b) 变高度带筋件

图 3-16　四坐标铣削加工斜面

接下来,应根据零件材料、刀具和机床的性能选择适当的切削参数。另外,还要考虑零件的装夹、定位、排屑以及检验等方式,一般参考相应的手册和技术资料进行。

数控程序的编制,涉及机床坐标系、零点、刀具半径补偿、走刀路径以及切削参数等多方面的规划,此方面的内容将在以后章节中详细介绍。

3. 数控加工的对象

数控机床适用于中小批量、形状复杂零件的加工。根据数控加工的优缺点及国内外大量应用实践,一般可按适应程度将零件分为下列三类。

(1) 最适应类:

① 形状复杂,加工精度要求高,用通用机床无法加工或虽然能加工但很难保证产品质量的零件。

② 用数学模型描述复杂曲线或曲面轮廓的零件。

③ 具有难测量、难控制进给、难控制尺寸的不敞开内腔的壳体或盒形零件。

④ 必须在一次装夹中合并完成铣、镗、锪、铰或攻螺纹等多工序的零件。

对于上述零件,可以先不要过多地考虑生产率与经济上是否合理,而应着重考虑用数控机床加工的可能性。

(2) 较适应类:

① 在通用机床上加工时极易受人为因素(如技术水平高低、体力强弱、情绪波动等)干扰,零件价值又高,一旦质量失控便会造成重大经济损失的零件。

② 在通用机床上加工时必须制造复杂的专用工装的零件。

③ 需要多次更改设计后才能定型的零件。

④ 在通用机床上加工需要做长时间调整的零件。

⑤ 用通用机床加工时,生产率很低或体力劳动强度很大的零件。

这类零件在首先分析其可加工性以后,还要在提高生产率及经济效益方面作全面衡量,一般可把它们作为数控加工的主要选择对象。

(3) 不适应类:

① 生产批量大的零件(当然不排除其中个别工序用数控机床加工)。

② 装夹困难或完全靠找正定位才能保证加工精度的零件。

③ 加工余量很不稳定,且数控机床上无在线检测系统可自动调整零件坐标位置的。

④ 必须用特定的工艺装备协调加工的零件。

上述零件采用数控加工后,在生产效率与经济性方面一般无明显改善,更有可能弄巧成拙或得不偿失,故此类零件一般不应作为数控加工的选择对象。

总之,要尽量做到合理,达到多、快、好、省的目的,要防止把数控机床降格为通用机床使用。

3.3.2 数控加工的工艺分析方法

工艺分析是数控加工编程的前期工艺准备工作,无论是手工编程还是自动编程,在编程之前均需对所加工的零件进行工艺分析。全面合理的工艺分析是进行数控编程的重要依据和保证。数控加工工艺性分析涉及面很广,诸如零件的材料、形状、尺寸、精度、表面粗糙度及毛坯形状、热处理要求等。归纳起来,主要包括产品的零件图样分析与结构工艺性分析两部分。

1. 数控加工零件图样分析

首先应熟悉零件在产品中的作用、位置、装配关系和工作条件,搞清楚各项技术要求对零件装配质量和使用性能的影响,找出主要的和关键的技术要求,然后对零件图样进行分析。

(1) 尺寸标注方法分析　零件图样上尺寸标注方法应适应数控加工的特点(见图 3-17(a)),在数控加工零件图样上,应以同一基准标注尺寸或直接给出坐标尺寸。这种标注方法既便于编程,又有利于设计基准、工艺基准、测量基准和编程原点的统一。由于零件设计人员一般在尺寸标注中较多地考虑装配等使用方面特性,而不得不采用如图 3-17(b)所示的局部分散的标注方法,这样就给工序安排和数控加工带来诸多不便。可将局部的分散标注法改为同一基准标注或直接给出坐标尺寸的标注法。

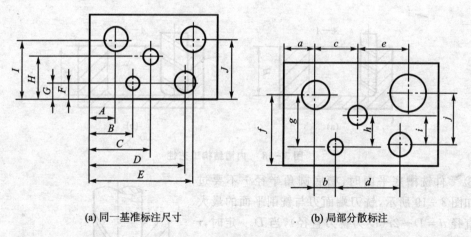

(a) 同一基准标注尺寸　　　　　　(b) 局部分散标注

图 3-17　零件尺寸标注方法示例

(2) 零件图样的完整性与正确性分析　构成零件轮廓的几何元素(点、线、面)的条件(如相切、相交、垂直和平行等),是数控编程的重要依据。手工编程时,要依据这些条件计算每一个节点的坐标;自动编程时,则要根据这些条件才能对构成零件的所有几何元素进行定义。无论哪一条件不明确,编程都无法进行。因此,在分析零件图样时,务必要分析几何元素的给定条件是否充分,发现问题应及时与设计人员协商解决。

(3) 零件技术要求分析　零件的技术要求主要是指尺寸精度、形状精度、位置精度、表面粗糙度及热处理等。这些要求在保证零件使用性能的前提下,应经济合理。过高的精度和表面粗糙度要求会使工艺过程复杂、加工困难、成本提高。

(4) 零件材料分析 在满足零件功能的前提下,应选用廉价、切削性能好的材料。而且,材料选择应立足国内,不要轻易选用贵重或紧缺的材料。

2. 零件的结构工艺性分析

零件的结构工艺性是指所设计的零件在满足使用要求的前提下制造的可行性和经济性。良好的结构工艺性,可以使零件加工容易,节省工时和材料。而较差的零件结构工艺性,会使加工困难,浪费工时和材料,有时甚至无法加工。因此,零件各加工部位的结构工艺性应符合数控加工的特点。

① 零件的内腔和外形最好采用统一的几何类型和尺寸,这样可以减少刀具规格和换刀次数,使编程方便,提高生产效率。

② 内槽圆角的大小决定着刀具直径的大小,所以内槽圆角半径不应太小。对于图3-18所示零件,其结构工艺性的好坏与被加工轮廓的高低、转角圆弧半径的大小等因素有关。图(b)与图(a)相比,转角圆弧半径大,可以采用较大直径的立铣刀来加工;加工平面时,进给次数也相应减少,表面加工质量也会好一些,因而结构工艺性较好。而 $R<0.2H$ 时,可以判定该零件部位的结构工艺性不好。

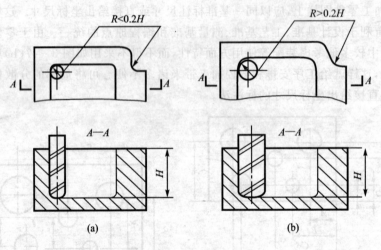

图3-18 内槽结构工艺性

③ 零件铣槽底平面时,槽底圆角半径 r 不要过大。如图3-19所示,铣刀端面刃与铣削平面的最大接触直径 $d=D-2r$(D 为铣刀直径),当 D 一定时,r 越大,铣刀端面刃铣削平面的面积越小,加工平面的能力就越差,效率越低,工艺性也越差。当 r 大到一定程度时,甚至必须用球头铣刀加工,这是应该尽量避免的。

④ 应采用统一的基准定位。在数控加工中若没有统一的定位基准,则会因工件的二次装夹而造成加工后两个面上的轮廓位置及尺寸不协调。另外,零件上最好有合适的孔作为定位基准孔。若没有,则应设置工艺孔作为定位基准孔。若无法制出工艺孔,最起

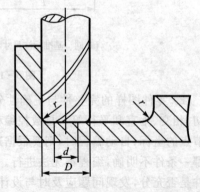

图3-19 零件铣槽底平面圆弧对加工工艺的影响

码也要用精加工表面作为统一基准,以减少二次装夹产生的误差。

⑤ 为提高工艺效率,采用数控加工必须注意零件设计的合理性。必要时,还应在基本不改变零件性能的前提下,从以下几方面着手,对零件的结构形状与尺寸进行修改:

- 尽量使工序集中,以充分发挥数控机床的特点,提高精度与效率。
- 有利于采用标准刀具和减少刀具规格与种类。
- 简化程序,减少编程工作量。
- 减少机床调整时间和缩短辅助时间。
- 保证定位刚度与刀具刚度,以提高加工精度。

表 3-1 是对一些零件的原始设计进行修改以适应数控加工的实例。

表 3-1 改进零件结构提高数控加工工艺性实例

序号	提高工艺性方法	结构 改进前	结构 改进后	结果
1	将分散的几个零件改为一个零件			集中加工,提高精度,减少材料,降低成本
2	使槽和空刀规范化			减少刀具尺寸规格
3	改进凹槽形状			减少刀具数目
4	将键槽分布在同一个平面上			缩短辅助时间,减少调整时间
5	改变零件端面尺寸			保证定位刚度,提高加工精度
6	减少凸台高度	$l>3a$	$l<3a$	可采用刚度好的刀具加工,提高精度和生产效率

续表 3-1

序号	提高工艺性方法	结构 改进前	结构 改进后	结 果
7	统一圆弧尺寸			减少刀具数和更换刀具次数
8	采用两面对称结构			减少编程时间
9	简化结构,布筋标准化			减少程序准备时间
10	改进尺寸比例	$\frac{H}{b}>10$	$\frac{H}{b}<10$	可采用刚度好的刀具加工,提高精度和生产效率
11	改进孔加工角度			减少劳动量,减少辅助时间,简化编程
12	使孔布置在同一平面			减少刀具悬伸,提高加工精度和效率

3.3.3 数控加工的工艺路线设计

工艺路线的拟定是制订工艺规程的重要内容之一,主要内容包括选择各加工表面的加工方法、划分加工阶段、划分工序以及安排工序的先后顺序等。设计者应根据从生产实践中总结出来的一些综合性工艺原则,结合实际生产条件,通过对比分析,从几种方案中选择最佳方案。

1. 选择加工方法

机械零件的结构形状多种多样，但它们都是由平面、外圆柱面、内圆柱面或曲面、成形面等基本表面组成的。每一种表面都有多种加工方法，具体选择时应根据零件的加工精度、表面粗糙度、材料、结构形状、尺寸及生产类型等因素，选用相应的加工方法和加工方案。外圆表面的加工方案如图 3-20 所示。

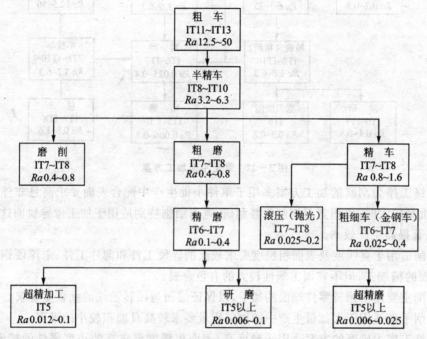

图 3-20 外圆表面的加工方案

图 3-21 所示为常用的孔加工方案，应根据被加工孔的加工要求、尺寸、具体生产条件、批量的大小及毛坯上有无预制孔等情况合理选用。

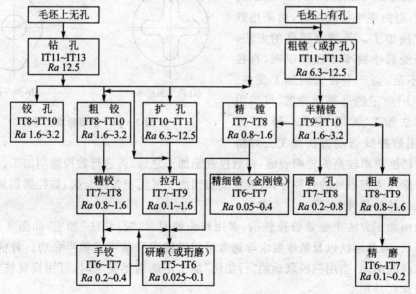

图 3-21 孔加工方案

平面加工的主要方法有铣削、刨削、车削、磨削和拉削等,精度要求高的平面还需要经研磨或刮削加工。常见平面加工方案如图3-22所示,其中尺寸公差等级是指平行平面之间距离尺寸的公差等级。具体平面加工方案包括:

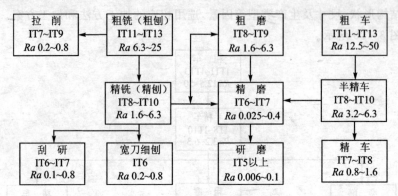

图3-22 常见平面加工方案

① 最终工序为刮研的加工方案多用于单件小批生产中配合表面要求高且非淬硬平面的加工。当批量较大时,可用宽刀细刨代替刮研,宽刀细刨特别适用于加工像导轨面这样的狭长平面,能显著提高生产效率。

② 磨削适用于直线度及表面粗糙度要求较高的淬硬工件和薄片工件、未淬硬钢件上面积较大的平面的精加工,但不宜加工塑性较大的有色金属。

③ 车削主要用于回转零件端面的加工,以保证端面与回转轴线的垂直度要求。

④ 拉削平面适用于大批量生产中的加工质量要求较高且面积较小的平面。

⑤ 最终工序为研磨的方案适用于精度高、表面粗糙度要求高的小型零件的精密平面,如量规等精密量具的表面。

平面轮廓常用的加工方法有数控铣、线切割及磨削等。对如图3-23(a)所示的内平面轮廓,当曲率半径较小时,可采用数控线切割方法加工。若选择铣削的方法,因铣刀直径受最小曲率半径的限制,直径太小,刚性不足,会产生较大的加工误差。对图3-23(b)所示的外平面轮廓,可采用数控铣削方法加工,常用"粗铣—精铣"方案,也可采用数控线切割方法加工。对精

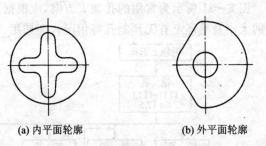

(a) 内平面轮廓　　　　(b) 外平面轮廓

图3-23 平面轮廓类零件

度及表面粗糙度要求较高的轮廓表面,在数控铣削加工之后,再进行数控磨削加工。数控铣削加工适用于除淬火钢以外的各种金属,数控线切割加工可用于各种金属,数控磨削加工适用于除有色金属以外的各种金属。

立体曲面加工方法主要是数控铣削,多用球头铣刀,以"行切法"加工,如图3-24所示。根据曲面形状、刀具形状以及精度要求等通常采用二轴半联动或三轴半联动。对精度和表面粗糙度要求高的曲面,当用三轴联动的"行切法"加工不能满足要求时,可用模具铣刀,选择四坐标或五坐标联动加工。

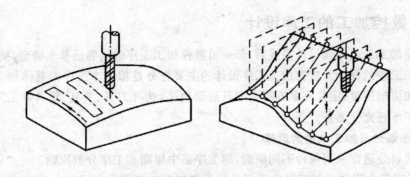

图 3-24 曲面的"行切法"加工

表面加工的方法选择,除了考虑加工质量、零件的结构形状和尺寸、零件的材料和硬度以及生产类型外,还要考虑加工的经济性。各种表面加工方法所能达到的精度和表面粗糙度都有一个相当大的范围。当精度达到一定程度后,要继续提高精度,成本会急剧上升。例如,外圆车削,将精度从 IT7 级提高到 IT6 级,此时需要价格较高的金刚石车刀,很小的背吃刀量和进给量,增加了刀具费用,延长了加工时间,大大地增加了加工成本。对于同一表面加工,采用的加工方法不同,加工成本也不一样。例如,公差为 IT7 级、表面粗糙度 Ra 值为 $0.4\ \mu m$ 的外圆表面,采用精车就不如采用磨削更为经济。在选择加工方法时,应根据工件的精度要求选择与经济精度相适应的加工方法。常用加工方法的经济精度及表面粗糙度,可查阅有关工艺手册。

2. 划分加工阶段

当零件的加工质量要求较高时,往往要用几道工序逐步达到所要求的加工质量。为保证加工质量和合理地使用设备、人力,零件的加工过程通常按工序性质不同,可分为粗加工、半精加工、精加工和光整加工四个阶段。

① 粗加工阶段。粗加工阶段的任务是切除毛坯上大部分多余的金属,使毛坯在形状和尺寸上接近零件成品,因此,其主要目标是提高生产率。

② 半精加工阶段。半精加工阶段的任务是使主要表面达到一定的精度,留有一定的精加工余量,为主要表面的精加工(如精车、精磨)做好准备,并可完成一些次要表面加工,如扩孔、攻螺纹、铣键槽等。

③ 精加工阶段。精加工阶段的任务是保证各主要表面达到规定的尺寸精度和表面粗糙度要求,主要目标是全面保证加工质量。

④ 光整加工阶段。对零件上精度和表面粗糙度要求很高(IT6 级以上,表面粗糙度 Ra 为 $0.2\ \mu m$ 以下)的表面,需进行光整加工,主要目标是提高尺寸精度、减小表面粗糙度,一般不用来提高位置精度。

在数控加工的工艺路线设计中,工序的划分和安排是非常重要的。在工序设计中,涉及到每一道工序的具体内容、切削用量、工艺装备、定位夹紧装置及刀具运动轨迹等,这些是后续数控编程的工艺基础。要求一名优秀的编程员首先应该是一个很好的工艺员,并对数控机床的性能、特点和应用、切削规范和标准刀具系统等非常熟悉。否则无法做到全面、周到地考虑零件加工的全过程,无法正确、合理地确定零件的加工程序,这部分内容将在 3.3.4 小节中详细阐述。

3.3.4 数控加工的工序设计

当数控加工工艺路线设计完成后，每一道数控加工工序的内容已基本确定，接下来便可进行数控加工工序的设计。数控加工工序设计的主要任务是拟定本工序的具体加工内容，确定加工余量和切削用量，定位夹紧方式及刀具运动轨迹，选择刀具、夹具、量具等工艺装备，为编制加工程序作好充分准备。

1. 工序划分与加工余量的选择

工序的划分通常采用两种不同原则，即工序集中原则和工序分散原则。

(1) 工序集中原则 工序集中原则是指每道工序包括尽可能多的加工内容，从而使工序的总数减少。采用工序集中原则的优点是：有利于采用高效的专用设备和数控机床，提高生产效率；减少工序数目，缩短工艺路线，简化生产计划和生产组织工作；减少机床数量、操作工人数和占地面积；减少工件装夹次数，不仅保证了各加工表面间的相互位置精度，而且减少了夹具数量和装夹工件的辅助时间。但专用设备和工艺装备投资大，调整维修比较麻烦，生产准备周期较长，不利于转产。

(2) 工序分散原则 工序分散原则是将工件的加工分散在较多的工序内进行，每道工序的加工内容很少。采用工序分散原则的优点是：加工设备和工艺装备结构简单，调整和维修方便，操作简单，转产容易；有利于选择合理的切削用量，减少机动时间。但工艺路线较长，所需设备及工人人数多，占地面积大。

在数控机床上特别是在加工中心上加工零件，工序十分复杂，许多零件只需在一次装卡中就能完成全部工序。一般零件的粗加工，特别是铸锻毛坯零件的基准面、定位面等部位的加工，应在普通机床上加工完成后，经过粗加工或半精加工的零件装卡到数控机床上之后，数控机床按照规定的工序一步一步地进行半精加工和精加工。考虑到生产纲领、所用设备及零件本身的结构和技术要求等，单件小批生产时，通常采用工序集中原则。成批生产时，可按工序集中原则划分，也可按工序分散原则划分，应视具体情况而定；对于结构尺寸和质量都很大的重型零件，应采用工序集中原则，以减少装夹次数和运输量。对于刚性差、精度高的零件，应按工序分散原则划分。

在选择好毛坯，拟定出机械加工工艺路线之后，就可以确定加工余量并计算各工序的工序尺寸。余量大小与加工成本、质量有密切关系。余量过小，会使前一道工序的缺陷得不到修正，造成废品，从而影响加工质量和成本。余量过大，不仅浪费材料，而且要增加切削工时，增大刀具的磨损与机床的负荷，从而使加工成本增加。

在零件的机械加工过程和机器装配过程中，经常会遇到一些相互有联系的尺寸组合，这些相互联系、且按一定顺序排列的封闭尺寸组合称之为尺寸链，在零件的机械加工工艺过程中，由有关工序尺寸所组成的尺寸链称为工艺尺寸链。有关尺寸链方面的问题可参考机制工艺方面的文献资料。

2. 加工路线的确定

走刀路线是刀具在整个加工工序中相对于工件的运动轨迹，它不但包括了工步的内容，也反映出工步的顺序。走刀路线是编写程序的依据之一。因此，在确定走刀路线时最好画一张工序简图，将已经拟定出的走刀路线画上去(包括进、退刀路线)，这样可为编程带来方便。工步顺序是指同一道工序中，各个表面加工的先后次序。它对零件的加工质量、加工效率和数控加工中的走刀路线有直接影响，应根据零件的结构特点和工序的加工要求等合理安排。工步的划分与安排，一般可随走刀路线来进行，在确定走刀路线时，主要遵循以下原则：

1) 应能保证零件的加工精度和表面粗糙度要求。

如图 3-25 所示，当铣削平面零件外轮廓时，一般采用立铣刀侧刃切削。刀具切入工件时，应避免沿零件外廓的法向切入，而应沿外廓曲线延长线的切向切入，以避免在切入处产生刀具的刻痕而影响表面质量，保证零件外廓曲线平滑过渡。同理，在切离工件时，也应避免在工件的轮廓处直接退刀，而应该沿零件轮廓延长线的切向逐渐切离工件。

铣削封闭的内轮廓表面时，若内轮廓曲线允许外延，则应沿切线方向切入切出。若内轮廓曲线不允许外延（图 3-26），刀具只能沿内轮廓曲线的法向切入切出，此时刀具的切入切出点应尽量选在内轮廓曲线两几何元素的交点处。当内部几何元素相切无交点时（见图 3-27），为防止刀具在轮廓拐角处留下凹口（见图(a)），刀具切入切出点应远离拐角（见图(b)）。

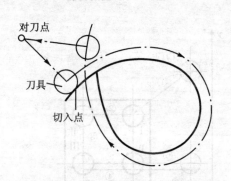

图 3-25 外轮廓加工刀具的切入和切出过渡

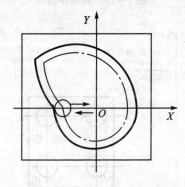

图 3-26 内轮廓加工刀具的切入和切出过渡

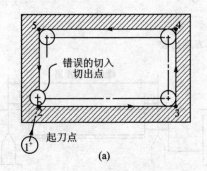

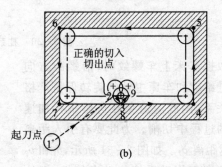

图 3-27 无交点内轮廓加工刀具的切入和切出

如图 3-28 所示，用圆弧插补方式铣削外整圆时，当整圆加工完毕，不要在切点处直接退刀，而应让刀具沿切线方向多运动一段距离，以免取消刀补时，刀具与工件表面相碰，造成工件报废。铣削内圆弧时也要遵循从切向切入的原则，最好安排从圆弧过渡到圆弧的加工路线（见图 3-29），这样可以提高内孔表面的加工精度和加工质量。

对于孔位置精度要求较高的零件，在精镗孔系时，镗孔路线一定要注意各孔的定位方向一致，即采用单向趋近定位点的方法，以避免传动系统反向间隙误差或测量系统的误差对定位精度的影响。例如，图 3-30(a)所示的孔系加工路线，在加工孔 Ⅳ 时，x 方向的反向间隙将会影响 Ⅲ、Ⅳ 两孔的孔距精度；如果改为图 3-30(b)所示的加工路线，可使各孔的定位方向一致，从而提高了孔距精度。

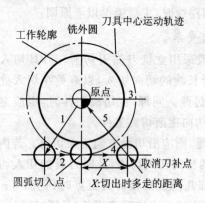

图 3-28 铣削外圆

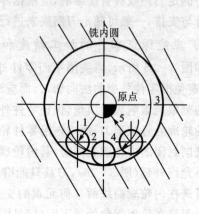

图 3-29 铣削内圆

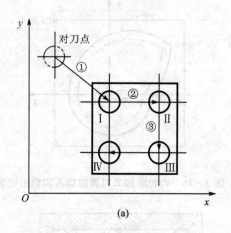

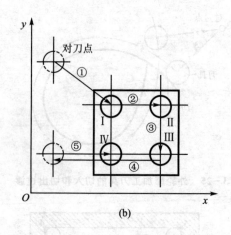

图 3-30 孔系加工方案比较

在数控车床上车螺纹时,沿螺距方向的 z 向进给应和车床主轴的旋转保持严格的速比关系,因此应避免在进给机构加速或减速的过程中切削。为此要有引入距离 δ_1 和超越距离 δ_2。如图 3-31 所示,δ_1 和 δ_2 的数值与车床拖动系统的动态特性、螺纹的螺距和精度有关。一般情况下 δ_1 取值为 2~5 mm,对大螺距和高精度的螺纹取大值;δ_2 一般取 δ_1 的 1/4 左右。若螺纹收尾处没有退刀槽时,收尾处的形状与数控系统有关,一般按 45°退刀收尾。

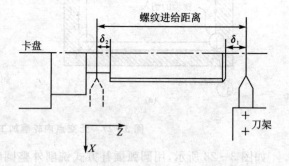

图 3-31 切削螺纹时引入/超越距离

铣削曲面时,常用球头刀采用行切法进行加工。所谓行切法是指刀具与零件轮廓的切点轨迹是一行一行的,而行间的距离是按零件加工精度的要求确定的。对于边界敞开的曲面加工,可采用两种走刀路线,如图 3-32 所示发动机大叶片。采用图(a)所示的加工方案时,每次沿直线加工,刀位点计算简单,程序少,加工过程符合直纹面的形成,可以准确保证母线的直线度;当采用图(b)所示的加工方案时,符合这类零件数据给出情况,便于加工后检验,叶形的准确度较高,但程序较多。由于曲面零件的边界是敞开的,没有其他表面限制,所以边界曲面可以延伸,球头刀应由边界外开始加工。

图3-33(a)、(b)所示分别为用行切法加工和环切法加工凹槽的走刀路线;图(c)所示为先用行切法,最后环切一刀光整轮廓表面。三种方案中,图(a)方案最差,图(c)方案最好。

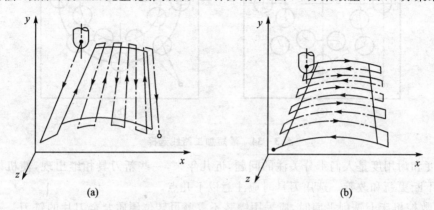

图3-32 曲面加工的走刀路线

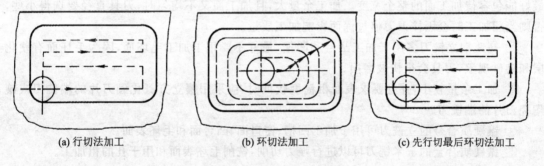

(a) 行切法加工　　　　　(b) 环切法加工　　　　　(c) 先行切最后环切法加工

图3-33 凹槽加工走刀路线

此外,轮廓加工中应避免进给停顿。因为加工过程中的切削力会使工艺系统产生弹性变形并处于相对平衡状态,进给停顿时,切削力突然减小,会改变系统的平衡状态,刀具会在进给停顿处的零件轮廓上留下刻痕。

为提高工件表面的精度和减小粗糙度,可以采用多次走刀的方法,精加工余量一般以0.2~0.5 mm为宜。而且精铣时宜采用顺铣,以减小零件被加工表面粗糙度的值。

2) 应使走刀路线最短,减少刀具空行程时间,提高加工效率。

图3-34所示为正确选择钻孔加工路线的例子。按照一般习惯,总是先加工均布于同一圆周上的8个孔,再加工另一圆周上的孔,如图3-34(a)所示。但是对点位控制的数控机床而言,要求定位精度高,定位过程尽可能快,因此这类机床应按空程最短来安排走刀路线(见图3-34(b)),以省省加工时间。

3) 应使数值计算简单,程序段数量少,以减少编程工作量。

3. 数控加工刀具的选择

数控机床具有高速、高效的特点。数控机床用的刀具比普通机床用的刀具要求严格得多。

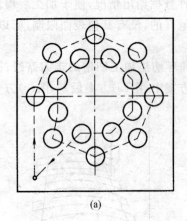 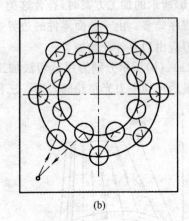

图 3-34 最短加工路线选择

刀具的强度和耐用度是人们十分关注的问题,近几年来,一些新刀具相继出现,使机械加工工艺得到了不断更新和改善。选用刀具时应注意以下几点:

① 在数控机床上铣削平面时,应采用镶装不重磨可转位硬质合金刀片的铣刀。一般采用两次走刀,一次粗铣,一次精铣。当连续切削时,粗铣刀直径要小一些,精铣刀直径要大一些,最好能包容待加工面的整个宽度。加工余量大,且加工面又不均匀时,刀具直径要选得小些,否则当粗加工时会因接刀刀痕过深而影响加工质量。

② 高速钢立铣刀多用于加工凸台和凹槽,最好不要用于加工毛坯面,因为毛坯面有硬化层和夹砂现象,刀具会很快被磨损。

③ 加工余量较小,并且要求表面粗糙度较低时,应采用镶立方氮化硼刀片的端铣刀或镶陶瓷刀片的端铣刀。

④ 镶硬质合金的立铣刀可用于加工凹槽、窗口面、凸台面和毛坯表面。

⑤ 镶硬质合金的玉米铣刀可以进行强力切削,铣削毛坯表面和用于孔的粗加工。

⑥ 精度要求较高的凹槽加工时,可以采用直径比槽宽小一些的立铣刀,先铣槽的中间部分,然后利用刀具半径补偿功能铣削槽的两边,直到达到精度要求为止。

⑦ 在数控铣床上钻孔,一般不采用钻模,钻孔深度为直径的 5 倍左右的深孔加工容易拆坏钻头,应注意冷却和排屑。钻孔前最好先用中心钻钻一个中心孔或用一个刚性好的短钻头锪窝的方式进行引正。锪窝除了可以解决毛坯表面钻孔引正问题外,还可以代替孔口倒角。

4. 切削用量的确定

确定数控机床的切削用量时一定要根据机床说明书中规定的要求,以及刀具的耐用度去选择,当然也可以结合实际经验采用类比法去确定。确定切削用量时应注意以下几点:

① 要充分保证刀具能加工完一个工件或保证刀具的耐用度不低于一个工作班,最少也不低于半个班的工作时间。

② 切削深度主要受机床刚度的限制,在机床刚度允许的情况下,尽可能使切削深度等于工件的加工余量,这样可以减少走刀次数,提高加工效率。

③ 对于表面粗糙度和精度要求高的零件,要留有足够的精加工余量。数控机床的精加工余量可比普通机床小一些。

④ 主轴的转速 $n(\text{r/min})$ 要根据切削速度 $v(\text{m/min})$ 来选择:

$$v = \pi n D / 1000$$

式中：D 为工件或刀具直径(mm)；v 为切削速度，由刀具耐用度决定。

⑤ 进给速度 f(mm/min)，是数控机床切削用量中的重要参数，可根据工件的加工精度和表面粗糙度要求，以及刀具和工件材料的性质选取。

5. 工件装夹方式与夹具的选择

数控机床上应尽量采用组合夹具，必要时可以设计专用夹具。在数控机床上加工工件，由于工序集中，往往是在一次装夹中就要完成全部工序，因此对夹紧工件时的变形要给予足够的重视。此外，还应注意协调工件和机床坐标系的关系。设计专用夹具时，应注意以下几点：

(1) 选择合适的定位方式　夹具在机床上安装位置的定位基准应与设计基准一致，即所谓基准重合原则。所选择的定位方式应具有较高的定位精度和没有过定位干涉现象且便于工件的安装。为了便于夹具或工件的安装找正，最好从工作台某两个面定位。对于箱体类工件，最好采用一面两销定位。若工件本身无合适的定位孔和定位面，可以设置工艺基准面和工艺用孔。

(2) 确定合适的夹紧方法　考虑夹紧方案时，要注意夹紧力的作用点和方向。夹紧力作用点应靠近主要支撑点或在支撑点所组成的三角形内，应力求靠近切削部位及刚性较好的地方。

(3) 夹具结构要有足够的刚度和强度　夹具的作用是保证工件的加工精度，因此要求夹具必须具备足够的刚度和强度，以减小其变形对加工精度的影响。特别对于切削用量较大的工序，夹具的刚度和强度更为重要。

3.3.5 编写数控加工工艺文件

编写数控加工工艺文件是数控加工的依据及产品验收依据，也是需要操作者遵守、执行的规程；有的则是加工程序的具体说明或附加说明，目的是让操作者更加明确程序的内容、安装与定位方式、各个加工部位所选用的刀具及其他问题。数控加工工艺文件应标准化、规范化，但目前还有较大困难，只能先做到按部门或按单位局部统一。下面介绍3种数控加工专用技术文件。

1. 数控加工工序卡

在工序加工内容不十分复杂的情况下，用数控加工工序卡的形式，可以把零件尺寸、技术要求、工序内容及程序要说明的问题集中反映在一张卡片上，做到一目了然。

图3-35为某设备支架零件图。由图可知，该工件的内外加工轮廓由列表曲线、圆弧及直线构成，形状复杂，加工困难大，检测也较困难，所以该零件除底平面的铣削宜采用通用铣削加工方法外，其余各部位均可作为数控平面铣削工序的内容。表3-2为该零件的精铣轮廓工序卡。

2. 数控加工程序说明卡

实践证明，仅用加工程序单、工艺规程来进行实际加工会有许多不足之处。由于操作者对程序的内容不清楚，对编程人员的意图不够理解，经常需要编程人员在现场说明与指导。因此，对加工程序进行详细说明是很必要的，特别是对于那些需要长时间保存和使用的程序尤其重要。一般应对加工程序作出说明的主要内容如下：

① 所用数控设备型号。

② 对刀点(程序原点)及允许的对刀误差。

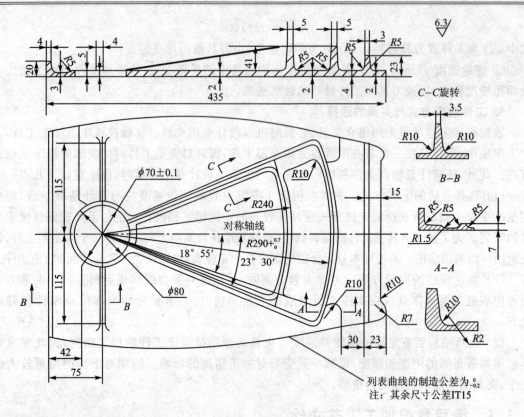

图 3-35 支架零件简图

③ 工件相对于机床的坐标方向及位置(用简图表述)。

④ 镜像加工使用的对称轴。

⑤ 所用刀具的规格、图号及其在程序中对应的刀具号,必须按实际刀具半径或长度补偿的要求(如:用同一条程序、同一把刀具作粗加工而利用加大刀具半径补偿值进行时),更换该刀具的程序段号等。

⑥ 整个程序加工内容的顺序安排(相当于工步内容说明与工步顺序)。

⑦ 子程序的说明:对程序中编入的子程序应说明其内容。

⑧ 其他需要作特殊说明的问题,如:需要在加工中更换夹紧点(挪动压板)的计划停车程序段号、中间测量用的计划停车程序段号、允许的最大刀具半径和长度补偿值等。

3. 数控加工走刀路线图

在数控加工中,要注意并防止刀具在运动中与夹具、工件等发生意外的碰撞。此外,对有些被加工零件,由于工艺性问题,必须在加工过程中挪动夹紧位置,也需要事先确定在哪个程序段前挪动,夹紧点在零件的什么地方,然后更换到什么地方,需要事先备好夹紧元件等,以防到时候手忙脚乱或出现安全问题。这些用程序说明卡和工序说明卡是难以说明或表达清楚的,如用走刀路线图附加说明,效果就会更好。为简化走刀路线图,一般可采取统一约定的符号来表示。不同的机床可以采用不同图例与格式,表 3-3 为图 3-35 所示支架零件外形轮廓铣削的走刀路线图。

数控加工工艺文件在生产中的作用是指导操作者进行正确加工,同时也对产品质量起保证作用。数控加工工艺文件的编写应同编写工艺规程和加工程序一样认真对待。

表3.2 支架零件数控精铣轮廓工序卡

数控加工工序卡		零、组件图号	ZG03·01	零、组件名称	支架	版次	1	文件编号	××-××	第 页
										共××页
		工序号			50	工序名称		精铣轮廓		
		加工车间			2	材料牌号		LD5		
						设备型号		××××		
				编程说明及操作						
		控制机		SINUMERIK 7M		切削速度		m/min		
		程序介质		纸 带		主轴转速		800 r/min		
		程序标记		ZG03·01-2		进给速度		500~1000 mm/min		
		编程方式		G90		原点编码		G57		
		镜像加工		无		编程直径		$\phi21\sim\phi3707.722$		
		转心距				刀补界限				
		对刀高度						$R_{max}\leqslant10.5$		

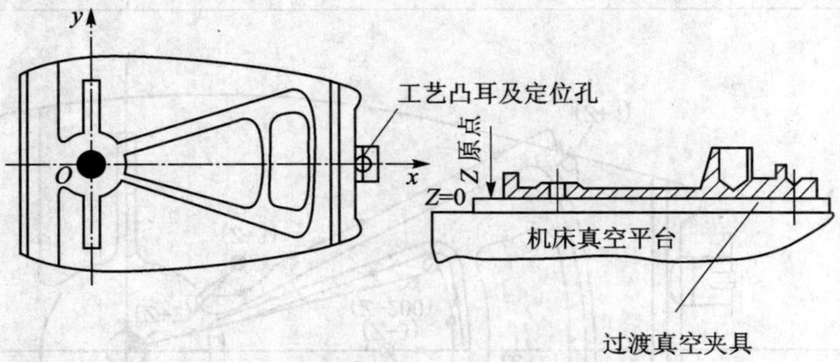

上图 x、y 轴的交点为编程及对刀重合原点

	工 装	
名 称		图 号
过渡真空夹具		ZG311/201
立铣刀		ZG101/107
成形铣刀		ZG103/018
立铣刀		ZG101/106

工步号	工步内容		
1	补铣型面轮廓周边圆角 R5		
2	铣椭圆形框内外形		
3	铣外形及 $\phi70$ 孔		

工艺员	×××	校对	×××	审定	×××	更改标记		更改单号		更改者/日		有效批/架次
						批准		×××		×××		

表 3-3　支架零件外形轮廓铣削走刀路线

数控机床走刀路线图	××××	零件图号	N8401～N8438	ZG03·01	加工内容	50	铣削外形及内孔 φ70	3	程序编号	ZG03·01-3
机床型号	××××					工序号	工步号			第3页 共3页

符号	⊙	⊗	⊕	→	⇨	×××	×××	×××	×××
含义	抬刀	下刀	编程原点	起始 走刀方向	走刀线相交	爬斜坡	钻孔	行切	轨迹重叠
						编程		校对	审批
						---		回切	

3.4 数控编程的指令代码和手工编程

数控加工程序是由一系列机床数控系统能辨别的指令代码有序组合而成的,所有数控系统的编程均遵循统一的国际标准和国家标准,但在具体规定上,不同的数控系统甚至同一系统的不同型号,程序格式、指令代码并不完全相同,因此,具体使用某一数控机床时要参照该机床《数控编程说明书》,仔细了解其数控系统的编程格式。本章将具体以 FANUC 0i 系统为例,介绍我国用户较多的典型系统的编程格式和指令代码的使用方法,掌握了这类系统,对于其他更多系统,可以起到触类旁通、举一反三的作用。

3.4.1 数控编程的程序结构与程序段格式

1. 程序结构

为了说明加工程序的组成,用图 3-36 所示的加工图例来加以说明。

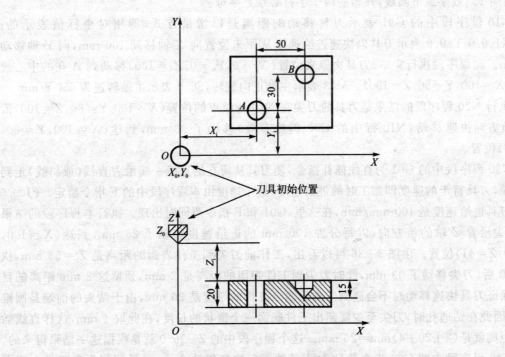

图 3-36 点位加工示意图

假设 $X_0=0, Y_0=0, Z_0=100, X_i=100, Y_i=80, Z_i=35$,用同一把钻头加工 A、B 两孔。加工程序可以编写成如下形式:

```
O2009;                                        程序名
N10 G91 G00 X100.0 Y80.0 M03 S650;N20 Z-33.0;  程序开始
N30 G01 Z-26.0 F100.0;
N40 G00 Z26.0;
N50 X50.0 Y30.0;
N60 G01 Z-17.0;                               程序体
N70 G04 X2.0;
N80 G00 Z50.0;
N90 X-150.0 Y-110.0;
N100 M02;                                     程序结束
```

- 各部分解释如下：

O2009 是程序名，放在程序的开头。为了能在存储器中找到该程序，每个程序都要有一个程序名，不同数控系统有不同规定，FANUC 系统一般都采用英文字母 O 作为程序名首字母。SIEMENS 系统有的以 ％ 作为程序名的首字母，有的系统是以 2~8 个字符作为程序名，字符可以是字母、数字或下画线，开始的两个字符必须是字母。

N10 程序段中的 G91 表示刀具移动的距离是以增量方式，即相对坐标值表示的；G00 X100.0 Y80.0 表示刀具以快速进给速度从原来位置向 X 轴移动 100 mm，向 Y 轴移动 80 mm。此程序段执行完毕，刀具由原来位置（$X_0=0,Y_0=0,Z_0=100$）移动到 A 孔的中心线上方（$X=100,Y=80,Z=100$）。M03 表示主轴正向旋转，S650 表示主轴转速为 650 r/min。

执行 N20 程序段的结果是刀具的刀尖在 N10 行结束的位置（$X=100,Y=80,Z=100$）沿 Z 轴负方向快速移动（N10 行中的 G00 仍然有效）移动了 33 mm，到达（$X=100,Y=80,Z=67$）位置。

N30 程序段中的 G01 为直线插补指令，使刀具从所在的直线一端沿着直线（或斜线）走到另一端，刀具行走的速度即加工时的进给速度，这个速度由本程序段中的 F 指令给定。F100.0 表示刀具进给速度是 100 mm/min，在这里，G01 和 F 指令要同时出现。执行本程序段的结果是，刀尖沿着 Z 轴的负方向，以每分钟 100 mm 的进给速度移动了 26 mm，到达（$X=100,Y=80,Z=41$）位置。由图 3-36 可以看出，工作前刀尖到工件表面的距离是 $Z_i=35$ mm，执行 N20 后，刀尖移动了 33 mm，此时刀尖到工件表面的距离是 2 mm，预留这 2 mm 距离的目的是保证刀具快速移动时不会碰到工件表面。工件的厚度是 20 mm，由于钻头的前端是圆锥形状，因此在钻通孔时，刀尖至少要超出工件底面一个锥状的长度，在此取 4 mm，这样直线插补的距离就是（2+20+4）mm＝26 mm。这个程序段中的 Z-26.0 就是根据这一结果得来的。

N40 程序段中的 G00 指令使钻头沿 Z 轴正向快速移动 26 mm，返回到距离工件上表面 2 mm 处。

N50 程序段（N40 程序段的 G00 指令仍然有效）使钻头以 A 孔为起点沿 X 轴和 Y 轴的正方向移动 50 mm 和 30 mm，到达 B 孔的中心线上（$X=150,Y=110,Z=67$）。

N60 程序段是钻 B 孔，孔深 15 mm，刀尖在上表面距离 2 mm 处，因此直线插补值为 Z 轴负向 17 mm。

N70 程序段中的 G04 是暂停指令，X 值是暂停时间，可以有两种表示方法：一是时间单位为 s，二是时间单位为 ms。此例中时间单位是 s。执行此程序段后，钻头在 B 孔的底部停留 2 s，进行光整加工（这里用的字母 X 与坐标字 X 字母相同，但意义不同）。

N80 程序段指令使钻头向 Z 轴的正方向快速移动 50 mm，返回到距离工件表面 35 mm 处。

N90 程序段使钻头沿 X 轴和 Y 轴的负方向快速移动 150 mm 和 110 mm，回到 X_0、Y_0 和 Z_0 处（$X=0$, $Y=0$, $Z=100$）。

2. 程序段格式

数控程序由若干个程序段组成。零件程序段是由序号、若干功能字和结束符号组成，每个功能字又由字母和数字组成，有些字母也叫代码或地址符，它表示某种功能，如 G 代码、M 代码；有些字母表示坐标，如 X、Y、Z、U、V、W、A、B、C 等，还有一些表示其他功能的符号，在后文中将会遇到。下面就是一个程序段的例子：

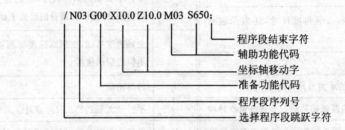

通过上述的实例可知，一个加工程序的结构一般包含三个部分：

（1）程序标号字（N 功能字） 也成为程序段行号，用以识别和区分程序段的标号。用地址符 N 和后面的若干位数字来表示。例如 N80 表示该程序段的标号就是 80。在大部分数控系统中，可以对所有的程序段标号，也可以对一些特定的程序段标号，但不是所有的程序段一定需要标号。程序段标号的目的是为了便于程序查找；另外，对于有程序跳转的程序，标号也是必要的。程序段的标号与程序的执行顺序无关，不管是否有无标号，程序都是按照程序排列的顺序执行（有程序跳转指令改变程序执行顺序的除外）。通常标号是按程序的排列顺序给出。

（2）程序段的结束符号 在上述例子中，程序段结束符用";"表示。有些系统还使用"*"、"LF"等作为程序段结束符号。任何一个程序段都必须有结束符号，没有结束符号的语句是错误的，计算机将不执行含有错误的程序段。

（3）程序段的主体部分 一行程序段中，除程序号和结束符号外的其余部分是程序段主体部分。主体部分规定了一段完整的加工过程，它包含了各种控制信息和数据。它由一个以上的功能字组成，主要的功能字由准备功能字（G 代码）、坐标字、辅助功能字（M 代码）、进给功能字（F 代码）、主轴功能字（S 代码）和刀具功能字（T 代码）等组成。常用的地址字符具体含义如表 3-4 所列。

上述例子采用的程序段格式是字地址可变程序段格式，该格式目前应用广泛。除此之外，程序段格式还有带分隔符的程序段格式和固定顺序程序段格式。不同数控系统，程序段格式不一定相同，所编程序格式不合规定，数控装置会发出出错报警。目前，固定顺序程序段格式已很少使用。

目前国内外应用最广泛的是字地址可变程序段格式，字地址可变程序段格式具有如下特点：

① 在程序段中，每个字都是由英文字母开头，后面紧跟数字。字母代表字的地址符，故称为字地址格式。

表 3-4 地址字符表

字 符	含 义	字 符	含 义
A	关于 X 轴的角度尺寸,有时可指牙型角	O	不用,有的为程序编号
B	关于 Y 轴的角度尺寸	P	平行于 X 轴的第三尺寸,有的定为固定循环的参数,子程序调用或子程序调用的次数
C	关于 Z 轴的角度尺寸		
D	关于 X 轴的第二组角度尺寸,还表示刀具补偿号	Q	平行于 Y 轴的第三尺寸,有的定为固定循环的参数
E	关于 Y 轴的第二组角度尺寸	R	平行于 Z 轴的第三尺寸,有的定为固定循环的参数,指定圆弧插补的圆弧半径等
F	关于 Z 轴的第二组角度尺寸,还表示进给功能		
G	准备功能	S	主轴速度功能,在恒线速度切削功能中,S 表示恒定切削速度
H	暂不指定,有的定为刀具补偿号	T	刀具功能
I	平行于 X 轴的圆弧插补圆心参数或螺纹导程	U	平行于 X 轴的第二尺寸或对应 X 的增量尺寸
J	平行于 Y 轴的圆弧插补圆心参数或螺纹导程	V	平行于 Y 轴的第二尺寸或对应 Y 的增量尺寸
K	平行于 Z 轴的圆弧插补圆心参数或螺纹导程	W	平行于 Z 轴的第二尺寸或对应 Z 的增量尺寸
L	子程序调用次数或子程序命名	X	基本尺寸
M	辅助功能	Y	基本尺寸
N	顺序号	Z	基本尺寸

② 在一个程序段中各字的排列顺序并不严格,但习惯上仍按一定顺序排列,以便于阅读和检查。习惯书写顺序为:

$$N\_\ G\_\ X\_\ Y\_\ Z\_\ F\_\ S\_\ T\_\ M\_;$$

③ 尺寸数字可只写有效数字,不必写满规定位数。

④ 不需要的字及与上一程序段相同的模态字可以不写。模态字也称续效字,指某些经指定的 G 功能和 M、S、T、F 功能,它一经被运用,就一直有效,直到出现同组的其他模态字时才被取代。

采用这种程序段格式,即使对同一程序段,写出的字符数也可以不等,因此称为可变程序段格式。优点是程序简短、直观、不易出错。

3.4.2 常用功能字简介

1. 准备功能字(G 代码)

G 功能字是使机床做某种操作的指令,用地址 G 和两位数字来表示,从 G00~G99 共 100 种,附录 1 为 ISO 标准及我国 JB/T3208—1999 标准中规定的 G 代码功能定义,其中一部分代码未规定具体含义,等待将来修订标准时再指定。另一部分为"永不指定"代码,由机床设计者自行规定其含义。G 代码有两种:一种是模态代码,它一经被运用,就一直有效,直到出现同组的其他 G 代码才被取代;另一种是非模态代码,它只在出现的程序段中有效。附录 1 中凡小写字母相同的代码为同组的模态 G 代码,不同组的 G 代码,在同一程序段中可以指定多个。

G代码功能的具体应用将在后面重点介绍。

2. 坐标字

坐标字由坐标名、带"+"、"-"符号的绝对坐标值(或增量坐标值)构成。坐标名有X、Y、Z、U、V、W、P、Q、R、A、B、C、I、J、K等。

例如：X20.0 Y-40.0,在这里"+"可以省略。

3. 进给功能字(F代码)

它由地址符F和后面的表示进给速度值的若干位数字构成。用它规定直线插补G01和圆弧插补G02/G03方式下刀具中心的进给运动速度。进给速度是指沿各坐标轴方向速度的矢量和。进给速度的单位取决于数控系统的工作方式和用户的规定,它可以是mm/min、in/min、(°)/min、r/min、mm/r、in/r。例如在公制编程的零件程序中,F220.0就表示进给速度为220 mm/min。

4. 主轴转速功能字(S代码)

S功能字用来规定主轴转速,它由S字母和后面的若干位数字组成,这个数值就是主轴的转速值,单位是r/min。例如：S300表示主轴的转速为300 r/min。

5. 刀具功能字(T代码)

T地址后面有若干位数值,数值是刀具编号。例如T01表示1号刀；如T0102中,01表示选择1号刀具,02表示刀具补偿值组号,即从02号刀补寄存器中取出事先存入的补偿数据进行刀具补偿。刀具补偿用于对换刀、刀具磨损、编程等产生的误差进行补偿。一般而言,编程时常取刀号与补偿号的数字相同(如T0101),显得直观一些。SIEMENS系统采用T01 D01的形式表示01号刀具、01号刀具补偿值。

6. 辅助功能字(M代码)

M功能字的格式为M地址后面的两位数值,有M00~M99共100种,它们是控制机床各种开—关功能的指令。ISO标准及我国JB3208—1999标准中规定的M代码功能定义见附录2。

3.4.3 FANUC 0i系统常用准备功能G代码介绍

1. 与坐标系有关的G代码

在增量测量(现在使用的数控机床大多为增量测量系统)系统中,机床坐标系通过开机后手动回参考点来设定,参考点的坐标值预先由机床参数设置。机床坐标系一经设定就保持不变,直到关机。

1) 工件坐标系设定指令(G92,0-TJA中为G50)

在数控机床上加工工件时,必须知道工件坐标系在机床坐标系中的位置,即确定工件坐标系原点的位置。一般机床开机后,先手动返回参考点,再使刀尖或刀架上的基准点移动到对刀点,这样刀具在机床坐标系中的位置就确定了。G92指令的功能是通过确定对刀点距离工件坐标系的原点距离,即刀具在工件坐标系中的坐标值(绝对坐标),进而设定工件坐标系,从而建立了工件坐标系与机床坐标系的关系。程序从对刀点开始,以后的绝对指令值都是此工件坐标系中的坐标值。该指令不产生运动,只是设定工件坐标系。图3-37为数控机床工件坐标系设定的例子,其指令编程格式为：(G90) G92 IP_；。

图3-37(a)中,建立工件坐标系的程序段可写作：G92 X25.2 Z23.0；铣刀端面中心是程

序的起点。

图3-37(b)中,建立工件坐标系的程序段可写作:G92 X600.0 Z1200.0;。刀柄上的基准点是程序的起点,如果发出绝对值指令,基准点将移动到指定位置。如果把铣刀端面中心移动到指定位置,可用刀具长度偏差来补偿刀尖到基准点的差。

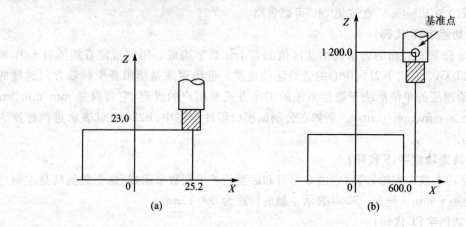

图3-37 G92工件坐标系设定

在FANUC 0-TJA系统中,用G50来设定工件坐标系,其指令编程格式为:G50 X25.2 Z23.0(参照图3-37a)。0-TJA系统还可以用G50改变设定后的工件坐标系,使其偏离一个指定量。如G50 U25.0 W60.0,U、W为数控机床的增量坐标,数值(25.0,60.0)表示新设置的铣刀端面中心位置相对于原位置的增量值。

2) 选择工件坐标系指令(G54~G59)

G54~G59分别称为工件坐标系1,工件坐标系2,…,工件坐标系6。这6个工件坐标系是经机床坐标系设定(手动返回参考点)后,通过CRT/MDI控制面板用参数设定每个工件坐标系相对于机床坐标系原点的偏置量,而预先在机床坐标系中建立起来的工件坐标系。编程时,用户可以选择其中的任一坐标系。如图3-38表示选择工件坐标系2(G55)的例子。其指令格式为:G90 G55 G00 X80.0 Y40.0;。

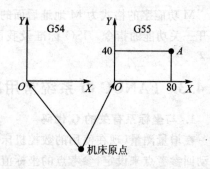

图3-38 选择工件坐标系G55

上面程序段的含义是:刀具在工件坐标系2(G55)内,快速定位到绝对坐标为$X=80.0, Y=40.0$的A点。

其他相关指令:

G53 取消工件零点偏置,返回机床坐标系,程序段方式有效;

G500 取消工件零点偏置,返回机床坐标系,模态有效。

G92指令与G54~G59指令都是用于设定工件坐标系的,但它们在使用中是有区别的:G92指令是通过程序来设定工件坐标系,G92所设定的加工坐标原点是与当前刀具所在位置有关,这一加工原点在机床坐标系中的位置是随当前刀具位置的不同而改变。G54~G59指令是通过CRT/MDI在设置参数方式下设定工件坐标系的,一经设定,加工坐标原点在机床坐标系中的位置是不变的,与刀具的当前位置无关,除非再通过CRT/MDI方式更改。G92指令程序段只是设定工件坐标系,而不产生任何动作;使用 G54~G59 建立工件坐标系时,该指令可单独指定(见下面程序 N02 句),也可与其他程序指令同段指定(见下面程序 N01 句),如果该程序段中有位置指令就会产生运动。例如:

N01 G54 G00 G90 X30.0 Y20.0;
N02 G55;
N03 G00 X40.0 Y30.0;

3) 坐标平面设定指令(G17、G18、G19)

G17、G18、G19 分别指定在 XY、ZX、YZ 平面上加工,如图 3-39 所示。对于三坐标的镗铣床和加工中心,常用这些指令命令机床按哪一个平面运动。数控车床主要在 ZX 二维平面内加工,默认平面是 G18,G18 可省略不写;数控铣床和加工中心默认平面是 G17,G17 可省略不写。

这些指令在进行圆弧插补和刀具补偿时必须使用。例如:G18 G03 X__ Z__ I__ K__ F__(加工 ZX 平面的逆圆弧)。

2. 与坐标值尺寸有关的 G 代码

1) 绝对值和增量值编程指令(G90、G91)

在 ISO 与 JB 代码中,绝对坐标编程指令和增量坐标编程指令分别用 G90 和 G91 指定。G90 表示程序段中的编程尺寸为绝对坐标值,刀具运动过程中所有的位置坐标均以固定的坐标原点为基准给出的,即从编程零点开始的坐标值。如图 3-40 中,要求刀具由 A 点直线插补到 B 点,用 G90 编程,其程序段为:N20 G90 G01 X10.0 Y20.0;G91 则表示增量编程,刀具运动的位置坐标是以刀具当前点的位置坐标相对刀具前一点的位置坐标的增量值给出的。如图 3-40 中,用 G91 编程,其程序段为 N20 G91 G01 X20.0 Y-10.0。

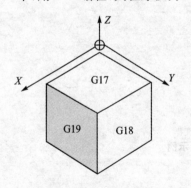

图 3-39 G17、G18、G19 坐标平面设定指令

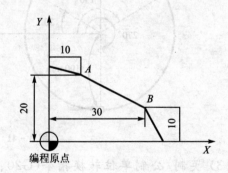

图 3-40 G90、G91 编程示例

2) 极坐标尺寸指令(G15、G16)

编程时坐标值可以用极坐标(半径和角度)表示。角度的正向是所选平面的第 1 轴正向的逆时针方向,而负向是顺时针方向。

指令编程格式:

G△△G××G16;   (打开极坐标编程方式)
…………   (坐标值都为极坐标指令)
G15;   (关闭极坐标编程方式)

说明：

GΔΔ：极坐标指令的平面选择（G17、G18 和 G19）。

G××：采用 G90 时为指定工件坐标系的零点作为极坐标系的原点，从该点测量极半径。采用 G91 时指定当前位置作为极坐标系的原点，并从该点测量极半径。在 XY 平面中（G17）采用极坐标时，X 为极半径，Y 为极角，其使用方式可以参考下例，但是要注意的是在极坐标方式中不能指定任一角度倒角和圆弧倒角。

如图 3-41 所示，加工圆周上的孔，其编程如下。

【例 3-1】

```
O0001;
N10 T0101;
N20 G54 G90 G17 G16 G00 Z100.0;          打开极坐标编程方式和选择 XY 平面,设定工件坐标
                                          系的零点作为极坐标系的原点
N30 Z10.0 S800 M03;
N40 G98 G81 X100.0 Y30.0 Z-10.0 R2.0 F100.0;   指定 100 mm 的距离和 30°的角度
N50 Y150.0;                              指定 100 mm 的距离和 150°的角度
N60 Y270.0;                              指定 100 mm 的距离和 270°的角度
N70 G15 G80;                             关闭极坐标编程方式和取消固定循环
N80 G00 Z100.0 M30;                      退刀,程序结束
```

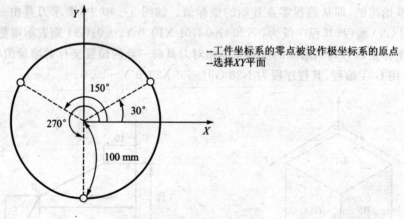

图 3-41 极坐标编程示例

3）英制/公制单位转换指令（G20、G21）

英制、公制输入功能，分别用 G20、G21 代码选择。该指令在程序的开始、坐标系设置之前，用单独的程序段设定。其编程格式为：

G20：英制输入

G21：公制输入

英制/公制转换指令设定之后，在增量系统，以最小增量单位输入数据。一般系统的长度最小单位为 0.001 mm（公制），0.0001 in（英制）；公制/英制的角度都用度测量，最小单位为 0.001°。高精度系统分别用 0.0001 mm（公制）、0.00001 in（英制）、0.0001°。在英制/公制转换之后，进给速度、位置、工件零点偏移量、刀具补偿值、脉冲发生器的分辨率、增量进给的运动距离和若干参数的测量单位都要改变。开机时，英制/公制代码与关机时一样。

4) 小数点编程

数控编程时,可以输入带小数点的数字。在输入距离、时间和速度时,使用小数点。但小数点要由地址 X、Y、Z、U、V、W、A、B、C、I、J、K、Q、R 和 F 设定。小数点的标识方法有两种:计算器型小数点和标准型小数点记数法。使用计算器型小数点记数法时,编程的数值被当作由毫米、英寸和度设定的没有小数点的数;使用标准型小数点记数法时,编程的数值被当作由最小增量输入单位设定的数。这两种记数法的选择由参数设定。带小数点和没有小数点的这两种数值都可在单独的程序中规定。表 3-5 说明了小数点编程的使用方法。

表 3-5 小数点编程

编程指令	计算器型小数点编程	标准型小数点编程
X1000 没有小数点的指令值	被当作 $X=1000$ 单位:mm	被当作 $X=1$ 单位:最小增量输入值(0.001 mm)
X1000.0 带小数点的指令值	被当作 $X=1000$ 单位:mm	被当作 $X=1000$ 单位:mm

小数点编程还要注意以下几点:

① 输入数据之前,在单独的程序段设定相关的 G 代码,小数点的位置由该 G 代码指令决定。例如:

G20;   用英制输入。

X1.0 G04;   X1.0 表示距离,最小单位为 0.0001 in,因此 X1.0 被处理为 X10000。
X1.0 G04 等效于 G04 X10000,时间最小值为 0.001 s,表示刀具暂停 10s。

G04 X1.0;   等效于 G04 X1000,时间最小值为 0.001 s,表示刀具暂停 1 s。

② 一个数值中,小于最小增量输入单位的小数部分被截去。例如:

X1.23456;   最小增量输入单位为 0.001 mm 时,截尾后变成 X1.234;最小增量输入单位为 0.0001 in 时,该数被处理成 X1.2345。

③ 当数据的位数超过规定的八位时,产生报警。假如数据用带有小数点表示时,在数据最小增量输入单位转换成整数后,也要进行数位检查。例如:

X1.23456789;产生报警,因为数位超过规定值。

X123456.7;   假定最小增量输入单位为 0.001 mm,数值转换成整数 123 456 700。因为数位超出八位,产生报警。

5) 直径值与半径值指定

车削类数控机床编程时,因为工件横断面一般为圆形,故其尺寸可按直径值或半径值指定,分别称为直径指定和半径指定。两种指定方法用参数选择。

3. 与参考点有关的 G 代码

参考点是机床上的固定点,它是用参数在机床坐标系中设置参考点坐标的方法而设定的,最多可以设置四个参考点。一般作为换刀点和坐标系测量零点等使用,通过参考点功能可以使刀具很容易移动到参考点上。有两种方法可以使刀具移动到参考点:手动返回参考点和由指令控制的自动返回参考点。一般来说,数控机床接通电源后,先手动返回参考点。然后,在加工过程中,为了换刀,就需要有自动返回参考点功能。

1) 返回参考检验指令(G27)

指令编程格式为：G27 IP_；

该指令可以检验刀具是否定位到参考点上，指令中的 IP_代表参考点在工件坐标系的坐标值。执行该指令后，如果刀具可以定位到参考点上，则相应轴的参考点指示灯亮。

2) 自动返回参考点指令(G28)

指令编程格式为：G28 IP_；

该指令使刀具经由一个中间点(格式中的 IP_指定)回到参考点，一般用于刀具的自动更换，原则上在执行该指令时要取消刀具的半径补偿和长度补偿，使各个轴经过中间点到达参考点。G28 为非模态指令。

如图 3-42 所示，若刀具在 A 点，需通过 B 点返回参考点，则可用下面指令：

G28 { G90 X150.0 Y200.0;
      G91 X100.0 Y150.0; }

3) 从参考点返回指令(G29)

指令编程格式为：G29 IP_；

该指令使刀具从参考点经由一个中间点(格式中 IP_指定)而定位于指定点，它经常在 G28 后面，用 G29 指令使所有被指定的轴以快速进给经由 G28 指定的中间点，然后到达指定点，G29 为非模态指令。

图 3-43 为 G28 和 G29 指令应用的例子，程序如下：

G28 G90 X1000.0 Y700.0;   返回参考点(A→B→R)，程序运动从 A 到 B
T1111;   在参考点换刀
G29 X1500.0 Y200.0;   从参考点返回(R→B→C)，程序运动从 B 到 C

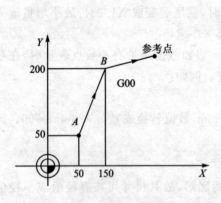

图 3-42 G28 指令示例图

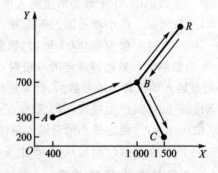

R、B：参考点、中间点
A、C：起始点、设定点(目的点)

图 3-43 返回参考点和从参考点返回

使用 G27、G28、G29 指令要注意以下几点：

① 在机床锁住状态，尽管刀具已自动返回到参考点，但指示灯不亮。这种情况下，不能校验刀具是否返回到参考点，用 G27 指令也不行。

② 机床通电后，没有进行手动返回参考点，此时执行 G28 指令，则刀具从中间点移动，同手动返回参考点一样，其运动方向为参数规定的返回参考点方向。

③ 在偏移方式中，用 G27 指令使刀具达到的位置带有地址偏移量。由于加入了偏移量的位置不是参考点，因此返回参考点指示灯不亮。通常，执行 G27 指令之前要取消偏移量。

④ 当数控机床使用公制输入的英制系统，即使编程的参考点位置与实际参考点位置偏移了最小设定增量，返回参考点指示灯也能亮。这是因为最小设定增量小于最小指令运动增量。

4) 返回到第二、第三或第四参考点指令(G30)

该指令的功能与 G28 指令类似，只是返回到第二、第三或第四参考点。其指令编程格式如下：

G30 P2 IP_;
G30 P3 IP_;
G30 P4 IP_;

上面三条指令分别表示自动返回到第二、第三或第四参考点。在增量值系统中，没有绝对值编码器，因此采用返回到第二、第三或第四参考点功能。该指令只能在自动返回第一参考点(G28)或手动返回参考点以后使用。当换刀点位置与第一参考点不同时，G30 指令被用于运动到自动换刀(ATC)点。

4. 与坐标轴运动有关的 G 代码

1) 快速定位指令(G00)

G00 命令刀具以点定位控制方式从刀具所在点以最快速度移动到指定位置，用于刀具的空行程运动，它只是快速定位，而其运动轨迹根据具体控制系统的设计可以有不同。进给速度 F 对 G00 程序段无效。G00 是模态指令。指令编程格式为：G00 IP_;其中 IP_表示 G00 的终点坐标。

例如，在图 3-44 中，刀具从起点快速运动到目标点，程序编制如下：

绝对值方式：G90 G00 X170.0 Y150.0;
增量值方式：G91 G00 X160.0 Y140.0;

2) 直线插补指令(G01)

G01 是直线运动指令，使机床各个坐标间以插补联动方式，按指定的 F 进给速度直线切削运动到规定的位置。

指令编程格式为：G01 IP_ F_;其中 IP_表示 G01 的终点坐标，F 为指定刀具切削进给速度(直线轴：mm/min，旋转轴：(°)/min)。

如图 3-45 所示，要求刀具由起点加工至目标点，程序编制如下：

绝对值方式：G90 G01 X210.0 Y120.0 F150.0;
增量值方式：G91 G01 X190.0 Y104.0 F150.0;

【例 3-2】 如图 3-46 所示为车削加工一个轴类零件，选零件右端面与轴线交点 O 为工件坐标系原点。

绝对值编程：

```
N01 G92 X200.0 Z100.0;              设定工件坐标系
N02 G00 X30.0 Z5.0 S800 T01 M03;    $P_0 \rightarrow P_1$ 点
N03 G01 X50.0 Z-5.0 F80.0;          刀尖从 $P_1$ 点按 F 值运动到 $P_2$ 点
```

```
N04 Z-45.0;                        P₂→P₃ 点
N05 X80.0 Z-65.0;                  P₃→P₄ 点
N06 G00 X200.0 Z100.0;             P₄→P₀ 点
N07 M05;                           主轴停
N08 M02;                           程序结束
```

增量值编程：

```
N01 G00 U-170.0 W-95.0 S800 T01 M03;   P₀→P₁' 点
N02 G01 U20.0 W-10.0 F80.0;            刀尖从 P₁' 点按 F 值运动到 P₂ 点
N03 W-40.0;                            P₂→P₃ 点
N04 U30.0 W-20.0;                      P₃→P₄ 点
N05 G00 U120.0 W165.0;                 P₄→P₀ 点
N06 M05;                               主轴停
N07 M02;                               程序结束
```

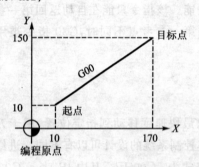

图 3-44　G00 快速定位图例

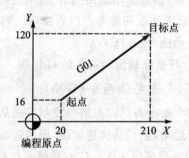

图 3-45　G01 直线插补图例

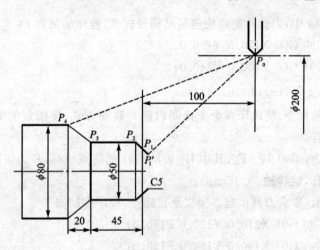

图 3-46　G01 直线插补举例

3）圆弧插补指令（G02、G03）

G02 为顺时针圆弧加工，G03 为逆时针圆弧加工。该指令使机床在各坐标平面内作圆弧切削运动，加工出圆弧轮廓，圆弧的顺、逆可按图 3-47 给出的方法进行判断：沿圆弧所在平面（如 XY 平面）的另一坐标轴的负方向（-Z）看，刀具相对于工件的转动方向是顺时针方向为 G02，逆时针方向为 G03。

圆弧插补程序段应包括圆弧的顺逆、圆弧的终点坐标及圆心坐标(或半径 R)。同时要用 G17、G18 或 G19 来指定圆弧插补平面。

指令编程格式为:

$$G17 \begin{Bmatrix} G02 \\ G03 \end{Bmatrix} X\_Y\_ \begin{Bmatrix} I\_J\_ \\ R\_ \end{Bmatrix} F\_;$$

$$G18 \begin{Bmatrix} G02 \\ G03 \end{Bmatrix} X\_Z\_ \begin{Bmatrix} I\_K\_ \\ R\_ \end{Bmatrix} F\_;$$

$$G19 \begin{Bmatrix} G02 \\ G03 \end{Bmatrix} Y\_Z\_ \begin{Bmatrix} J\_K\_ \\ R\_ \end{Bmatrix} F\_;$$

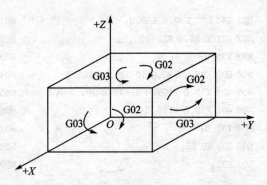

图 3-47 顺时针圆弧和逆时针圆弧的判断

式中,X、Y、Z 是圆弧终点坐标,可以用绝对值(G90),也可以用终点相对于起点的增量值(G91)。I、J、K 是圆心坐标,一般均用圆心相对于起点的增量坐标来表示,而不受 G90 的限制。R 表示圆弧半径。

圆弧插补由两种编程方法:

① 用圆弧终点坐标+圆心坐标编程;
② 用圆弧终点坐标+半径编程。

对于第二种编程方法一定要注意,在同一半径 R 情况下,从圆弧的起点到终点存在两个圆弧的可能,如图 3-48 所示。为了区别,用+R 表示小于或等于 180° 的圆弧,用-R 表示大于 180° 的圆弧。

例如,加工圆弧 $\overset{\frown}{AB}$、$\overset{\frown}{BC}$、$\overset{\frown}{CD}$ (见图 3-49),刀具起点在 A 点,进给速度 80mm/min,两种格式编程为:

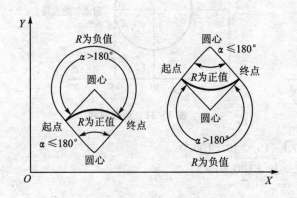

图 3-48 圆弧用终点坐标和半径 R 编程

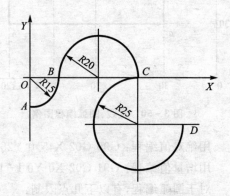

图 3-49 圆弧加工编程图例

用终点坐标 X、Y 和圆心坐标 I、J 编程:

G92 X0 Y-15.0;
G90 G03 X15.0 Y0 I0 J15.0 F80.0;
G02 X55.0 Y0 I20.0 J0;
G03 X80.0 Y-25.0 I0 J-25.0;

用终点坐标 X、Y 和圆弧半径 R 编程:

G92 X0 Y-15.0;
G90 G03 X15.0 Y0 R15.0 F80.0;
G02 X55.0 Y0 R20.0;
G03 X80.0 Y-25.0 R-25.0;

【例 3-3】 如图 3-50 所示,刀具从坐标原点 O 快进至 a 点,从 a 点开始沿 a、b、c、d、e、

f、a切削,最终回到原点 O,编程如下:

用绝对坐标编程如下:　　　　　　　用增量坐标编程如下:

N01 G90 G00 X30.0 Y30.0;　　　　　N01 G91 G00 X30.0 Y30.0;
N02 G01 X120.0 F120.0;　　　　　　N02 G01 X90.0 Y0 F120.0;
N03 Y55.0;　　　　　　　　　　　　N03 X0 Y25.0;
N04 G02 X95.0 Y80.0 I0 J25.0 F100.0;　N04 G02 X-25.0 Y25.0 I0 J25.0 F100.0;
N05 G03 X70.0 Y105.0 I-25.0 J0;　　N05 G03 X-25.0 Y25.0 I-25.0 J0;
N06 G01 X30.0 F120.0;　　　　　　 N06 G01 X-40.0 Y0 F120.0;
N07 Y30.0;　　　　　　　　　　　　N07 X0 Y-75.0;
N08 G00 X0 Y0;　　　　　　　　　　N08 G00 X-30.0 Y-30.0;
N09 M02;　　　　　　　　　　　　　N09 M02;

在实际铣削加工中,往往要求在工件加工出一个整圆轮廓,在编制整圆轮廓程序时需要注意不用 R 编程,且圆心坐标 I、J 不能同时为零。否则,在执行此命令时,刀具将原地不动或系统发出错误信息。

下面以图 3-51 为例,说明整圆的编程方法。

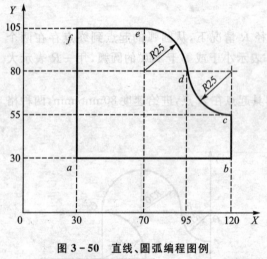
图 3-50　直线、圆弧编程图例

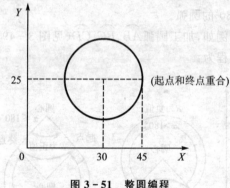
图 3-51　整圆编程

用绝对值编程:G90 G02 X45.0 Y25.0 I-15.0 J0 F100.0;

用增量值编程:G91 G02 X0 Y0 I-15.0 J0 F100.0;

对于圆弧编程,有以下几点限制:

① 当 I、J、K 和 R 同时接收指令时,则用 R 指令的圆弧优先,其他被忽略。

② 如果指令了圆弧插补平面不存在的轴,将有报警显示,例如,在已经指定了 XY 平面后,再指定 U 轴,将产生报警。

③ 当指令了一个圆弧的中心角接近 180°的圆弧时,计算圆心坐标将产生误差,这时圆心用 I、J 和 K 指令。

4) 螺旋线插补指令(G02、G03)

螺旋线插补是通过圆弧插补和其他一个(或两个)轴与其同步运动实现的。该指令使刀具沿螺旋线轨迹运动。它的基本方法是在圆弧插补指令上附加一个运动指令。G02 为顺时针螺旋线插补，G03 为逆时针螺旋线插补。顺逆的方向判断与圆弧插补相同。

与 XY 平面圆弧同时移动指令编程格式为：

$$\begin{Bmatrix} G90 \\ G91 \end{Bmatrix} G17 \begin{Bmatrix} G02 \\ G03 \end{Bmatrix} X\_Y\_ \begin{Bmatrix} I\_J\_ \\ R\_ \end{Bmatrix} Z\_F\_;$$

$$\begin{Bmatrix} G90 \\ G91 \end{Bmatrix} G18 \begin{Bmatrix} G02 \\ G03 \end{Bmatrix} X\_Z\_ \begin{Bmatrix} I\_K\_ \\ R\_ \end{Bmatrix} Y\_F\_;$$

$$\begin{Bmatrix} G90 \\ G91 \end{Bmatrix} G19 \begin{Bmatrix} G02 \\ G03 \end{Bmatrix} Y\_Z\_ \begin{Bmatrix} J\_K\_ \\ R\_ \end{Bmatrix} X\_F\_;$$

例如编制图 3-52 所示的螺旋线编程方式如下：

用 G90 时：G90 G17 G03 X0 Y30.0 $\begin{Bmatrix} I-30.0 J0 \\ R30.0 \end{Bmatrix}$ Z10.0 F200.0；

用 G91 时：G91 G17 G03 X−30.0 Y30.0 $\begin{Bmatrix} I-30.0 J0 \\ R30.0 \end{Bmatrix}$ Z10.0 F200.0；

5) **螺纹插补指令（G33）**

该指令用于加工单头或多头固定螺距的普通螺纹、平面螺纹和锥螺纹，如图 3-53 所示。螺纹加工是通过主轴的转动与刀具的进给运动同步合成实现的。主轴的实时速度（r/min）由安装在主轴上的位置编码器检测，刀具的每分进给速度（mm/min）由主轴速度换算得来的，换算公式为：

$$F(mm/min) = S(r/min) \times 导程(mm/r)$$

螺纹切削指令编程格式为：G33 IP_ F_；其中，IP_表示螺纹终点坐标，F 表示长轴方向的螺距（或导程）。

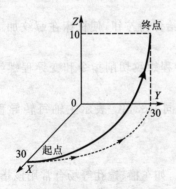

图 3-52 螺旋线编程示例

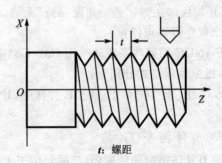

t：螺距

图 3-53 切削螺纹指令

【**例 3-4**】 切削如图 3-54 所示的普通细牙螺纹 M40×2，其中螺距 $P=2$ mm，螺纹切削深度 $T=1.1$ mm，分两次走刀，其切削螺纹的部分程序如下：

```
N20 G54 G90 S500 M03 T0302;
N25 G00 X38.9 Z78.0;
N30 G33 Z22.0 K2.0;
N35 G00 X46.0;
N40 Z78.0;
```

```
N45 X37.8;
N50 G33 Z22.0 K2.0;
N55 G00 X46.0;
…… ……
```

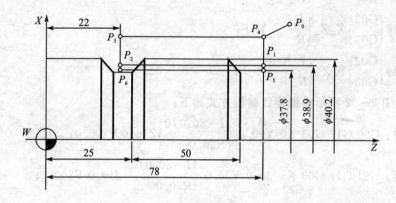

图 3-54 普通螺纹切削举例

使用 G33 指令切削螺纹时,要注意以下问题:
① 主轴转速要限制在下面规定的范围:

$$1 \leqslant n \leqslant \frac{v_{\max}}{P}$$

式中:n 为主轴速度,r/min;P 为螺纹螺距,mm 或 in;$v_{\max}$ 为最大进给速度(单位为 mm/min),它受机械及电动机的限制,是最大主轴速度和最小指令进给速度 F 时的速度。

② 在螺纹粗加工和精加工的全过程中,不能使用"进给速度倍率"调节速度,进给速度倍率应固定在 100%。

③ 螺纹加工时,"进给速度保持"无效。此时按下进给保持按钮,使机床在螺纹加工后的下一个程序段终点停止。

FANUC 的某些系统还采用 G32、G34 代码作为等导程螺纹切削指令和变导程螺纹切削指令,指令编程格式分别为:

G32 IP_ F_;G34 IP_ F_ K_;其中,IP_、F_ 的意义同 G33,K_ 表示主轴每转导程的递减量。

6) 暂停指令(G04)

使刀具作短时间的暂停(延时),用于无进给光整加工,如车槽、镗孔等场合常用该指令。

指令编程格式为: G04 X_;或 G04 P_;其中,X 和 P 表示暂停时间,单位为秒或毫秒,视数控系统而定。有时,规定 X 后面的数字为带小数点的数,单位为 s;P 后面的数字为整数,单位为 ms。暂停指令在上一程序段运动结束后开始执行。G04 为非模态指令,仅在本程序段有效,G04 的程序段中不能有其他指令。

例如:暂停 1.8 s 的程序如下:
G04 X1.8;或 G04 P1800;

5. 与进给功能有关的 G 代码

1) 每分钟进给量指令(G94)

每分钟进给速度用 F 代码和其后的每分钟的进给量表示。

指令编程格式为：

G94；每分钟进给 G 代码；

F_；进给速度指令(mm/min 或 in/min)。

在每分钟进给方式中，经 G94 指令后，F 后面的数值直接代表刀具的每分钟进给量。G94 为模态代码，一旦指定就一直有效，直到设置 G95(每转进给量)指令才能改变。机床通电后，自动指定每分钟进给量方式为默认值。每分钟进给速度倍率从 0%～150%、每档 10%(或 0%～254%，级差为 1%)。它由机床操作面板上的开关进行转换。

2) 每转进给量指令(G95)

每转进给速度用 F 代码和其后的主轴每转进给量表示。

指令编程格式为：

G95；每转进给 G 代码；

F_；进给速度指令(mm/r 或 in/r)。

在每分钟转进给方式中，经 G95 指令后，F 后面的数值直接代表主轴每转刀具的进给量。G95 为模态代码，一旦指定就一直有效，直到设置 G94(每分钟进给量)指令才能改变。每转进给速度倍率从 0%～150%、每挡 10%(或 0%～254%，级差为 1%)。它由机床操作面板上的开关进行转换。当主轴速度很低时，进给速度波动出现。缓慢的进给速度，会造成进给速度不连续，产生波动。

6. 主运动速度 G 代码

主轴速度用地址 S 和其后的值进行控制。主轴速度指定代码有四种："A 代码"、直接指定的"S-5 位指令代码"、恒表面速度控制指令代码(G96,G97)和最大速度钳位指令(G92)。

1) A 代码

A 代码是 S 代码的统称。当地址 S 及其后面的数值经指令后，代码信号和选通信号发送给机床，控制主轴转数。S 代码的指定方法由机床厂决定，如 BCD 码、S 代码的位数或其他指令等。一个程序段中只能指令一个 S 代码。

2) S-5 位指令代码

主轴速度直接用地址 S 和其后的最大五位数值(r/min)指令。主轴速度的单位由于机床厂不同，有所不同。

3) 恒表面速度控制指令(G96、G97)

恒表面速度控制又称为"周速恒定控制"。它的意义是 S 后面的数值为恒定的线速度(刀具与工件之间的相对速度)，而不管刀具的位置。加工过程中主轴的线速度不变，转数要不断调节和改变。最大速度钳位指令(G92)主要是控制主轴转数的上限，以防止速度控制时主轴速度超过允许值。这些指令的格式如下：

① 恒表面速度控制指令(G96)的编程格式为：G96 S__；其中，S 后面的数值表示表面速度，即线速度(m/min 或 ft/min)。

注意：表面速度单位根据机床厂规定，可能会改变。

② 恒表面速度控制取消指令(G97)的编程格式为：G97 S__；其中，S 后面的数值表示主轴速度，单位为 r/min。

注意：表面速度单位根据机床厂规定，可能会改变。

③ 主轴最大速度钳制指令(G92) 当设定的主轴速度超过钳制速度时,则主轴速度被钳制在最大速度上。其指令编程格式为：G92 S __ ;其中,S 后面的数值表示主轴最大速度(r/min)。

上面这些指令均与主轴速度控制有关,使用时要注意：G96 指令为模态代码。当设定了恒表面速度控制轴,并指令了 G96 代码后,程序进入恒表面速度控制方式。G97 指令能取消已工作的 G96 指令。机床通电后 G97 为默认状态,最大主轴速度没有设置。如果设定了 G96 指令,主轴速度没有钳制,在该方式中的 S(恒表面速度)指令被看作 S＝0,直到 M03(主轴正转)或 M04(主轴反转)指令在程序中出现,S 才起作用。

为了执行恒表面速度控制,必须设置工件坐标系,即旋转轴当做控制轴,坐标轴在旋转轴中心($X=0$)。例如图 3－55 所示,Z 轴作为恒表面速度控制轴,ZX 为工件坐标系。

加工螺纹时,恒表面速度控制无效。因而在切削涡型螺纹、锥螺纹之前,用 G97 指令也无效。因为在这种工作方式时伺服系统不考虑主轴变速。

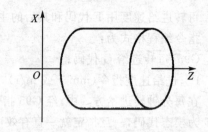

图 3－55 恒表面控制工件坐标系

用 G00 指定的快速进给程序段,由于不进行切削加工,因而在运动过程中不计算与刀具位置(时刻变化)相对应的线速度,但要计算程序段终点位置的线速度。

7. 补偿功能 G 代码

为了保证一定的精度和编程方便,通常需有刀具半径尺寸补偿(G41,G42,G40)和刀具长度尺寸补偿(G43、G44、G49)等。

1) 刀具半径补偿指令(G41、G42、G40)

用圆形刀具(铣刀或圆头车刀等)编程时,应按刀位点即刀心轨迹的坐标值编程。但是,刀心轨迹与零件轮廓是不重合的,两者是相距一个刀具半径的等距线,计算比较麻烦。采用刀具半径补偿指令,只需向系统输入刀具半径值,编程时即可按零件轮廓编制,而不必计算刀心轨迹与按刀心轨迹编程,数控系统会自动计算刀具中心轨迹,并使刀具按此轨迹运动,使编程简化。

另外,当刀具实际半径与理论半径不一致、刀具磨损、换新刀具甚至用同一把刀具实现不同工序间余量加工等工况时,同样只改变输入的半径值,原来的轮廓程序无须改变,非常方便。所以,现代的数控系统都具有刀具半径补偿(或刀具半径偏移)功能。如图 3－56 所示,刀具半径补偿指令使刀具按程序坐标尺寸的法向偏置一个输入的半径值。G41 为刀具半径左补偿指令,表示沿着刀具前进方向看,刀具偏在工件轮廓的左边;G42 为刀具半径右补偿指令,表示沿着刀具前进方向看,刀具偏在工件轮廓的右边;G40 表示刀具半径补偿注销指令,命令刀具中心与程序段给定的编程坐标点重合。G41、G42 指令需要与 G00 和 G01 指令共同构成程序段。G40、G41、G42 为模态指令。

建立 G41、G42 半径偏移指令编程格式(假设刀具半径偏移平面为 G17 平面)如下：

$\begin{Bmatrix} G00 \\ G01 \end{Bmatrix} \begin{Bmatrix} G41 \\ G42 \end{Bmatrix}$ X__ Y__ D__ F__ ;(注：G00 不带 F 指令)

取消半径偏移指令编程格式(假设刀具半径偏移平面为 G17 平面)如下：

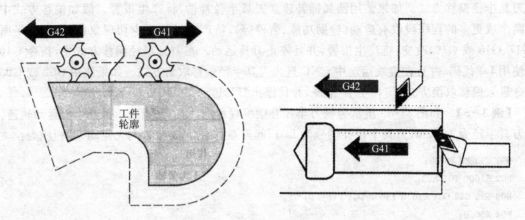

图 3-56 刀具半径补偿示意图

$\left\{\begin{matrix}G00\\G01\end{matrix}\right\}$ G40 X__ Y__ F__;（注：G00 不带 F 指令）

其中：X、Y 为刀补建立（取消）路径的终点坐标；D 为刀具半径补偿寄存器代号，一般补偿号为两位数（D00～D99），补偿值由拨码盘、键盘（MDI 方式）或程序事先输入到刀补寄存器中。

刀具半径补偿包括刀具半径偏移与尖角过渡两项工作。当刀具中心偏离工件达到刀具半径时（建立刀补），CNC 系统首先建立刀具偏移矢量，该矢量的长度等于刀具半径。偏移矢量垂直于刀具轨迹，矢量的起始点在工件的边缘上，矢量的头部位于刀具中心轨迹（即零件轮廓线上点的法向矢量），方向是随着零件轮廓的变化而变化。对于尖角过渡，CNC 系统提供了刀具半径补偿 B 功能和刀具半径补偿 C 功能。刀具半径补偿 B 功能是在零件轮廓的拐角处，通过附加圆弧进行过渡，这种过渡方法使得刀具在拐角处造成工艺停顿，不能加工出图纸规定的零件尖角，其工艺性差。此外，该种功能必须用 G39 指令来由人工指定尖角过渡时过渡圆弧的参数。刀具半径补偿 C 功能是在零件拐角处采用折线进行过渡，且系统可以自动实现尖角过渡，不需对程序进行人工指定，这种刀补称为"半径补偿 C"。刀具半径补偿 C 与偏移矢量及偏移矢量的建立如图 3-57 和图 3-58 所示。

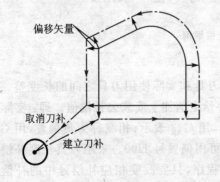

图 3-57 刀具半径补偿 C 与偏移矢量

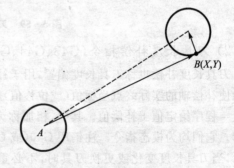

图 3-58 刀具半径偏移的建立

机床通电后处于刀具半径补偿取消方式，偏移矢量为零，刀具中心轨迹为编程轨迹。当 G41 或 G42 被指令以及 D 代码不是 D00 时，CNC 用 G00 或 G01 运动指令建立刀补，从而进入刀具半径偏移方式。如果使用圆弧插补建立刀具半径补偿,将产生报警。假如偏移方式中有两个或更多的程序段没有运动(辅助功能、暂停等),将产生过切或少切现象;如果偏移平面(G17、G18 或 G19)改变,将产生报警,并且停止刀具运动。在刀具半径偏移方式中,指令 G40 或使用 D0 代码,并且在直线运动中 CNC 进入刀具半径偏移取消方式。如果使用 G02 或 G03 指令进入偏移取消方式,CNC 产生报警,并且停止刀具运动。

【例 3-5】 如图 3-59 所示为铣刀半径补偿编程示例,图中虚线表示刀具中心运动轨迹。设刀具半径为 10 mm,刀具半径补偿号为 D01,起刀点在原点,Z 轴方向无运动,其程序为:

```
N01 G92 X0 Y0 Z0;
N02 S1000 T01 M03;
N03 G90 G42 G01 X30.0 Y30.0 D01 F150.0;
N04 X50.0;
N05 Y60.0;
N06 X80.0;
N07 X100.0 Y40.0;
N08 X140.0;
N09 X120.0 Y70.0;
N10 X30.0;
N11 Y30.0;
N12 G40 G00 X0 Y0 M05 M02;
```

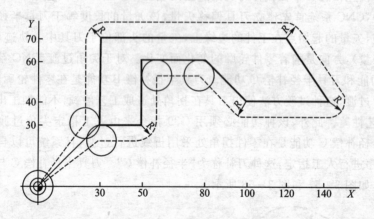

图 3-59 刀具半径补偿举例

2) **刀具长度补偿指令(G43、G44、G49)**

刀具长度补偿也称刀具长度偏置,用于补偿编程刀具和实际使用刀具之间的长度差。该功能使补偿轴的实际终点坐标值(或位移值)等于程序给定值加上或减去补偿值。即:实际位移量=程序给定值±补偿值。其中,相加称为正偏置,用 G43 表示;相减称为负偏置,用 G44 表示。它们均为模态指令。注销用 G40(或 G49),也可用偏置号 H00。采用刀具长度补偿指令后,当刀具长度变化或更换刀具时,不必重新修改程序,只要改变相应补偿号中的补偿值即可。

指令编程格式为:

$$\begin{Bmatrix}G00\\G01\end{Bmatrix}G17\begin{Bmatrix}G43\\G44\end{Bmatrix}Z\_H\_F\_;$$

$$\begin{Bmatrix}G00\\G01\end{Bmatrix}G18\begin{Bmatrix}G43\\G44\end{Bmatrix}Y\_H\_F\_;$$

$$\begin{Bmatrix}G00\\G01\end{Bmatrix}G19\begin{Bmatrix}G43\\G44\end{Bmatrix}X\_H\_F\_;$$

式中：X、Y、Z 为补偿轴的编程坐标。G17、G18、G19 是与补偿轴垂直的相应坐标平面 XY、ZX、YZ 的代码。H 为刀具长度补偿号代码，可取为 H00～H99，其中 H00 为取消长度偏置。补偿值的输入方法与刀具半径补偿相同。

【例 3-6】 如图 3-60 所示，刀具对刀点在编程原点，要加工两个孔，则考虑了刀具长度补偿的加工程序如下：

```
N05 G92 X0 Y0 Z0;
N10 S500 M03;
N15 G91 G00 X50.0 Y35.0;
N20 G43 Z-25.0 H01;
N25 G01 Z-12.0 F100.0;
N30 G00 Z12.0;
N35 X40.0;
N40 G01 Z-17.0 F100.0;
N45 G00 G40 Z42.0 M05;
N50 G90 X0 Y0;
N55 M02;
```

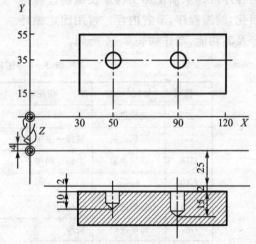

图 3-60 刀具长度补偿举例

若加工中刀具的实际长度比编程长度短 4 mm（见图 3-60），可在刀具长度补偿号 H01 中输入补偿值 $K=-4$，则上述程序可不变。如果实际使用的刀具长度比编程时的长度长 4 mm，可在刀具长度补偿号地址 H01 中输入补偿值 $K=4$，仍可用上述程序加工。

用刀具长度补偿后，在 N20 G43 Z-25.0 H01 这一程序段中，刀具在 Z 方向的实际位移量将不是 -25，而是 $Z+K=-25+(-4)=-29$ 或 $Z+K=-25+4=-21$，以达到补偿实际刀具长度大于或小于编程长度的目的。

8. 固定循环指令

固定循环指令是为简化编程将多个程序段的指令按约定的执行次序综合为一个程序段来表示。如在数控机床上进行镗孔、钻孔、攻丝、车螺纹等加工时，往往需要重复执行一系列的加工动作，且动作循环已典型化。这些典型的动作可以预先编好程序并存储在内存中，需要时可以用固定循环的 G 指令进行调用，从而简化编程工作。不同数控系统所具有的固定循环指令各不相同，编程时应严格按照使用说明书的要求编写，下面以 FANUC 0i 系统的固定循环编程为例，分为三部分：钻镗类固定循环指令（G73、G74、G76、G80～G89）、车削单一固定循环指令（G90、G92、G94）、车削复合固定循环指令（G70～G76）分别进行讲解。

（1）钻镗类固定循环指令（G73、G74、G76、G80～G89）

每一种循环都有多个简单动作组合而成。如图 3-61 所示，一个固定循环最多时由下列六个动作顺序组成：

动作1：X、Y轴定位（增量或绝对值）；
动作2：快速进给到R点平面；
动作3：孔加工；
动作4：孔底的动作；
动作5：退回到R点平面；
动作6：快速退回到初始平面。

孔加工固定循环的功能相当于用多个程序段指令组合而成的加工操作，也就是用一个固定循环G指令程序段代替多个加工操作的程序段。从而使加工程序及编制过程得以简化，缩短程序，节省内存。常用固定循环指令及其功能、动作如表3-6所列。

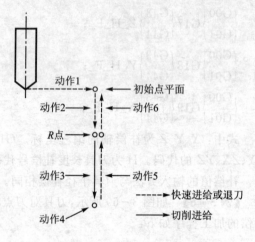

图3-61 固定循环动作

表3-6 固定循环指令

G代码	钻削（-Z）	孔底动作	退刀动作（+Z）	用 途
G73	间歇进给		快速进给	高速深孔加工循环
G74	间歇进给	暂停→主轴正转	切削进给	左旋螺纹攻螺纹循环
G76	切削进给	主轴定向停止	快速进给	精镗循环
G80	……	……	……	取消固定循环
G81	切削进给	……	快速进给	钻、点钻循环
G82	切削进给	暂停	快速进给	钻、镗阶梯孔循环
G83	间歇进给	……	快速进给	深孔加工循环
G84	切削进给	暂停→主轴反转	切削进给	攻螺纹循环（右旋）
G85	切削进给	……	切削进给	镗循环
G86	切削进给	主轴停	快速进给	镗循环
G87	切削进给	主轴正转	快速进给	背镗循环
G88	切削进给	暂停→主轴停	手 动	镗循环
G89	切削进给	暂停	切削进给	镗循环

固定循环中的定位平面由G17，G18或G19指定，其定位轴为组成该平面的坐标轴或平行于定位平面的轴。钻孔轴（固定循环中孔加工轴：钻、镗和攻螺纹轴）为基本轴X、Y和Z（或平行于基本轴的U、V和W轴等），这些轴不构成定位平面，但垂直于定位平面。取消固定循环后，关断钻孔轴。

在固定循环编程中，沿钻孔轴方向刀具移动距离的表示对于用G90、G91指定是不同的。刀具到孔底后，根据G98、G99的不同，可以使刀具相应地返回到初始点平面（G98）和R点平面或叫参考平面（G99）。通常，开始的孔加工用G99，最后的孔加工用G98。即使用G99方式，初始点平面也不变。当加工多个相同孔时，采用固定循环重复的方法，重复次数用K代码指定。K只在指定的程序段有效。指定K0时，不钻孔；K1省略。在带重复次数K的固定循环中,若采用 G90 方式,则钻孔在同一个位置重复。取消固定循环用 G80 和 01 组的 G 代码(G00、G01、G02、G03、G60)。

固定循环指令允许把相关数据存储在数控系统中,固定循环指令及其数据为模态量。固定循环指令包含孔加工方式、孔位置数据、孔加工数据。以在 XY 平面上的孔为例,其格式为

$$G\square\square \underbrace{}_{\text{孔加工方式}} \underbrace{X\_Y\_}_{\text{孔位置数据}} \underbrace{Z\_R\_Q\_P\_F\_}_{\text{孔加工数据}} \underbrace{K\_}_{\text{循环次数}};$$

其中,孔加工方式指令分别为 G73、G74、G76、G81~G89,各个指令代码对应着不同的孔加工功能。孔位置数据(X,Y)用增量坐标或绝对坐标指定,刀具各点之间的运动轨迹和进给速度与 G00 的定位情况相同。

孔加工数据包含如下参数:

Z__:增量编程时(G91)指从 R 点到孔底的增量值。绝对编程时(G90)指孔底的坐标值。

R__:增量编程时(G91)指从初始平面(调用固定循环时,刀具所定位的平面)到 R 点的增量值。绝对编程时(G90)指 R 点的坐标值。

Q__:G73、G83 方式时每次进刀量;G76、G87 方式时刀具让刀的位移量(任何状态均以增量值给定)。

P__:孔底的暂停时间,指令时间的方法同 G04。

F__:指定切削进给速度。

K__:加工相同距离的多个孔时,可以指定循环次数 K(最大为 9999)。K 只在指定的程序段有效,第一个孔的位置要用增量值(G91)表示,如用 G90,则在同一位置加工。指定 K0 存储数据,不加工。加工一个孔时,K 可以省略。

应该注意:在固定循环中,如果复位,则孔加工方式及孔加工数据保持不变,孔位置数据被取消。因此在固定循环中按了复位按钮,孔加工方式不被取消,在遇到运动指令时仍会自动调用固定循环。

1) 普通钻孔循环指令(G81)

指令编程格式:

$$\begin{Bmatrix} G90 \\ G91 \end{Bmatrix} \begin{Bmatrix} G98 \\ G99 \end{Bmatrix} G81X\_Y\_Z\_R\_F\_K\_;$$

其动作过程如图 3-62 所示。其步骤是:

① 刀具(如钻头)快速定位到孔加工位置的上方,即孔加工循环起始点(X,Y);

② 刀具沿 Z 方向快速运动到 R 参考平面;

③ 钻孔加工;

④ 刀具快速退回到 R 参考平面或初始平面。

2) 锪孔循环指令(G82)

指令编程格式为:

$$\begin{Bmatrix} G90 \\ G91 \end{Bmatrix} \begin{Bmatrix} G98 \\ G99 \end{Bmatrix} G82X\_Y\_Z\_R\_P\_F\_K\_;$$

该指令除了要在孔底暂停外,其他动作与 G81 相同。暂停时间由地址码 P 给出。此指令

主要用于锪孔、锪平面、钻、镗阶梯孔等,以提高孔底的表面质量。

3) 啄式钻孔循环指令(G83)

指令编程格式为:

$\begin{Bmatrix} G90 \\ G91 \end{Bmatrix} \begin{Bmatrix} G98 \\ G99 \end{Bmatrix} G83 X\_Y\_Z\_R\_Q\_F\_K\_;$

其动作过程如图3-63所示。动作步骤如下:

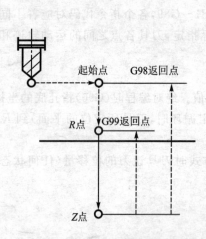
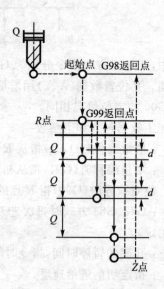

图3-62 G81动作过程　　　图3-63 深孔加工循环G83

① 刀具(如钻头)快速定位到孔加工位置的上方,即孔加工循环起始点(X,Y);
② 刀具沿Z方向快速运动到R参考平面;
③ 钻孔加工,进给深度为Q;
④ 退刀至R,快速进给到距离上次深度为d的高度上(d由数控系统设定);
⑤ 重复③,④,直到要求的加工深度;
⑥ 刀具快速退回到R参考平面或初始平面。

注意:Q为每次切削深度,即增量值,且为正值。其余参数的意义同前。G83用于深孔钻削加工,在钻孔时采用间断进给,有利于断屑和排屑。图中的d表示刀具间歇进给后每次下降时由快速转为工进时的那一点距前一次切削进给深度之间的距离,由系统参数设定。

4) 深孔高速钻削循环指令(G73)

G73的指令编程格式和参数意义与G83完全相同,但加工动作有所不同。不同之处在于每次加工后退刀时,不是退到R平面或初始平面,其退刀量为d,该值也是由系统参数设定。

5) 攻右旋螺纹循环指令(G84)

指令编程格式为:

$\begin{Bmatrix} G94 \\ G95 \end{Bmatrix} \begin{Bmatrix} G98 \\ G99 \end{Bmatrix} G84 X\_Y\_Z\_R\_P\_F\_K\_;$

G84指令用于切削右旋螺纹孔,其参数的含义同前。向下切削时主轴正转,孔底动作是变正转为反转,再退出。F的速度值与螺纹导程成严格的比例关系,即:采用G94指令时,F等于主轴转速乘以螺纹的导程;采用 G95 时,F 等于螺纹的导程。在 G84 切削螺纹期间速率修正无效,移动将不会中途停顿,直到循环结束。

G84 右旋螺纹加工循环工作如图 3-64 所示,工作步骤如下:
① 主轴正转,丝锥快速定位到螺纹加工位置的上方,即加工循环起始点(X,Y);
② 丝锥沿 Z 方向快速运动到 R 参考平面;
③ 攻螺纹;
④ 主轴反转,丝锥以进给速度反转退回到 R 参考平面,主轴变为正转;
⑤ 若采用 G98 指令,则丝锥从 R 参考平面快速退回到初始平面。

6) 攻左旋螺纹循环指令(G74)
指令编程格式为:
$$\begin{Bmatrix} G94 \\ G95 \end{Bmatrix} \begin{Bmatrix} G98 \\ G99 \end{Bmatrix} G74 X\_Y\_Z\_R\_P\_F\_K\_;$$

G74 指令用于切削左旋螺纹孔。主轴反转进刀;正转退刀,正好与 G84 指令中的主轴转向相反,其他运动均与 G84 指令相同。F 的速度值也应与螺纹导程成严格的比例关系。

7) 精镗孔循环指令(G76)
指令编程格式为:
$$\begin{Bmatrix} G90 \\ G91 \end{Bmatrix} \begin{Bmatrix} G98 \\ G99 \end{Bmatrix} G76 X\_Y\_Z\_R\_Q\_P\_F\_K\_;$$

其动作过程如图 3-65 所示,工作步骤如下:
① 镗刀快速定位到镗孔加工位置的上方,即加工循环起始点(X,Y);
② 镗刀沿 Z 方向快速运动到 R 参考平面;
③ 镗孔加工;
④ 进给暂停,主轴准停,刀具沿刀尖的反向偏移 Q;
⑤ 镗刀快速退回到 R 参考平面或初始平面。

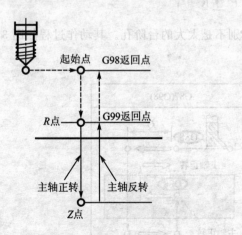

图 3-64 G84 动作过程

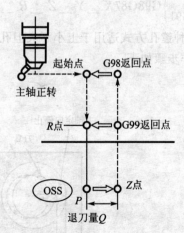

图 3-65 G76 动作过程

G76 指令用于精镗孔加工。镗削至孔底时,主轴停止在定向位置上,即准停,再使刀尖偏移离开加工表面,然后再退刀。这样可以高精度、高效率地完成孔加工而不损伤工件已加工表面。程序格式中,Q 表示刀尖的偏移量,一般为正数,移动方向由机床参数设定,P 为刀具在孔底暂停的时间,单位为毫秒(ms)。图中 OSS 是指主轴准停。

8) 镗孔(铰孔)循环指令(G85)

指令编程格式为:

$$\begin{Bmatrix} G90 \\ G91 \end{Bmatrix} \begin{Bmatrix} G98 \\ G99 \end{Bmatrix} G85 X\_\_Y\_\_Z\_\_R\_\_F\_\_K\_\_;$$

各参数的意义同 G81。镗刀(铰刀)到达孔底后以进给速度退回到参考平面 R 或初始平面,其动作过程如图 3-66 所示,工作步骤如下:

① 镗刀(铰刀)快速定位到镗(铰)孔加工位置的上方,即加工循环起始点(X,Y);

② 镗刀(铰刀)沿 Z 方向快速运动到 R 参考平面;

③ 镗孔(铰孔)加工;

④ 镗刀(铰刀)以进给速度退回到 R 参考平面或初始平面。

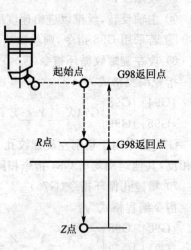

图 3-66 G85 动作过程

9) 粗镗孔加工循环指令(G86)

指令编程格式为:

$$\begin{Bmatrix} G90 \\ G91 \end{Bmatrix} \begin{Bmatrix} G98 \\ G99 \end{Bmatrix} G86 X\_\_Y\_\_Z\_\_R\_\_F\_\_K\_\_;$$

与 G85 的区别是:在到达孔底位置后,主轴停止转动,并快速退出。各参数的意义同 G85。

10) 背镗孔循环指令(G87)

指令编程格式为:

$$\begin{Bmatrix} G90 \\ G91 \end{Bmatrix} G98 G87 X\_\_Y\_\_Z\_\_R\_\_Q\_\_F\_\_K\_\_;$$

这种镗孔方式适用于上小下大但孔径差别不是太大的台阶孔。其动作过程如图 3-67 所示,工作步骤如下:

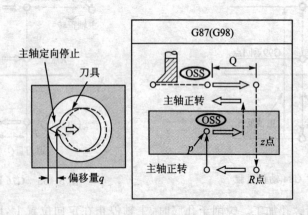

图 3-67 G87 动作过程

① 镗刀快速定位到镗孔加工位置的上方,即加工循环起始点(X,Y);
② 主轴准停,刀具沿刀尖的反方向偏移 Q 值;
③ 镗刀沿 Z 方向快速运动到 R 参考平面(孔底);
④ 镗刀沿刀尖正向偏移 Q 值;
⑤ 反向镗孔加工到 P 点;
⑥ 进给暂停,主轴准停,刀具沿刀尖的反方向偏移 Q 值;
⑦ 镗刀快速退回到初始平面。

注意:在该指令中不能用 G99 指令,R 参考平面在零件表面的下方。图中 OSS 是指主轴准停。

11) 取消固定循环指令(G80)

G80 为孔加工循环取消指令,与其他孔加工循环指令成对使用。

12) 固定循环编程示例

【例 3-7】 加工如图 3-68 所示的两个螺纹孔和两个通孔。工件上表面作为工件坐标系中的 Z 轴零点,X,Y 原点如图中所示。使用刀具:$\phi2$ 中心钻、$\phi6.5$ 麻花钻、M8 丝锥、$\phi30$ 镗刀。

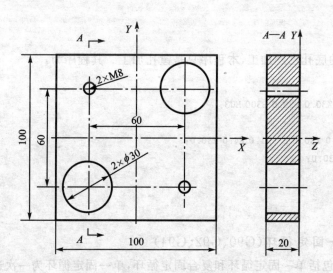

图 3-68 孔加工示例图

① 加工 2×M8 螺纹底孔的程序 采用先钻中心孔,再钻螺纹底孔,最后加工螺纹(螺距 $P=1.5$ mm)。

加工中心孔程序(采用 G81):

```
O0001;
N10 G54 G00 G90 X-30.0 Y30.0 S1000 M03;
N20 Z10.0;
N30 G98 G81 X-30.0 Y30.0 Z-2.0 R3.0 F100.0;
N40 X30.0 Y-30.0;
N50 G80;
N60 G00 Z100.0;
N70 M02;
```

加工螺纹底孔程序(采用 G83)：

O0002；
N10 G54 G00 G90 X-30.0 Y30.0 S1000 M03；
N20 Z10.0；
N30 G98 G83 X-30.0 Y30.0 Z-25.0 R4.0 Q5.0 F50.0；
N40 X30.0 Y-30.0；
N50 G80；
N60 G00 Z100.0；
N70 M02；

加工螺纹程序(采用 G84)：

O0003；
N10 G54 G00 G90 X-30.0 Y30.0 S80 M03；
N20 Z10.0；
N30 G98 G84 X-30.0 Y30.0 Z-22.0 R2.0 F120.0；F＝S×P
N40 X30.0 Y-30.0；
N50 G80；
N60 G00 Z100.0；
N70 M02；

② 2×φ30孔的底孔已经加工，本程序只是镗孔加工。其程序为：

O0004；
N10 G54 G00 G90 X30.0 Y30.0 S300 M03；
N20 Z10.0；
N30 G98 G85 X30.0 Y30.0 Z-21.0 R4.0 F30.0；
N40 X-30.0 Y-30.0；
N50 G80；
N60 G00 Z100.0；
N70 M02；

(2) 车削单一固定循环(G90、G92、G94)

车削固定循环包括单一固定循环和复合固定循环，单一固定循环为一次进刀加工循环，其指令有：外圆切削固定循环(G90)、螺纹切削固定循环(G92)和端面切削固定循环(94)。

1) 外圆车削固定循环指令(G90)

外圆车削固定循环分为车削普通外圆和车削圆锥外圆两种情况。

指令编程格式为：

普通外圆车削固定循环：G90 X(U)__ Z(W)__ F__；

锥面外圆车削固定循环：G90 X(U)__ Z(W)__ R__ F__；

如图 3-69 所示为普通外圆车削循环，刀尖从起始点 A 开始，按 1(R)、2(F)、3(F)、4(R)顺序循环，最后又回到起点。图中虚线表示刀具快速运动，实线表示 F 指令的工进速度移动。X、Z 为圆柱面切削终点的绝对坐标值，U、W 为圆柱面切削终点相对循环起点的增量坐标值。

如图 3-70 所示为车削外圆锥面的固定循环，刀尖从起始点 A 开始，按 1(R)、2(F)、3(F)、4(R)顺序循环，最后又回到起始点。R 是锥度大、小端的半径差，用增量坐标表示，当沿轨迹使锥度值(即 R 的绝对值)增大的方向与 X 轴正向一致时，R 取正号，反之取负号。图中 R 为负值。

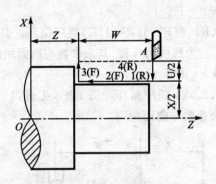

图 3-69　外圆切削循环

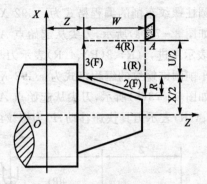

图 3-70　外圆锥面循环

【例 3-8】　加工如图 3-71 所示的外圆切销，其程序如下：

O0001；
N05 T0101；
N10 G97 S650 M03；
N15 G00 X55.0 Z2.0 M08；
N20 G99 G90 X45.0 Z-25.0 F0.35；
N25 X40.0；
N30 X35.0；
N35 G00 X200.0 Z200.0 T0100 M09；
N40 M02；

【例 3-9】　加工如图 3-72 所示的外圆锥面，其程序如下：

O0002；
……
N65 G00 X65.0 Z2.0 F0.3；
N70 G90 X60.0 Z-35.0 R-5.0；
N75 X50.0；
N80 G00 X200.0 Z200.0；
……

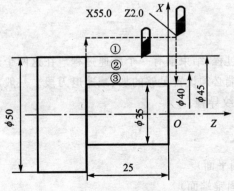

图 3-71　外圆切削循环举例

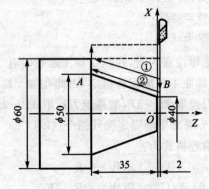

图 3-72　外圆锥面车削循环举例

2) 螺纹车削固定循环指令(G92)

螺纹车削固定循环指令格式为车削圆柱螺纹和车削圆锥螺纹两种情况。

圆柱螺纹车削的编程格式为：G92 X(U)__ Z(W)__ F__；

如图 3-73(a)所示，刀尖从起始点 A 开始，按 1(R)、2(F)、3(R)、4(R)顺序循环。其中，2(F)表示工进，1(R)、3(R)、4(R)表示刀具快速移动，F 为螺纹的导程，其余参数与前面相同。

车削圆锥螺纹的编程格式为：G92 X(U)__ Z(W)__ R__ F__；

如图 3-73(b)所示，刀尖从起始点 A 开始，按 1、2、3、4 顺序循环，2(F)表示工进，1(R)、3(R)、4(R)表示刀具快速移动，F 为螺纹的导程，其余参数与前面相同。

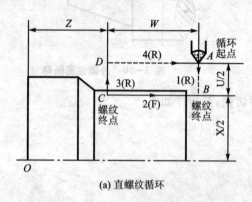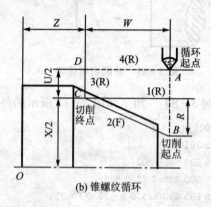

图 3-73 螺纹切削固定循环

【例 3-10】 加工如图 3-74 所示的圆柱螺纹（螺纹导程为 3.5），其程序如下：

```
O0003;
N05 T0101;
N10 G97 S500 M03;
N15 G00 X35.0 Z104.0 M08;
N20 G99 G92 X29.2 Z54.0 F3.5;
N25 X28.6;
N30 X28.2;
N35 X28.04;
N40 G00 X200.0 T0100 M09;
N45 Z200.0;
N50 M02;
```

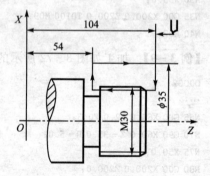

图 3-74 圆柱螺纹切削循环

值得注意的是，在螺纹加工起始时有一个加速过程，结束前有一个减速过程。在这两个过程中，螺距不可能保持恒定，因此在加工螺纹时，两端必须设置足够的加、减速退刀段。一般加速进刀段取 2P~3P，减速退刀段取 1P~2P，P 为螺纹导程。

3) 端面车削固定循环指令(G94)

编程格式为：

G94 X(U)__ Z(W)__ F__；   （加工端平面）

G94 X(U)__ Z(W)__ R__ F__；（加工圆锥端面）

式中，坐标 X(U)、Z(W)的用法与直线切削固定循环相同，R 是锥度大、小端的半径差。

端面切削固定循环如图 3-75 所示。

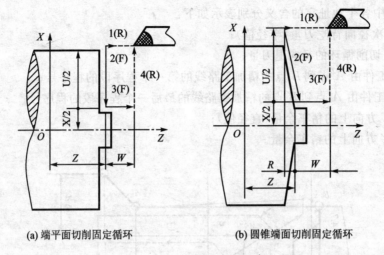

(a) 端平面切削固定循环　　　(b) 圆锥端面切削固定循环

图 3-75　端面切削固定循环

值得注意的是，G90、G92、G94 都是模态 G 代码。当这些代码被同组的其他代码（G00、G01 等）取代前，如果程序中又出现了 M 代码，那么数控系统会将 G90、G92、G94 代码重新执行一遍，然后才执行 M 功能。例如：

N10 G90 U-50.0 W-20.0 F0.3;
N15 M00;

当程序执行到 N15 程序段时，先重复执行 N10 程序段，然后再执行 M00 指令。如果改为下面的程序，就可以避免上面的情况：

N10 G90 U-50.0 W-20.0 F0.3;
N15 G00 M00;

在 N15 程序段中的增加 G00 代码只是为了取消 G90 状态，其实并不执行任何动作。

(3) 车削复合固定循环指令（G70~G76）

数控车床复合固定循环指令，与前述单一形状固定循环指令一样，它可以用于必须重复多次加工才能达到规定尺寸的典型工艺。主要用于铸、锻毛坯的粗车，尺寸变化较大的阶梯轴的车削加工及螺纹加工。利用复合固定循环功能，只要给出最终精加工路径、循环次数和每次加工余量，机床能自动决定粗加工时的刀具路径。在 FANUC 0i 系统中，G70~G76 为复合固定循环指令，其中 G70 是 G71、G72、G73 粗加工后的精加工指令，G74 是深孔钻削固定循环指令，G75 是切槽固定循环指令，G76 是螺纹加工固定循环指令。

1) 外圆粗车循环指令（G71）

其编程格式为：

$G71 U(\Delta d) R(e)$;
$G71 P(ns) Q(nf) U(\Delta U) W(\Delta W) F(f) S(s) T(t)$;

外径粗车循环 G71 适用于毛坯料粗车外径和粗车内径，如图 3-76 所示为粗车外径的加工路径。图中 C 是粗加工循环的起点，A 是毛坯外径与端面轮廓的交点。只要在程序中给出 A→A′→B 之间的精加工形状及径向精车余量 $\Delta U/2$、轴向精车余量 ΔW 及每次切削深度 Δd，

即可完成 $AA'BA$ 区域的粗车加工。

G71 指令中各个地址字的含义分别表示如下：

Δd：为每次径向背吃刀量（半径值）；

e：为每次切削循环的径向退刀量；

ns：指定工件由 A' 点到 B 点的精加工路线的第一个程序段的程序号；

nf：指定工件由 A' 点到 B 点的精加工路线的最后一个程序段的程序号；

ΔU：为 X 方向上的精车余量（直径值）；

ΔW：为 Z 方向上的精车余量。

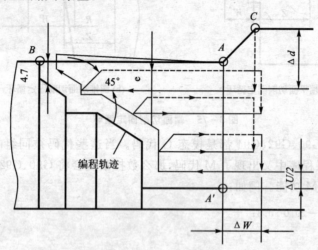

图 3-76 外圆粗车循环 G71

当用 G71 指令加工工件内轮廓时，G71 能自动进入内径粗车循环，但此时径向精车余量 ΔU 应指定为负值。

在 FANUC 0i 系统中，G71 车削加工有两种粗车循环：类型Ⅰ和类型Ⅱ。使用类型Ⅰ，不能车削凹槽。编程时，在精加工路线的第一个程序段 ns 里必须为 G00/G01 指令，且不能指定 Z 轴的运动（即不能有 Z 或 W 坐标），$A'B$ 之间的刀具路径在 X、Z 方向必须单调增加或减少；在类型Ⅱ中，精加工路线的第一个程序段 ns 里必须为 G00/G01 指令，且必须指定 X、Z 轴的运动，$A'B$ 之间的刀具路径在 X 方向外形轮廓不必单调递增或单调递减，并且最多可以加工 10 个凹槽。但是，要注意，沿 Z 轴的外形轮廓必须单调递增或递减。

例如：

类型Ⅰ	类型Ⅱ
……	……
G71 U10.0 R5.0;	G71 U10.0 R5.0;
G71 P200 Q200 ……	G71 P100 Q200 ……;
N100 G01 X(U)__ F__;	N100 G01 X(U)__ Z(W)__ F__;
……	……
N200 ……;	N200 ……;
……	……

【例 3-11】 编写如图 3-77 所示零件的数控加工程序。

外圆粗车循环数控加工程序：

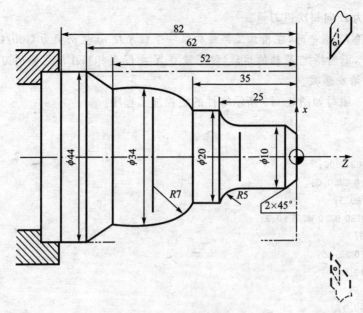

图 3-77 外圆粗车循环示例

```
O0001;
N10 T0101;
N20 G97 G99 M03 S800;
N30 G00 X50.0 Z5.0;
N40 G71 U1.5 R1.0;
N50 G71 P60 Q170 U0.3 W0.1 F0.15;
N60 G00 X0.0 Z2.0;
N70 G01 Z0.0 F0.1;
N80 X6.0;
N90 X10.0 Z-2.0;
N100 Z-20.0;
N110 G02 X20.0 Z-25.0 R5.0;
N120 G01 Z-35.0;
N130 G03 X34.0 Z-42.0 R7.0;
N140 G01 Z-52.0;
N150 X44.0 Z-62.0;
N160 Z-82.0;
N170 X45.0;
N180 G00 X100.0 Z100.0;
N190 M02;
```

2) 端面车削固定循环指令(G72)

指令编程格式为：

G72 W(Δd) R(e);

G71 P(ns) Q(nf) U(ΔU) W(ΔW) F(f) S(s) T(t);

如图 3-78 所示，G72 指令的含义与 G71 相同。不同之处是刀具平行与 X 轴方向切削，它是从外径方向往轴心方向切削端面的粗车循环。该循环方式适用于圆柱棒料毛坯端面方向粗车。其中 Δd 为 Z 向每次进刀量。

注意：使用 G72 指令时，在精加工路线的第一个程序段 ns 里必须为 G00/G01 指令，只能沿 Z 轴方向进给，不能指定 X 轴的运动（即不能有 X 或 U 坐标），$A'B$ 之间的刀具轨迹在 X、Z 方向必须单调递增或递减。

【例 3-12】 编写如图 3-79 所示零件的数控加工程序。

```
O0002;
N10 T0101;
N20 G97 G99 M03 S800;
N30 G00 X200.0 Z200.0;
N40 G72 W3.0 R0.5;
N50 G72 P60 Q130 U2.0 W0.5 F0.2;
N60 G00 Z60.0;
N70 G01 X160.0 F0.15;
N80 X120.0 Z70.0;
N90 Z80.0;
N100 X80.0 Z90.0;
N110 Z110.0;
N120 X40.0 Z130.0;
N130 X36.0 Z132.0;
N140 G00 X200.0 Z200.0;
N150 M02;
```

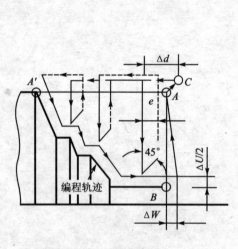

图 3-78 端面粗车循环 G72

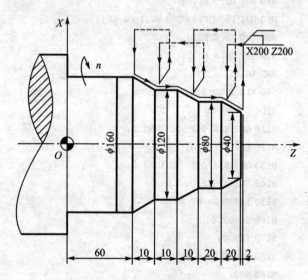

图 3-79 端面粗车循环示例

3) 成形加工复合循环指令（G73）

指令编程格式为：

$G73\ U(\Delta i)\ W(\Delta k)\ R(d);$

$G73\ P(ns)\ Q(nf)\ U(\Delta u)\ W(\Delta W)\ F(f)\ S(s)\ T(t);$

这种循环方式适合于加工成形铸造或锻造的工件毛坯，因此此种毛坯的粗加工余量比棒料直接粗车的余量要小得多,毛坯形状和零件形状基本接近,用该指令可节省加工时间,如图 3-80 所示。

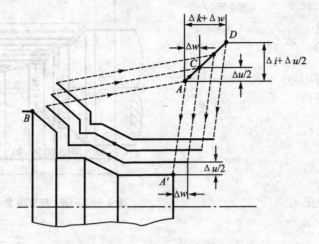

图 3-80 固定形状粗车循环 G73

G73 指令中各个地址字的含义表示如下:

Δi:X 轴方向的总退刀量(半径值);

Δk:Z 轴方向的总退刀量;

d:重复加工的次数;

ns:指定由 A' 点到 B 点精加工路线(形状程序,符合 X、Z 方向共同的单调递增或递减的变化)的第一个程序段序号;

nf:指定由 A' 点到 B 点精加工路线的最后一个程序段序号;

Δu:X 轴方向的精车余量(直径/半径指定);

Δw:Z 轴方向的精车余量;

f,s,t:F、S、T 代码,如前面程序段已指定,这里可省略。

4)精车循环指令(G70)

指令编程格式为:

G70 P(ns)Q(nf)

当用 G71、G72、G73 指令对工件进行粗加工之后,可以用 G70 指令完成精车循环。即让刀具按粗车循环指令的精加工路线,切除粗加工后留下的余量。

ns 为指定精加工路线的第一个程序段的顺序号,nf 为指定精加工路线的最后一个程序段的顺序号。

在精车循环 G70 状态下,ns→nf 程序段中指定的 F、S、T 有效。当 ns→nf 程序段中不指定 F、S、T 时,粗车循环 G71、G72 和 G73 指令中指定的 F、S、T 有效。

在使用复合固定循环指令时要注意:

在顺序号为 ns 到顺序号为 nf 的精加工程序段中,不能调用子程序。

【例 3-13】 加工如图 3-81 所示零件,其毛坯为棒料。工艺设计规定.粗加工时切深为 1.5 mm,进给速度为 0.3 mm/r,主轴转速为 500 r/min;精加工余量为 0.3 mm(直径上),Z 向为 0.1 mm,进给速度为 0.15 mm/r,主轴转速为 800 r/min。程序设计如下:

```
O0003;
N01 T0101;
N02 G97 G99 G00 X160.0 Z180.0 M03 S800;
N03 G71 U1.5 R1.0;
N04 G71 P05 Q11 U0.3 W0.1 F0.3;
N05 G00 X40.0;
N06 G01 W-40.0 F0.15;
N07 X60.0 W-30.0;
N08 W-20.0;
N09 X120.0 W-10.0;
N10 W-20.0;
N11 X140.0 W-20.0;
N12 G70 P05 Q11;
N13 G00 X200.0 Z220.0;
N14 M05;
N15 M30;
```

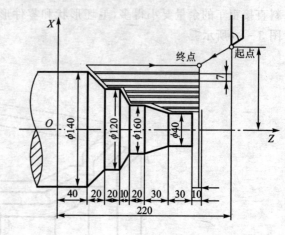

图 3-81　G71 与 G70 复合固定循环示例

5）端面啄式钻孔循环指令（G74）

指令编程格式为：

G74 R(e);

G74 X(u) Z(w) P(Δi) Q(Δk) R(Δd) F(f);

该指令刀具动作如图 3-82 所示。本循环可处理断削，如果省略 X(u) 及 P(Δi)，刀具只在 Z 轴方向动作，可用于钻孔。

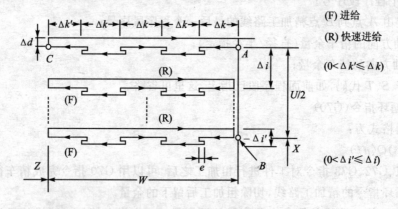

图 3-82　端面啄式钻孔循环

G74 指令中各个地址字的含义分别表示如下：

e：后退量，本参数是状态参数，在另一个值指定前不会改变；

x：B 点的 X 坐标；

u：A 点至 B 点 X 坐标增量；

z：C 点的 Z 坐标；

w：A 点至 C 点 Z 坐标增量；

Δi：X 方向的移动量，用不带符号的半径量表示，单位：μm；

Δk：Z 方向的移动量，用不带符号的量表示，单位：μm；

Δd:为切削底部的退刀量。Δd 的符号一定是(+),但是,如果 $X(U)$ 及 Δi 省略,可用所要的正负符号指定刀具退刀量;

f:进给速度。

【例 3-14】 编写如图 3-83 所示零件的孔加工程序。

O0004;
N10 T0202;
N20 G97 G99 M03 S600;
N30 G00 X0.0 Z1.0;
N40 G74 R1;
N50 G74 Z-80.0 Q20000 F0.1;
N60 G00 X200.0 Z100.0;
N70 M02;

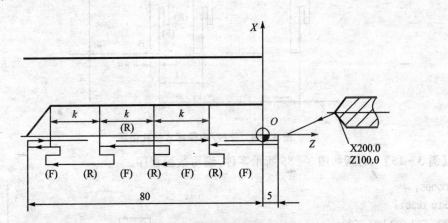

图 3-83 端面啄式钻孔循环示例

6) 外径/内径啄式钻孔循环指令(G75)

指令编程格式为:

G75 R(e);

G75 X(u) Z(w) P(Δi) Q(Δk) R(Δd) F(f);

该指令动作如图 3-84 所示,除 X 用 Z 代替外其余与 G74 相同,本循环可处理断削,可在 X 轴方向切槽及啄式钻孔。

G75 指令中各个地址字的含义分别表示如下:

e:后退量,本参数为状态参数,在另一个值指定前不会改变;

x:B 点的 X 坐标;

u:A 点至 B 点 X 坐标增量;

z:C 点的 Z 坐标;

w:A 点至 C 点 Z 坐标增量;

Δi:X 方向的每次进刀量,用不带符号的半径量表示,单位:μm;

Δk:Z 方向的移动量,用不带符号的量表示,单位:μm;

Δd:为切削底部的退刀量。Δd 的符号一定是(+),但是,如果 $X(U)$ 及 Δi 省略,可用所要的正负符号指定刀具退刀量;

f：进给速度。

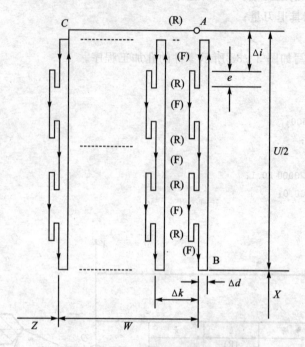

图 3-84　外径/内径啄式钻孔循环

【例 3-15】　切断如图 3-85所示零件,编写数控程序。

O0005；
N10 T0202；
N20 G97 G99 M03 S600；
N30 G00 X35.0 Z-50.0；
N40 G75 R1.0；
N50 G75 X-1.0 P5000 F0.1；
N60 G00 X200.0 Z100.0；
N70 M02；

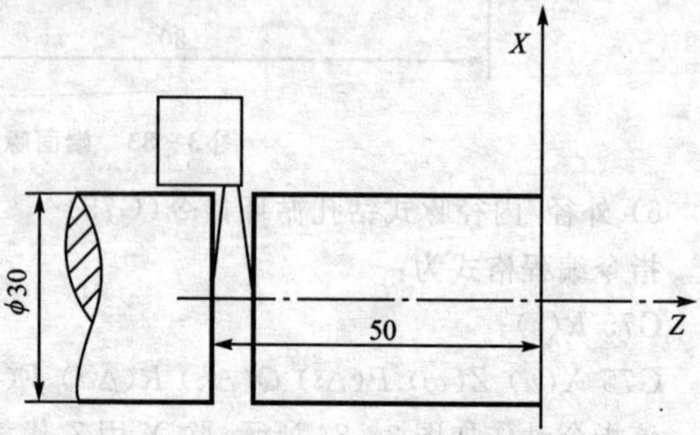

7) 螺纹切削复合循环指令(G76)

指令编程格式为：

图 3-85　外径/内径啄式钻孔循环示例

G76 P(m)(r)(α) Q(Δd_{min}) R(d)；

G76 X(u) Z(w) R(i) P(k) Q(Δd) F(f)；

该指令刀具动作如图 3-86 和图 3-87 所示。G76 指令中各地址字的含义分别表示如下：

m：精加工重复次数(1~99)；

r：倒角量,用两位数表示,00~99,当螺距由 L 表示时,可以从 0.0L~9.9L 设定,倒角最小量为 0.1L；

$α$：刀尖角度,可选择 80°、60°、55°、30°、29°、0°,用 2 位数指定；

Δd_{min}：最小切削深度,用不带符号的半径量表示,单位：μm；

m、r、$α$、Δd_{min} 是状态变量,在另一个值指定前不会改变；

d:精车余量;
i:螺纹部分的半径差,当 $i=0$ 时,切削圆柱螺纹;
k:螺纹高度值,该值在 X 轴方向用不带符号的半径量表示,单位:μm;
Δd:第一次的切削深度,用不带符号的半径量表示,单位:μm;
f:螺纹导程(与 G32 同)。

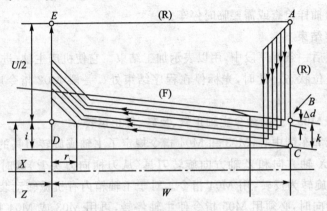

图 3-86 螺纹切削循环

【例 3-16】 编写如图 3-88 所示圆柱螺纹(螺距为 2 mm)的加工程序如下:

G76 P020060 Q100 R0.1;
G76 X27.84 Z-22.0 R0 P1080 Q500 F2;
……

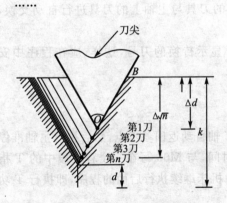

图 3-87 复合螺纹切削循环示例

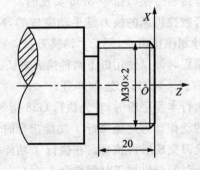

图 3-88 螺纹加工编程实例

3.4.4 常用辅助功能 M 代码及用法

辅助功能指令主要是控制机床开/关功能的指令,如主轴的启停、冷却液的开闭、运动部件的夹紧与松开等辅助动作。M 代码中除 M00、M01、M98 和 M99 等少数几个辅助功能指令的控制与机床无关外,大多数辅助功能指令的动作都决定于生产厂家的 PLC 设计。因此,不同生产厂的同类机床,其 M 代码的含义可能完全不同。这里介绍常用的 M 代码。

1. M00:程序停止

在执行完含有 M00 的程序段指令后,机床的主轴、进给、冷却液都自动停止。这时可执行某一固定的手动操作,如手动变速、手动换刀、工件调头等。此后,须重新按下启动键,才能继续执行后续的程序段。

2. M01：计划(任选)停止

该指令与 M00 类似,所不同的是操作人员必须预先按下面板上的"任选停止"按钮,确认这个指令,M01 指令才起作用,否则系统对 M01 指令不予理会,继续执行以下程序。该指令常用于关键尺寸的抽样检查或需要临时停车。

3. M02：程序结束

该指令编在最后一条程序段中,用以表示加工结束。它使机床主轴、进给、冷却都停止,并使数控系统处于复位状态。此时,光标停在程序结束处。一般 M02 指令应单独占用一个程序段。

4. M03、M04、M05：分别命令主轴正转、反转、停止运转

对于数控车床和车削中心,M03 和 M04 指令规定了主轴或旋转刀具的转向。主轴(站在床头向床尾看)及 X 轴方向和 Z 轴方向旋转刀具(从刀柄向刀头看)顺时针旋转为正转,用 M03 指令；逆时针旋转为反转,用 M04 指令。对于主轴箱内有机械转动装置的数控车床,当需要改变主轴的转向时,必须用 M05 指令使主轴停转,再用 M03 或 M04 指令换向。一般在主轴停止的同时,进行制动和关闭切削液。

5. M06：换刀指令

M06 指令用于数控机床的自动换刀。对于具有刀库的加工中心机床,自动换刀有选刀和换刀两个过程。选刀是指把刀库上指定了刀号的刀具转到换刀的位置,以便为换刀作准备,选刀用 T 功能指定；换刀是指刀库上正位于换刀位置的刀具与主轴上的刀具进行自动交换,这一动作是通过换刀指令 M06 实现的。

若数控机床的换刀是手动完成的,M06 可用于显示待换的刀号,这样,应在程序中安排 M01 计划停止指令,便于手动换刀。

编程时可以使用以下两种换刀方法：

① N×× G28 Z_ M06 T××；

执行本程序段时,首先执行 G28 指令,刀具沿 Z 轴自动返回参考点,然后执行主轴准停及换刀的动作。为避免执行 T 功能指令时占用加工时间,与 M06 写在一个程序段中的 T 指令是在换刀完成后再执行。在执行 T 功能指令的同时机床继续执行后面的程序,即执行 T 功能的辅助时间与机加工时间重合。

该程序段执行后,本次所交换的为前段换刀指令执行后转至换刀刀位的刀具,而本段指定的 T×× 号刀在下一次刀具交换时使用。例如在以下的程序中：

N11 G01 X_ Y_ Z_ M06 T01；
N12…；
N13…；
N14 G28 Z_ M06 T02；
N15…；
N16…；
N17 G28 Z_ M06；
……

N14 段换的是在 N11 段选出的 T01 号刀,即在 N15～N17(不包括 N17 段)段中加工所用的是 T01 号刀。N17 段换上的是 N14 段选出的 T02 号刀,即从 N18 开始用 T02 号刀加工。当执行 N11 与 N14 段的 T 功能时,不占用加工时间。

② N×× G28 Z_ T×× M06;

采用这种编程方式时,在 Z 轴返回参考点的同时,刀库也开始转位,然后进行刀具交换,换到主轴上的刀具为 T××。若刀具返回 Z 轴参考点的时间小于 T 功能的执行时间,则要等刀库中相应的刀具转到换刀刀位以后才能执行 M06。因此,这种方法占用机动时间最长。例如以下的程序:

```
N11 G01 X_ Y_ Z_ M03 S_ ;
N12 …;
N13 G28 Z_ T02 M06;
……
```

在执行 N13 时,在主轴 Z 返回参考点的同时,刀库转动,若主轴已回到 Z 向参考点而刀库还没有转出 T02 号刀,此时不执行 M06,直到刀库转出 T02 号刀后,才执行 M06,将 T02 号刀换到主轴上去。

6. M07、M08 用于切削液开

分别命令 2 号雾状切削液及 1 号液状冷却液开,用于切削液开。

7. M09

切削液关。

8. M10、M11 运动部件的松紧

运动部件(如:工作台、工件、夹具、主轴等)的夹紧和松开。

9. M19

主轴定向停止,命令主轴准停在预定的角度位置上。

10. M30

程序结束。该指令与 M02 类似,但 M30 可使程序返回到开始状态,光标自动返回到程序开头处,一按启动键就可以再一次运行程序。M30 指令一般应单独占用一个程序段。

3.4.5 其他常用编程指令

1. 子程序的应用

数控加工中灵活地应用子程序会使主程序的脉络变得清晰、简捷。对于工件上若干处相同的轮廓形状或工件加工中反复出现的具有相同轨迹的走刀路线,可以将该轮廓形状编写成一个子程序,由主程序来调用,且通常以增量坐标编程。FANUC 0i 系统调用子程序指令如下:

M98:用来调用子程序,指令编程格式为:M98 P×××× L××××;地址 P 后面的四位数字为子程序的程序号;地址 L 后面的数字表示子程序重复调用的次数,如果只调用 1 次可以省略不写,系统允许调用的最大次数为 9 999 次。

M99:用来结束子程序调用,返回到主程序,M99 不一定要单独一个程序段,如 G00 Z __ M99;也是允许的。

当主程序执行到 M98 P×××× L××××时,系统将自动跳转到子程序,把子程序执行完后在返回到主程序继续执行后面的程序段,直到主程序结束,如图3-89所示。

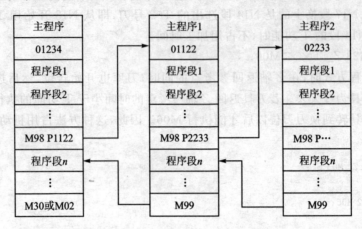

图3-89 子程序嵌套调用示意图

一次装夹加工多个相同零件或一个零件中有几处形状相同、加工轨迹相同时,可使用子程序编程。

【例3-17】 如图3-90所示,编制加工两个相同工件的程序。Z轴开始点为工件上方100 mm处,切深10 mm。

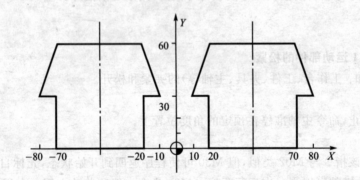

图3-90 重复加工编程示例

主程序:

O0001;
N10 G90 G54 G00 Z100.0 S1000 M03;
N20 X-90.0 Y-10.0;
N30 M98 P0100;
N40 G90 G00 X0.0 Y-10.0;
N50 M98 P0100;
N60 G90 G00 Z100.0;
N70 M30;

子程序:

O0100;
N10 G91 G00 Z-95.0;

N20 G41 X20.0 Y10.0 D01;
N30 G01 Z-15.0 F100.0;
N40 Y30.0;
N50 X-10.0;
N60 X10.0 Y30.0;
N70 X50.0;
N80 X10.0 Y-30.0;
N90 X-10.0;
N100 Y-30.0;
N110 X-50.0;
N120 G40 X-20.0 Y-10.0;
N130 G00 Z110.0;
N140 M99;

2. 旋转加工指令（G68、G69）

指令编程格式为：

G68 X_ Y_ R_;

……

……

G69;

式中，X、Y为旋转中心坐标；R为旋转的角度，以X轴正向为起点，逆时针方向为正，顺时针为负。G69为旋转加工取消指令。

【例3-18】 加工如图3-91所示轮廓，加工深度2，用旋转加工功能G68编写的程序如下：

主程序：

O0002;
N05 G54 G90 G00 Z50.0;
N10 X0.0 Y0.0 S800 M03;
N20 M98 P0200;
N25 G68 X0.0 Y0.0 R45.0;
N30 M98 P0200;
N35 G68 X0.0 Y0.0 R90.0;
N40 M98 P0200;
N45 G68 X0.0 Y0.0 R135.0;
N50 M98 P0200;
……
……
N100 G69 M30;

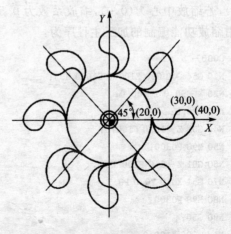

图3-91 旋转加工功能

子程序：

O0200;
N05 G90 G00 Z25.0 Y5.0 Z10.0;
N10 G01 Z-2.0 F100.0;
N15 G41 X20.0 Y0.0 D01 F200.0;

```
N20 G03 X30.0 Y0.0 R5.0;
N25 G02 X40.0 Y0.0 R5.0;
N30 G02 X20.0 Y0.0 R10.0;
N35 G40 G01 X25.0 Y5.0;
N40 G00 Z10.0;
N45 M99;
```

3. 缩放加工指令(G51、G50)

指令编程格式为：

G51 X_ Y_ Z_ P_;
……
……
G50;

式中，G51 为建立缩放，G50 为取消缩放，X、Y、Z 为缩放中心坐标，P 为缩放系数。

G51 既可指定平面缩放，也可指定空间缩放。在 G51 后，运动指令的坐标值以 (X,Y,Z) 为缩放中心，按 P 规定的缩放比例进行计算。在有刀具补偿的情况下，先进行缩放，然后再进行刀具半径补偿、刀具长度补偿。

G51、G50 为模态指令，可相互注销，G50 为默认值。

【例 3-19】 如图 3-92 所示的三角形，顶点为 $A(0,53.333)$、$B(-40,-26.667)$、$C(40,-26.667)$，若缩放中心为 $(0,0)$，缩放系数为 0.5 倍，则使用缩放功能编制的加工主程序为：

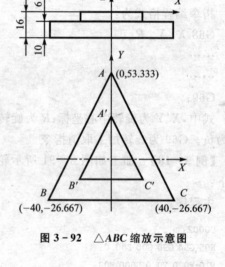

图 3-92　△ABC 缩放示意图

```
O0003;
N10 G54 G00 G90 Z100.0 S1000 M03;
N20 X-50.0 Y-40.0;
N30 Z20.0;
N40 G01 Z-16.0 F100.0;
N50 M98 P0300;
N60 G01 Z-6.0 F100.0;
N70 G51 X0.0 Y0.0 P0.5;
N80 M98 P0300;
N90 G50;
N100 G00 Z100.0;
N110 M30;
……
……
```

运行该程序时，机床将自动计算出 △A'B'C' 三点的坐标数据，按缩放后的图形 △A'B'C' 进行加工。P0300 为加工 △ABC 的子程序。

3.4.6 用户宏程序编程

宏程序的使用使数控加工手工编程更加灵活,现代 CNC 系统一般都提供宏程序编制功能和宏子程序的调用功能。但不同数控系统的指令和格式可能都不同,编程者在应用时应参考相关的数控机床编程手册。

FANUC 数控系统使用宏指令和宏程序,把具有某种功能的一组指令,像子程序一样存储在存储器中,并将该组命令用一个指令代表,在程序中根据该代表指令就能执行其功能。存储的一组命令称为用户宏程序主体(简称宏程序),代表指令称为用户宏指令(简称宏指令),即宏指令是调用宏程序的指令。

宏指令与宏程序如图 3-93 所示。宏程序的最大特点是在宏程序主体中,除了使用通常的 CNC 指令外,还可以使用变量的 CNC

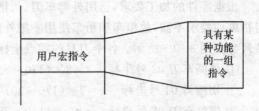

图 3-93 宏指令与宏程序

指令进行变量运算,宏指令可以给变量设定实际值。根据宏程序功能范围的不同分为"用户宏程序 A"和"用户宏程序 B"两种。宏指令和宏程序的用法可参阅相关的资料。

3.5 数控手工编程综合应用

前面的章节中介绍了数控编程的编程基础和常用指令,本节中分别就数控车削、数控铣削和加工中心举出几个加工的综合实例,进一步阐明数控程序编制的过程和实际应用。

3.5.1 数控车削编程综合应用

【例 3-20】 在 CK7815 型数控车床上加工如图 3-94 所示轴类零件,其中 Φ80 的外径不加工(可用于装夹)。编程过程如下:

1. 确定工件的装夹方式及加工工艺路线

由于这个工件是一个实心轴,并且轴的长度不是很长,所以采用工件的左端面和 Φ80 外圆作为定位基准。使用普通三爪夹盘夹紧工件,取卡盘的端面中心为工件坐标系的原点,如图 3-95 所示。

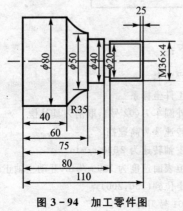

图 3-94 加工零件图   图 3-95 工件装夹及刀具布置示意图

加工零件的顺序为：

① 倒角→粗车 M36×4 螺纹外圆→Φ40 外圆→Φ50 外圆→R35 圆弧面；

② 精车 M36×4 螺纹外圆→Φ40 外圆→Φ50 外圆→R35 圆弧面；

③ 切削 Φ20 空刀槽；

④ 切削 M36×4 螺纹。

2. 确定加工刀具以及设定刀具零点坐标

根据零件的加工要求，选用外圆车刀、切槽刀、60°螺纹车刀各一把（由于工件的结构简单，对精度的要求不高，故粗车和精车使用一把外圆车刀）。刀具编号一次为 02、04 和 06，刀具安装尺寸如图 3-96 所示。各个刀具的零点坐标为：

① 外圆车刀 02 号坐标 $x=2\times(170-35)=270$ $z=450-5-(40-25)=430$

② 切槽刀 04 号坐标 $x=2\times(170-30)=280$ $z=450-(40-25)=435$

③ 螺纹车刀 06 号坐标 $x=2\times(170-25)=290$ $z=450+5-(40-25)=440$

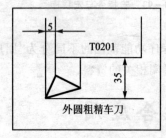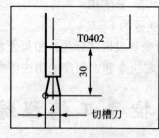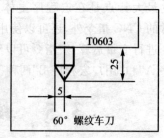

图 3-96 刀具安装尺寸图

3. 确定切削用量

如表 3-7 所列为确定切削用量表。

表 3-7 切削用量表

加工内容	主轴转速/r·min^{-1}	进给速度/mm·r^{-1}
粗 车	2800	0.25
精 车	2800	0.25
切 槽	800	0.08
切螺纹	800	—

4. 加工程序

换刀点设在机床坐标系原点（即机床零点），程序如下：

```
O0001;                        设定程序名
N10 G50 X270.0 Z430.0;        设定工件坐标系
N20 T0200;                    选择外圆车刀（02号），取消刀具补偿
N30 G00 M42;                  主轴转速选为高速挡
N40 G50 S2800;                设定主轴转速为 2800 r/min
N50 G96 S150 M03;             启动恒表面速度为 150 m/min，开动主轴正转
N60 G00 X150.0 Z200.0;        快速定位到(150,200)点
N70 T0201;                    启动 01 号刀补
```

N80 X85.0 Z110.0 M08;	快速移动到(85,110),打开冷却液
N90 G01 X-1.6 F0.2;	以0.2的进给速度,平端面
N100 G00 X82.0 W1.0;	快速移动
N110 Z110.0;	快速移动
N120 G71 P130 Q190 U0.3 W0.2 D4000 F0.25;	调用粗车外圆固定循环
N130 G00 X31.0;	快速移动
N140 G01 X36.0 W-0.25;	倒 角
N150 Z75.0;	粗车外圆(ϕ36)
N160 X40.0;	粗车外圆(ϕ40)
N170 Z60.0;	
N180 X50.0;	粗车外圆(ϕ50)
N190 G02 X80.0 Z40.0 R35.0;	粗车圆弧(R35)
N200 G70 P130 Q190;	调用精车固定循环
N210 G00 X150.0 Z200.0 M09;	快速定位至(150,200),关闭冷却液
N220 T0000 M05;	取消刀补,主轴停
N230 G27 X270.0 Z430.0;	自动返回零点
N240 M00;	程序停止
N250 G50 X280.0 Z435.0	设定工件坐标系
N260 T0400;	选择切槽刀(04号),取消刀具补偿
N270 G00 M41;	主轴转速选为低速挡
N280 G50 S800;	设定主轴转速为800 r/min
N290 G96 S80 M03;	启动恒表面速度为80 m/min,开动主轴正转
N300 G00 X100.0 Z150.0;	快速移动到(100,150)
N310 G75 X30.0 Z75.0 I4.0 F008;	调用切槽循环
N320 G00 X100.0 Z150.0 M09;	快速移动到(100,150),关闭冷却液
N330 T0000 M05;	取消刀补,主轴停
N340 G27 X280.0 Z435.0;	自动返回零点
N350 M00;	程序停止
N360 G50 X290.0 Z440.0;	设定工件坐标系
N370 T0600;	选择螺纹刀(06号),取消刀具补偿
N380 G00 M41;	主轴转速选为低速挡
N390 G97 S80 M03;	取消恒表面速度功能
N400 G00 X100.0 Z150.0;	快速移动到(100,150)
N410 T0603;	启动03号刀补
N420 G00 X48.0 Z115.0 M08;	快速移动到(100,150),关闭冷却液
N430 G76 X30.804 Z77.5 K2.598 D1200 F4 A60;	调用切槽循环
N440 G00 X100.0 Z150.0 M09;	快速移动到(100,150),关闭冷却液
N450 T0000 M05;	取消刀补,主轴停
N460 G27 X290.0 Z440.0;	自动返回零点
N470 M30;	程序结束

【例3-21】 在数控车床加工如图3-97所示的零件。Φ50 mm的外圆已经加工到尺寸。毛坯留出外圆和内孔的加工余量均为0.4 mm(X向)和0.1 mm(Z向)。钻头直径为8 mm,螺纹加工用G92指令。X向加工4个90°均布孔,使用直径8 mm的键槽铣刀加工,工件程序原点如图中所示。

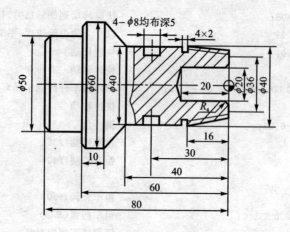

图 3-97 加工零件图

这是一个比较复杂的工件，包括了外圆、内孔、端面、环槽、外锥螺纹、C轴定位和铣削等内容，所以应在带有三轴控制的数控车削中心上完成。

加工内容和刀具数据如表 3-8 所列。

表 3-8 刀具数据表

加工内容	刀具号	刀具名称	主轴速度/$r \cdot min^{-1}$	进给速度/$mm \cdot r^{-1}$
中心孔	T01	中心钻头	250	0.02
粗车外圆	T02	90°偏刀	400	0.25
钻 孔	T03	φ8 钻头	250	0.2
精车外圆	T04	90°偏刀	500	0.1
车外环槽	T06	切断刀	250	0.05
加工螺纹	T07	螺纹车刀	500	—
粗镗内孔	T08	内孔粗镗刀	350	0.2
端 面	T10	45°偏刀	400	0.1
铣削径向孔	T11	键槽铣刀	700	0.5
精镗内孔	T12	内孔精镗刀	300	0.1

加工程序如下：

O0002;   程序名
M41;
G50 S1500;
N1;   工序Ⅰ：端面车削
G00 G40 G99 S400 T1010 M04 F0.1;
X62.0 Z0;
G96 S120;
G01 X0;
G00 G97 S500 Z50.0;
G28 U0 W0 T0 M05;

```
N2;
G00 G40 G97 G99 S800 M04 T0101 F0.02;           工序Ⅱ：打中心孔
X0 Z2.0;
G74 R0.2;                                        打中心孔时，每次退刀量为 0.2 mm
G74 Z-5.0 Q2000;                                 中心孔深 5 mm，每次钻削深度 2 mm
G28 U0 W0 T0 M05;
N3;                                              工序Ⅲ：钻孔（钻头直径为 8 mm）
G00 G40 G97 G99 S250 M04 T0303 F0.2;
X0 Z2.0;
G74 R1.0;                                        钻孔每次退刀量为 1 mm
G74 Z-20.0 Q3000;                                孔深 20 mm，每次钻孔深度 3 mm
G28 U0 W0 T0 M05;
N4;                                              工序Ⅳ：外圆粗加工
G00 G40 G97 G99 S400 M04 T0202 F0.25;
X64.0 Z2.0;
G71 U2.0 R0.5;
G71 P10 Q11 U0.4 W0.1;
N10 G00 G42 X16.0;
G01 Z0;
X36.0;
X40.0 Z-16.0;
Z-40.0;
X60.0 Z-50.0;
Z-60.0;
N11 G01 G40 X64.0;
G28 U0 W0 T0 M05;
N5;                                              工序Ⅴ：内径粗加工
G00 G40 G97 G99 S350 T0808 M04 F0.2;
Z16.0 Z2.0;                                      刀具定位至内径粗加工循环点
G71 U1.5 R0.5;                                   粗车每次切深 1.5 mm，退刀量 0.5 mm
G71 P12 Q13 U-0.4 W0.1;
N12 G00 G41 X28.0;                               刀尖 R 补偿方向为左
G01 Z0;
G02 X20.0 Z-4.0 R4.0;
G01 Z-20.0;
X18.0;
N13 G01 G40 X16.0;
G28 U0 W0 T0 M05;
N6;                                              工序Ⅵ：外径精加工
G00 G40 G97 G99 S500 M04 T0404 F0.1;
X64.0 Z2.0;
G96 S150;
G70 P10 Q11;
G00 G97 X100.0 S500;
G28 U0 W0 T0 M05;
```

N7;	工序Ⅶ：内径精加工
G00 G40 G97 G99 S300 M04 T1212 F0.1;	
X16.0 Z2.0;	
G96 S120;	
G70 P10 Q11;	
G00 G97 Z50.0 S300;	
G28 U0 W0 T0 M05;	
N8;	工序Ⅷ：加工外环槽
G00 G40 G97 S500 T0606 M04 F0.05;	
X42.0 Z-20.0;	
G01 X36.0;	
G01 X42.0 F0.2;	
G28 U0 W0 T0 M05;	
N9;	工序Ⅸ：加工锥螺纹
G00 G40 G97 G99 S500 T0707 M04;	
X42.0 Z6.0;	刀具定位至螺纹加工循环点
G92 X39.7 Z-18.0 R-3.0 F1.5;	
X39.1;	
X38.7;	
X38.6;	
X38.55;	
G28 U0 W0 T0 M05;	
N10;	工序Ⅹ：铣削径向孔
M54;	
G28 H-30.0;	
G50 C0;	设定 C 轴坐标系
G00 G40 G97 G99 S700 M04 T1111;	
Z-30.0;	
X42.0;	
M98 P40010;	调用 O0010 子程序 4 次
G28 U0 W0 H0 T0 M05;	X 轴、Z 轴、C 轴自动回归零点
M55;	C 轴离合器脱开
M30;	程序结束
O0010;	子程序
G01 X30.0 F5;	
G01 X42.0 F20;	
G00 H90.0;	
M99;	子程序调用结束

从以上的例子中可以知道：在数控车床上加工带有各种加工要素（如外圆、内孔、螺纹等）的工件，在工艺路线安排合理的前提下，只要把各个加工要素的程序连接在一起，就可以加工出合格的工件。在此，丰富而全面的工艺知识尤为重要，充分了解并熟练掌握加工程序的各种指令也是必不可少的。把两者结合在一起，就可以编制出良好的加工程序，充分发挥出数控机床的效益。

3.5.2 数控铣削编程综合应用

【例 3-22】 毛坯为 120 mm×60 mm×10 mm 铝板材,5 mm 深的外轮廓已粗加工过,周边留 2 mm 余量,要求加工出如图 3-98 所示的外轮廓及 φ20 mm 深 10 mm 的孔,试编写加工程序。

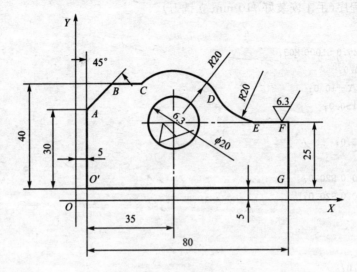

图 3-98 铣钻加工举例

1) 根据图纸要求,确定工艺方案及加工路线

① 以底面为定位基准,两侧用压板压紧,固定于铣床工作台上;

② 工步顺序:先钻孔 φ20 mm;再按 $O'ABCDEFGO'$ 线路铣削轮廓。

2) 选择机床设备

选用经济性数控铣床华中Ⅰ型(XZK7532 型)数控铣钻床。

3) 选用刀具

采用 φ20 mm 的钻头,铣削 φ20 mm 孔;φ10 mm 的立铣刀用于轮廓的铣削,并把该刀具的直径输入刀具参数表中。由于华中Ⅰ型数控钻铣床没有自动换刀功能,钻孔完成后,直接手工换刀。

4) 确定切削用量

切削用量的具体数值应根据该机床性能、相关的手册并结合实际经验确定,详见加工程序。

5) 确定工件坐标系和对刀点

在 Oxy 平面内确定以 O 点为工件原点,Z 方向以工件上表面为工件原点,建立工件坐标系,如图 3-98 所示。采用手动对刀方法对刀。

6) 编写程序

按该机床规定的指令代码和程序段格式,把加工零件的全部工艺过程编写成如下程序:

① 加工 φ20 mm 孔程序(手工安装好 φ20 mm 钻头)

O0001;
G54 G90 M03 S300;
G00 Z50.0;

```
G98 G81 X40.0 Y30.0 Z-12.0 R3.0 F80.0;
G28 X5.0 Y5.0;
M05;
M02;
```

② 铣轮廓程序(手工安装好 ϕ10 mm 立铣刀)

```
O0002;
G54 G90 G00 Z5.0 S1000 M03;
X-5.0 Y-10.0;
G41 D01 X5.0 Y-10.0;
G01 Z-5.0 F150.0;
G01 Y40.0;
G01 X15.0 Y45.0;
G01 X26.8;
G02 X57.3 Y40.0 R20.0;
G03 X74.6 Y30.0 R20.0;
G01 X85.0;
G01 Y5.0;
G01 X-5.0;
G40 G00 Z100.0;
M05;
M02;
```

【例 3-23】 已知某内轮廓型腔如图 3-99 所示,要求对该型腔进行粗、精加工。

刀具选择:粗加工采用 ϕ20 mm 的立铣刀,精加工采用 ϕ10 mm 的键槽铣刀。

安全面高度:40 mm。

进刀/退刀方式:粗加工从中心工艺孔垂直进刀,向周边扩展,如图 3-100 所示。为此,首先要求在型槽中心钻好一个 ϕ20 mm 工艺孔。

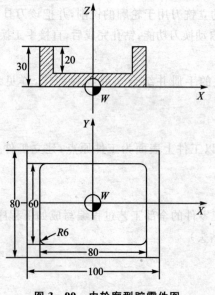

图 3-99 内轮廓型腔零件图

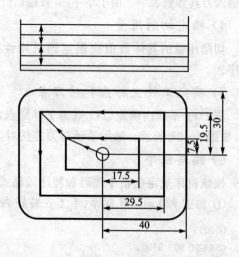

图 3-100 型腔加工进刀方式与工艺路线

工艺路线：粗加工分四层切削加工，底面和侧面各留 0.5 mm 的精加工余量。
型腔加工的数控程序如下（不包括钻工艺孔）：

O0003;	第 0003 号程序，铣削型腔
N10 T01 M06;	选 01 号刀具（φ20 mm 立铣刀）
N20 G54 G90 G00 X0.0 Y0.0;	建立工件坐标系
N30 Z40.0 S275 M03;	刀具运动到安全面高度，启动主轴
N40 M08;	打开冷却液
N50 G01 Z25.0 F20.0;	从工艺孔垂直进刀 5 mm，至高度 25 mm 处，第一层粗加工高度
N60 M98 P0100;	调用子程序 0100，进行第一层粗加工
N70 Z20.0 F20.0;	从工艺孔垂直进刀 5 mm，至高度 20 mm 处，第二层粗加工高度
N80 M98 P0100;	调用子程序 0100，进行第二层粗加工
N90 Z15.0 F20.0;	从工艺孔垂直进刀 4.5 mm，至高度 15 mm 处，第三层粗加工高度
N100 M98 P0100;	调用子程序 0100，进行第三层粗加工
N110 Z10.5 F20.0;	从工艺孔垂直进刀 4.5 mm，至高度 10.5 mm 处，第四层粗加工高度
N120 M98 P0100;	调用子程序 0100，进行第四层粗加工
N130 G00 Z40.0;	抬刀至安全面高度
N140 T02 M06;	换 02 号刀具（φ10 mm 立铣刀），进行精加工
N150 S500 M03;	
N160 M08;	
N170 G01 Z10.0 F20.0;	从中心垂直下刀至图样要求的高度处
N180 X−11.0 Y1.0 F100.0;	开始铣削型腔底面，第一圈加工开始
N190 Y−1.0;	
N200 X11.0;	
N210 Y1.0;	
N220 X−11.0;	
N230 X−19.0 Y9.0;	型腔底面第二圈加工开始
N240 Y−9.0;	
N250 X19.0;	
N260 Y9.0;	
N270 X−19.0;	
N280 X−27.0 Y17.0;	型腔底面第三圈加工开始
N290 Y−17.0;	
N300 X27.0;	
N310 Y17.0;	
N320 X−27.0;	
N330 X−34.0 Y25.0;	型腔底面第四圈加工开始，同时也精铣型腔的周边
N340 G03 X−35.0 Y24.0 I0.0 J−1.0;	这里没有刀具半径补偿，刀具中心轨迹圆弧半径为 1.0
N350 G01 Y−24.0;	
N360 G03 X−34.0 Y−25.0 I1.0 J0.0;	
N370 G01 X34.0;	
N380 G03 X35.0 Y−24.0 I0.0 J1.0;	

```
N390 G01 Y24.0;
N400 G03 X34.0 Y25.0 I-1.0 J0.0;
N410 G01 X-35.0;                    精加工结束
N420 G00 X-30.0 Y10.0;              退刀
N430 G00 Z40.0;                     抬刀至安全高度
N440 M30;                           程序结束并返回

O0100                               子程序
X-17.5 Y7.5 F60.0;                  进刀至第一圈扩槽的起点(-17.5,7.5),并开始扩槽
Y-7.5;
X17.5;
Y7.5;
X-17.5;                             第一圈扩槽加工结束
X-29.5 Y19.5;                       进刀至第二圈扩槽的起点(-29.5,19.5),并开始扩槽
Y-19.5;
X29.5;
Y19.5;
X-29.5;                             第二圈扩槽加工结束
X0.0 Y0.0;                          回中心,第一层粗加工结束
M99
```

3.5.3 加工中心编程综合应用

【例 3-24】 箱体螺纹孔的数控加工。

1. 零件分析

如图 3-101 所示某箱体零件，小批量生产。在箱体的平面上有 6 个螺纹孔，有一定的位置精度要求，平面已经加工平整。

2. 工艺步骤

对于螺纹孔的加工采用钻导引孔→钻孔→倒角→攻螺纹的工序进行加工。先用中心钻在孔的中心位置钻出中心孔，中心孔刀具号为 T12，长度补偿代号 H12；再用 φ8.5 mm 钻头钻盲孔，钻头刀具号为 T13，长度补偿号 H13；在进行倒角，倒角刀刀具号为 T14，长度补偿代号 H14；最后用丝锥对孔位进行攻螺纹，丝锥刀具号为 T15，长度补偿代号 H15。加工前设定好各把刀具的长度补偿值。

3. 工件坐标系设置

工件坐标系原点设置：X 为箱体的中心；Y 为箱体的中心；Z 为箱体上平面。

工件坐标系由 G54 设定。

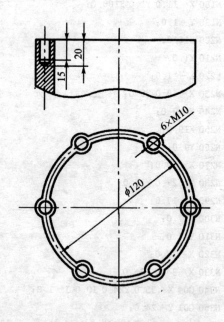

图 3-101 箱体零件

4. 程序编制

主程序:

O0001;
G28 Z0.0;
T12 M06;
G54 G90 G00 Z100.0;
S1800 M03 M08;
G43 Z20.0 H12;
G98 G81 X60.0 Y0.0 R1.0 Z-5.0 F60.0;(钻中心孔)
M98 P2009;
G80;
G28 Z0.0;
T13 M06;
S800 M03 M08;
G00 G43 Z20.0 H13;
G98 G83 X60.0 Y0.0 R1.0 Z-20.0 Q5.0 F50.0;(钻螺纹底孔)
M98 P2009;
G80;
G28 Z0.0;
T14 M06;
S500 M03 M08;
G00 G43 Z20.0 H14;
G98 G82 X60.0 Y0.0 R1.0 Z-6.0 P1000 F60.0;(倒角)
M98 P2009;
G80;
G28 Z0.0;
T15 M06;
S200 M03 M08;
G00 G43 Z20.0 H15;
G98 G84 X60.0 Y0.0 R1.0 Z-15.0 F300.0;(攻螺纹)
M98 P2009;
G80;
M05;
M30;

孔位的子程序:

O2009;
X30.0 Y51.962;
X-30.0 Y51.962;
X-60.0 Y0;
X-30.0 Y-51.962;
X30.0 Y-51.962;
M99;

3.6 数控编程的自动编程简介

在为复杂的零件编制数控加工程序时,刀具运行轨迹的计算非常复杂,计算相当烦琐且易出错,程序量大,手工编程很难胜任,即使能够编制出,往往耗费很长时间。因此,必须采用计算机辅助自动编制数控加工程序。

计算机辅助自动编程的特点是应用计算机代替人的许多工作,人可以不参加计算、数据处理、编写程序单等工作。计算机能经济地完成人无法完成的复杂零件的刀具中心轨迹的编程工作,而且能完成更快、更精确的计算,那种手工计算中经常出现的计算错误在计算机辅助自动编程中消失了。

3.6.1 计算机辅助数控程序自动编制的基本概念

在为复杂的零件编制数控加工程序时,刀具运行轨迹的计算非常复杂,计算相当烦琐且易出错,手工编程很难胜任。计算机辅助自动编程可以应用计算机代替人的许多工作,人可以不参加计算、数据处理、编写程序单等工作,计算机能经济地完成人无法完成的复杂零件的刀具中心轨迹的编程工作,而且能完成更快、更精确的计算,且不易出现计算错误。因此,对于复杂零件的程序编制一般采用计算机辅助自动编制软件完成。

计算机辅助数控编程技术主要体现在两个方面,即用 APT(Automatically Programmed Tool)语言自动编程和用 CAD(计算机辅助设计)/CAM(计算机辅助制造)一体化数控编程语言进行图形交互式自动编程。

APT 语言是用专用语句书写源程序,将其输入计算机,由 APT 处理程序经过编译和运算,输出刀具轨迹,然后再经过后置处理,把通用的刀位数据转换成数控机床所要求的数控指令格式。采用 APT 语言自动编程可将数学处理及编写加工程序的工作交给计算机完成,从而提高了编程的速度和精度,解决了某些手工编程无法解决的复杂零件的编程问题。然而,这种方法的不足之处是:由于 APT 语言是开发得比较早的计算机数控编程语言,计算机的图形处理功能不强,所以必须在 APT 源程序中用语言的形式去描述本来十分直观的几何图形信息及加工过程,再由计算机处理生成加工程序,致使这种编程方法直观性差,编程过程比较复杂且不易掌握,编制过程中不便于进行阶段性检查。

近年来,由于计算机技术发展得十分迅速,计算机的图形处理功能有了很大的增强,使得零件设计和数控编程联成一体,CAD/CAM 集成数控编程系统便应运而生,它普遍采用图形交互自动编程方法,通过专用的计算机软件来实现。这种软件通常以机械计算机辅助设计(CAD)软件为基础,利用 CAD 软件的图形编辑功能将零件的几何图形绘制到计算机上,形成零件的图形文件,然后调用数控编程模块,采用人机对话的方式在计算机屏幕上指定被加工的部位,再输入相应的加工参数,计算机就可自动进行必要的数学处理并编制出数控加工程序,同时在计算机屏幕上动态地显示出刀具的加工轨迹。很显然,这种编程方法与手工编程和用 APT 语言编程相比,具有速度快、精度高、直观性好、使用简单、便于检查等优点。20 世纪 90 年代中期以后,CAD/CAM 集成数控编程系统向集成化、智能化、网络化、并行化和虚拟化方向迅速发展。

3.6.2 CAD/CAM 集成数控自动编程系统的原理

1. CAD/CAM 集成数控自动编程系统的原理

CAD/CAM 集成数控编程是以待加工零件 CAD 模型为基础的一种集加工工艺规划(process planning)及数控编程为一体的自动编程方法。零件 CAD 模型的描述方法很多,适用于数控编程的方法主要有表面模型(surface model)和实体模型(solid model),其中表面模型在数控编程应用中较为广泛。以表面模型为基础的 CAD/CAM 集成数控编程系统习惯上称为图像数控编程系统。

CAD/CAM 集成数控编程的主要特点是:零件的几何形状可在零件设计阶段采用 CAD/CAM 集成系统的几何设计模块,并在图形交互方式下进行定义、显示和修改,最终得到零件的几何模型。数控编程的一般过程包括:刀具的定义或选择,刀具相对于零件表面的运动方式的定义,切削加工参数的确定,进给轨迹的生成,加工过程的动态图形仿真显示,程序验证直到后置处理等,一般都是在屏幕菜单及命令驱动等图形交互方式下完成的,具有形象、直观和高效等优点。

与以表面模型为基础的数控编程方法相比,以实体模型为基础的数控编程方法较为复杂。基于表面模型的数控编程系统一般仅用于数控编程,也就是说,其零件的设计功能(或几何造型功能)是专为数控编程服务的,针对性很强,易于使用,典型的软件系统有 MasterCAM、SurfCAM 等数控编程系统。而基于实体模型的数控编程系统则不同,其实体模型一般都不是专为数控编程服务的,甚至不是为数控编程而设计的。因此,为了用于数控编程往往需要对实体模型进行可加工性分析,识别加工特征(machining feature)(加工表面或加工区域),并对加工特征进行加工工艺规划,最后才能进行数控编程,其中每一步可能都很复杂,需要在人机对话方式下进行。

2. CAD/CAM 集成数控编程系统的组成

在几何造型模块中,常用的几何模型包括表面模型(surface model)、实体模型(solid model)和加工特征单元模型(machined feature model)。在集成化的 CAD/CAM 系统中,应用最为广泛的几何模型表示方法是边界表示法(B-Rep:boundary representation)和结构化实体几何法(CSG:constructive solid geometry)。在现代 CAD/CAM 系统中,最常用的几何模型内核主要有 Parasolid 和 ACIS 两种。

一个集成化的 CAD/CAM 数控编程系统,一般由几何造型、刀具轨迹生成、刀具轨迹编辑、刀具轨迹验证、后置处理、图形显示、几何模型内核、运行控制及用户界面等组成,如图 3-102 所示。整个系统的核心是几何模型内核。

其中,多轴刀具轨迹生成模块直接采用几何模型中加工(特征)单元的边界表示模式,根据所选用的刀具及加工方式进行刀位计算,生成数控加工刀具轨迹;刀具轨迹编辑根据加工

图 3-102 CAD/CAM 集成数控编程系统的组成

单元的约束条件对刀具轨迹进行裁剪、编辑和修改;刀具轨迹验证一方面检验刀具轨迹是否正确,另一方面检验刀具是否与加工单元的约束面发生干涉和碰撞,其次是检验刀具是否啃切加工表面;图形显示贯穿整个设计与加工编程过程的始终;用户界面提供给用户一个良好的操作环境;运行控制模块支持用户界面所有的输入方式到各功能模块之间的接口。

3.6.3 CAD/CAM集成数控自动编程系统的应用

1. 熟悉系统的功能与使用方法

全面了解系统的功能和使用方法有助于正确运用该系统进行零件数控加工程序编制。

(1) 了解系统的功能框架　首先,应了解CAD/CAM集成数控编程系统的总体功能框架,包括造型设计、二维工程绘图、装配、模具设计、制造等功能模块,以及每一个功能模块所包含的内容,特别应关注造型设计中的草图设计、曲面设计、实体造型以及特征造型的功能,因为这些是数控编程的基础。

(2) 了解系统的数控加工编程能力　一个系统的数控编程能力主要体现在以下几个方面。

① 适用范围:车削、铣削、线切割等。

② 可编程的坐标数:点位、二坐标、三坐标、四坐标及五坐标。

③ 可编程的对象:多坐标点位加工编程、表面区域加工编程(是否具备多曲面曲域的加工编程)、轮廓加工编程、曲面交线及过渡区域加工编程、型腔加工编程、曲面通道加工编程等。

④ 有无刀具轨迹的编辑功能,有哪些编辑手段,如刀具轨迹变换、裁剪、修正、删除、转置、匀化(刀位点加密、浓缩和筛选)、分割及连接等。

⑤ 有无刀具轨迹验证功能,有哪些验证手段,如刀具轨迹仿真、刀具运动过程仿真、加工过程模拟和截面法验证等。

(3) 熟悉系统的界面和使用方法　通过系统提供的手册示例或教程,熟悉系统的操作界面和风格,掌握系统的使用方法。

(4) 了解系统的文件管理方式　零件的数控加工程序是以文件形式存在的。在实际编程时,往往还要构造一些中间文件,如零件模型(或加工单元)文件、工作过程文件(日志文件)、几何元素(曲线、曲面)的数据文件、刀具文件、刀位原文件、机床数据文件等。在使用之前应熟悉系统对这些文件的管理方式以及它们之间的关系。

2. 零件图及加工工艺分析

零件图及加工工艺分析是数控编程的基础,所以计算机辅助编程和手工编程、APT语言编程同样且首先要进行这项工作。目前,由于国内计算机辅助工艺过程设计(CAPP)技术尚未达到普及应用阶段,因此该项工作还不能由计算机承担,仍需依靠人工进行。因为计算机辅助编程需要将零件被加工部位的图形准确地绘制在计算机上,并需要确定有关工件的装夹位置、工件坐标系、刀具尺寸、加工路线及加工工艺参数等数据之后才能进行编程,所以,作为编程前期工作的零件图及加工工艺分析的任务主要有:

(1) 分析待加工表面　一般来说,在一次加工中,只需对加工零件的部分表面进行加工,主要内容有:确定待加工表面及其约束面,并对其几何定义进行分析,必要时需对原始数据进行一定的预处理,要求所有几何元素的定义具有唯一性。

(2) 确定加工方法　根据零件毛坯形状及其约束面的几何形态,并根据现有机床设备条件,确定零件的加工方法及所需的机床设备和工夹量具。

(3) 选择合适的刀具 可根据加工方法和加工表面及其约束面的几何形态选择合适的刀具类型及刀具尺寸。但对于某些复杂曲面零件,则需要对加工表面及其约束面的几何形态进行数值计算,根据计算结果才能确定刀具类型和刀具尺寸。这是因为,对于一些复杂曲面零件的加工,希望所选择的刀具加工效率高,同时又希望所选择的刀具符合加工表面的要求,且不与非加工表面发生干涉或碰撞。不过,在某些情况下,加工表面及其约束面的几何形态数值计算很困难,只能根据经验和直觉选择刀具,这时,便不能保证所选择的刀具是合适的,在刀具轨迹生成之后,需要进行一定的刀具轨迹验证。

(4) 确定编程原点及编程坐标系 一般根据零件的基准面(或孔)的位置以及待加工表面及其约束面的几何形态,在零件毛坯上选择一个合适的编程原点及编程坐标系(也称工件坐标系)。

(5) 确定加工路线并选择合理的工艺参数。

3. 几何造型

对待加工表面及其约束面进行造型是数控加工编程的第一步。对于 CAD/CAM 集成数控编程系统来说,一般可根据几何元素的定义方式,在前述零件分析的基础上,对加工表面及其约束面进行几何造型。几何造型就是利用计算机辅助编程软件的图形绘制、编辑修改、曲线曲面造型等有关指令将零件被加工部位的几何图形准确地绘制在计算机屏幕上,与此同时,在计算机内自动形成零件的图形数据文件,作为下一步刀位轨迹计算的依据。

4. 刀具轨迹生成

计算机辅助编程的刀具轨迹生成是面向屏幕上的图形交互进行的。一般可在所定义的加工表面(或加工单元)上确定其外法向矢量方向,并选择一种进给方式,根据所选择的刀具(或定义的刀具)和加工参数,系统将自动生成所需的刀具轨迹。所要求的加工参数包括:安全平面、主轴转速、进给速度、线性逼近误差、刀具轨迹间的残留高度、切削深度、加工余量和进刀/退刀方式等。

刀具轨迹生成后,若系统具备刀具轨迹显示及交互编辑功能,则可以将刀具轨迹显示出来,如果有不妥之处,可在人机交互方式下对刀具轨迹进行适当的编辑与修改。刀具轨迹计算的结果存放在刀位原文件中(.cls)。

5. 刀具轨迹验证

如果系统具有刀具轨迹验证功能,对于可能过切、干涉与碰撞的刀位点,采用系统提供的刀具轨迹验证手段进行检验。

需要说明的是,对于非动态图形仿真验证,由于刀具轨迹验证需要大量应用曲面求交算法,计算时间较长,最好是在批处理方式下进行,检验结果存放在刀具轨迹验证文件中,供分析和图形显示用。

6. 后置处理

后置处理的目的是形成数控指令文件。由于各种机床使用的控制系统不同,所以所用的数控指令文件的代码及格式也有所不同。为解决这个问题,软件通常设置一个后置处理文件。在进行后置处理时,应根据所选用的数控系统,调用其机床数据文件,运行数控编程系统提供的后置处理程序,将刀位原文件转换成适应该数控系统的加工程序。

本章小结

本章参照 ISO 国际标准和 JB/T 3208-1999、JB/T3051-1999 等国家标准,以 FANUC 0i 典型系统为例,系统讲解了数控编程的基本方法、步骤和常用编程指令的应用。

学好数控编程首先要掌握数控编程的几何基础和工艺基础两大基础。本章系统全面地介绍了数控编程的几何基础,通过该部分的学习,读者应掌握数控机床坐标系、工件坐标系、编程坐标系的差异和各自建立的方法,掌握坐标系确定的原则。而不同类型机床坐标系确定的情况是不同的,掌握机床零点、工件零点、参考点、起刀点、对刀点、刀位点、换刀点的含义和设定的原则;工艺基础内容可结合"机械制造工艺学"等相关课程系统掌握,在本章中,对工艺的讲解主要限于数控加工工艺和普通机械加工工艺的差异点。

数控编程虽然有统一的国际标准和国家标准,但是不同的数控系统(如 FANUC、SIEMENS、FAGOR 等),甚至同一系统的不同型号,编程格式和编程代码的含义是有区别的。读者在掌握数控编程和手工编程方法时,可结合本章讲解的 FANUC 0i 系统的编程,掌握一到两种典型数控系统的编程方法,举一反三,触类旁通,在机床实际操作中,以该机床的《数控编程说明书》规定格式进行编程。

数控编程常用编程代码包括:G 代码和 M 代码,此外还有 F、S、T 等工艺参数代码。在数控编程中,要注意掌握刀具补偿的建立方法、循环编程指令和子程序的应用等关键知识点。手工编程部分的最后,分别讲解了数控车削系统、数控铣削系统和加工中心系统的编程综合实例,在实例中,从工件零件图样分析、加工工艺确定、工装夹具选择到数控指令代码编制,详细介绍了数控编程的综合运用。

本章的最后,简要介绍了计算机辅助数控程序自动编程(CAD/CAM 图形交互式自动编程)的原理、方法和步骤,要具体掌握自动编程的方法,可结合一到两种常用 CAD/CAM 软件(如 PROE、MasterCAM 等)的学习和"CAD/CAM"等相关课程进行。

思考题与习题

3-1 试述数控编程有几种方法?各有何特点?

3-2 简述数控编程的内容和步骤。

3-3 什么是右手直角坐标系?X 轴、Z 轴在机床上是怎样确定的?

3-4 什么是机床坐标系?什么是工件坐标系?它们是如何建立的?都用什么指令?

3-5 什么是机床原点、工件原点、编程原点、机床参考点、起刀点、对刀点、刀位点和换刀点?它们之间有何关联?

3-6 什么是准备功能指令?模态代码与非模态代码有何不同?

3-7 FANUC 0i 系统有两组建立坐标系的指令,分别是:G92 和 G54~G59,这两种方法有何区别?

3-8 刀具长度补偿和半径补偿的作用是什么?如何来分别建立和取消?

3-9 固定循环编程有何意义?车削单一固定循环和复合固定循环有何区别?

3-10 编制如图 3-103 所示简单回转零件的车削加工程序,包括粗精车端面、外圆、倒角、倒圆。零件加工的单边余量为 2 mm，其左端的 25 mm 为夹紧用，可先在普通车床上完成夹紧面的车削。该零件粗、精车刀分别为 T01 和 T02，选用第二参考点为换刀点。

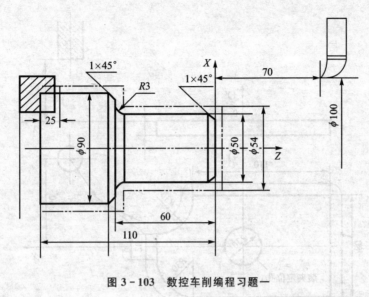

图 3-103　数控车削编程习题一

3-11　加工如图 3-104 所示工件，进行精加工，其中 Φ85 mm 外圆不加工。毛坯为 Φ85 mm×340 mm 棒料，材料为 45 钢。

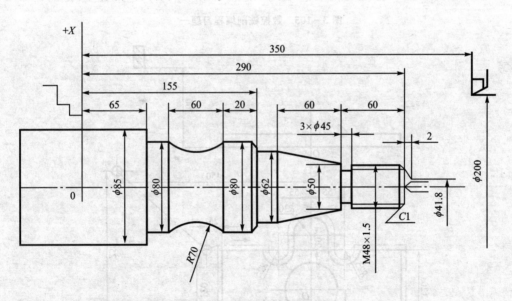

图 3-104　数控车削编程习题二

3-12　加工如图 3-105 所示零件。立铣刀直径 Φ20 mm，试编写加工程序。

3-13　加工如图 3-106 所示工件，进行周边铣削加工，且加工程序启动时刀具在参考点位置，参考位置如图中所示。选择 Φ30 立铣刀，并以零件的中心孔作为定位孔，加工时的走刀路线如图，试编写加工程序。

3-14　加工如图 3-107 所示零件，用固定循环编制孔加工程序。工件材料为 HT300，使用刀具 T01 为镗孔刀，长度补偿号为 H01；T02 为 Φ13 mm 钻头，长度补偿号为 H02；T03

为锪钻,长度补偿号为 H03。工件坐标系用 G54,工件坐标系原点选在工件顶平面对称中心处。

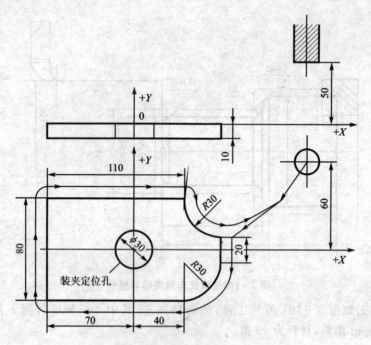

图 3-105 数控铣削编程习题一

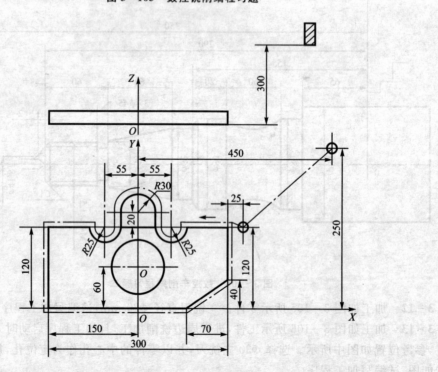

图 3-106 数控铣削编程习题二

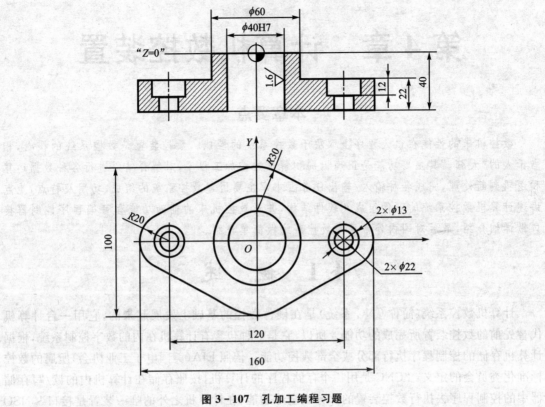

图 3-107 孔加工编程习题

第 4 章 计算机数控装置

本章要点

数控机床的性能在很大程序上取决于数控系统的性能。数控装置是数控系统的核心,相当于人的"大脑。"其主要功能是正确识别和解释数控加工程序,对解释结果进行各种数据运算和逻辑判断处理,完成各种输入/输出任务。本章主要讲述数控系统的组成、功用及特点,重点讲述计算机数控系统的硬件组成及软件结构,并对数控机床的辅助功能和可编程序控制器接口做详细介绍,最后对国内外常见的数控系统做简单介绍。

4.1 概 述

计算机数控系统(简称 CNC 系统)是在硬件数控的基础上发展起来的,它用一台计算机代替先前的数控装置所完成的功能。所以,它是一种包含有计算机在内的数字控制系统,根据计算机存储的控制程序执行部分或全部数控功能。依照 EIA(美国电子工业协会)所属的数控标准化委员会的定义:"CNC 是用一个存储程序的计算机,按照存储在计算机内的读/写存储器中的控制程序去执行数控装置的部分或全部功能,在计算机之外的唯一装置是接口"。ISO(国际标准化组织)定义:"数控系统是一种控制系统,它自动阅读输入载体上事先给定的数字,并将其译码,从而使机床移动和加工零件"。数控系统的核心是完成数字信息运算、处理和控制的计算机,即数字控制装置。

从自动控制的角度看,CNC 系统是一种位置(轨迹)、速度(还包括电流)控制系统,其本质是以多执行部件(各运动轴)的位移量、速度为控制对象并使其协调运动的自动控制系统,是一种配有专用操作系统的计算机控制系统;从外部特征看,CNC 系统是由硬件(通用硬件和专用硬件)和软件(专用)两大部分组成的。表 4-1 为数控系统的演变过程。

由上述定义可知,CNC 系统与传统 NC 系统的区别在于:CNC 系统附加一个计算机作为控制器的一部分。目前在计算机数控系统中所用的计算机已不再是小型计算机,而是微型计算机,用微型计算机控制的系统称为 MNC 系统,亦统称为 CNC 系统。由于这两者的控制原理基本相同,因此本章主要讨论 CNC 系统。

1. 计算机数控装置的主要功能

计算机数控装置一般可完成以下功能:

① 控制轴数和联动轴数;

② 准备功能(G 功能);

③ 插补功能;

④ 主轴速度功能:主轴转速的编码方式、恒定线速度、主轴定向准;

⑤ 进给功能(F):切削进给速度;同步进给速度;快速进给速度;进给倍率;

⑥ 补偿功能:刀具长度、刀具半径补偿和刀尖圆弧的补偿;工艺量的补偿;

表4-1 数控系统的演变过程

分类	世代	诞生年代		系统元件及电路构成
		国外	我国	
硬件数控（NC）	第一代	1952年	1958年	电子管、继电器、模拟电路
	第二代	1959年	1965年	晶体管、数字电路（分立元件）
	第三代	1965年	1972年	集成数字电路
计算机数控（CNC）	第四代	1970年	1976年	内装小型计算机、中规模集成电路
	第五代	1974年	1982年	内装微处理器的NC字符显示，故障自诊断
	第六代	1979年 1981年 1987年	1991年 1995年	超大规模集成电路，大容量存储器，可编程接口，遥控接口；人机对话，动态图形显示，实时软件精度补偿，适应机床无人化运转要求； 32位CPU,可控15轴,设定0.0001 mm进给速度24 m/min,带前馈控制的交流数字伺服、智能化系统 利用RISC技术64位系统 微机开放式CNC系统

⑦ 固定循环加工功能；
⑧ 辅助功能（M代码）；
⑨ 字符图形显示功能；
⑩ 程序编制功能：手工编程、在线编程、自动编程；
⑪ 输入、输出和通信功能；
⑫ 自诊断功能。

2. 数控机床的性能指标

数控机床的性能指标主要体现在以下几个方面：

(1) 精度指标 精度指标包括定位精度、重复定位精度、分辨率和脉冲当量等。
(2) 坐标轴指标 坐标轴指标包括可控轴数和联动轴数。
(3) 运动性能指标 运动性能指标包括主轴转速、进给速度、行程和换刀时间等。
(4) 加工能力指标 加工能力指标一般用每分钟最大金属切除率表示。

表4-2列出了数控机床的性能指标及含义。

表4-2 数控机床的性能指标及含义

种类	项目	含义	影响
精度指标	定位精度	数控机床工作台等移动部件在确定的终点所达到的实际位置的水平	直接影响加工零件的位置精度
	重复定位精度	同一数控机床上，应用相同程序加工一批零件所得连续质量的一致程度	影响一批零件的加工一致性和稳定性
	分度精度	分度工作台在分度时，理论要求回转的角度值和实际回转角度值的差值	影响零件加工部位的空间位置及孔系加工的同轴度
	分辨率	指数控机床对两个相邻的分散细节间可分辨的最小间隔，即认识识别的最小单位的能力	决定机床的加工精度和表面质量
	脉冲当量	执行运动部件的移动量	决定机床的加工精度和表面质量

续表 4-2

种类	项目	含义	影响
坐标轴	可控轴数	机床数控装置能控制的坐标数目	影响机床功能、加工适应性和工艺范围
	联动轴数	机床数控装置控制的坐标轴同时到达空间某一点的坐标数目	影响机床功能、加工适应性和工艺范围
运动性能指标	主轴转速	机床主轴转动速度（一般达到 5 000~10 000 r/min）	可加工小孔和提高零件表面质量
	进给精度	机床进给线速度	影响零件加工质量、生产效率和刀具寿命等
	行程	数控机床坐标轴空间运动范围	影响零件加工大小（机床加工能力）
	摆角范围	数控机床摆角坐标的转角大小	影响加工零件的空间大小及机床刚度
	刀库容量	刀库能存放加工所需的刀具数量	影响加工适应性及加工资源
	换刀时间	带自动换刀装置的机床将主轴用刀与刀库中下工序用刀交换所需时间	影响加工效率
加工能力指标	每分钟最大金属切除率	单位时间内去除金属余量的体积	影响加工效率

4.2 计算机数控系统的硬件

CNC 系统由软件和硬件组成，硬件为软件的运行提供了支持环境，软件主要完成数控机床功能的实现。控制软件是为完成特定 CNC（或 MNC）系统各项功能所编制的专用软件，又称为系统软件（或系统程序）。

4.2.1 CNC 系统的硬件构成

CNC 系统的硬件构成需根据控制对象所需的 CNC 功能决定，因此在构成 CNC 硬件时，必须从系统功能要求出发。随着大规模集成电路技术和表面安装技术的发展，CNC 系统硬件模块及安装方式不断改进。概括起来 CNC 的硬件组成如图 4-1 所示。

由图 4-1 可见，CNC 系统中各组成部分及其功能如下：

1）计算机数控装置

计算机是 CNC 装置的核心，主要包括微处理器（CPU）和总线、存储器、外围逻辑电路等。硬件的主要任务是对数据进行算术和逻辑运算，存储系统程序、零件程序及运算的中间变量以及管理定时与中断信号等。

2）电源部分

电源部分的任务是给 CNC 装置提供一定功率的逻辑电压、模拟电压及开关量控制电压，要能够抵抗较强的浪涌电压和尖峰电压的干扰。电源抗电磁干扰和工业生产过程中所产生的干扰的能力在很大程度上决定了 CNC 装置的抗干扰能力。典型的电源电压有 ±5 V、±12 V、±15 V 和 ±24 V。

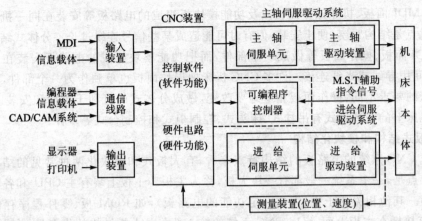

图 4-1 CNC 系统的组成框图

3) 面板接口和显示接口

这一部分接口电路主要是控制 MDI 面板、机床操作面板、数码显示或 CRT 显示等。操作者的手动数据输入、各种方式的操作、CNC 的结果和信息都要通过这部分电路输入并与 CNC 装置建立联系。

4) 开关量 I/O(输入/输出)接口

对 CNC 装置来说,由机床(MT)向 CNC 传送的开关信号和代码信号称为输入信号,由 CNC 向 MT 传送的开关信号和代码信号称为输出信号。CNC 和 MT 之间的输入输出信号不能直接连接,而要通过 I/O 接口电路连接起来。

5) 内装型 PLC 部分

PLC 是替代传统的机床强电的继电器逻辑,利用逻辑运算功能实现各种开关量的控制。现代 CNC 多采用内装型 PLC(也称 PMC),因此它已成为 CNC 装置的一个组成部分。

6) 伺服输出和位置反馈接口

伺服输出接口把 CPU 插补运算所产生的机床坐标轴的位移量经转换后输出给伺服驱动系统,它一般由输出寄存器和 D/A 转换器组成。位置反馈接口采样位置反馈信号,它一般由鉴向、倍频电路和计数电路等组成。图 4-1 中,虚线表示在直闭环、半闭环系统中具有测量装置,在开环系统中不具有测量装置。

7) 主轴控制接口

主轴控制主要是对主轴转速的控制,提高主轴转速控制范围可以更好地实现高效、高精、高速加工。

8) 外设接口

这部分硬件的主要任务是把零件程序和机床参数通过外设接口输入 CNC 装置或从 CNC 装置输出,同时也提供 CNC 与上位计算机的接口。

4.2.2 CNC 装置的体系结构

CNC 装置的体系结构可从不同的角度有多种分类方法,分述如下:

1. 整体式结构和分体式结构

从 CNC 系统的总体安装结构看,有整体式结构和分体式结构两种。所谓整体式结构是把 CRT 和 MDI 面板、机床操作面板以及功能模块板组成的电路板等安装在同一机箱内。这种方式的优点是结构紧凑,便于安装,但有时可能造成某些信号连线过长。分体式结构通常把 CRT 和 MDI 面板、操作面板等做成一个部件,而把功能模块组成的电路板安装在一个机箱内,两者之间用导线或光纤连接。许多 CNC 机床把操作面板也单独作为一个部件,这是由于所控制机床的要求不同,操作面板相应地要改变,做成分体式的有利于更换和安装。CNC 操作面板在机床上的安装形式有吊挂式、床头式、控制柜式和控制台式等多种。

2. 大板式结构和模块化结构

从组成 CNC 系统的电路板的结构特点来看,有大板式和模块化两种常见的结构。大板式结构的特点是,一个系统一般都有一块大板,称为主板。主板上装有主 CPU 和各轴的位置控制电路等。其他相关的子板(完成一定功能的电路板),如 ROM 板、零件程序存储器板和 PLC 板都直接插在主板上面,组成 CNC 系统的核心部分。大板结构的优点是:结构紧凑,体积小,可靠性高,价格低,有很高的性能/价格比,也便于机床的一体化设计。其缺点是:硬件功能不易变动,不利于组织生产;总线模块化的开放系统结构的柔性比较高,其特点是将微处理器、存储器、输入/输出控制分别做成插件板(称为硬件模块),甚至将微处理器、存储器、输入/输出控制组成独立微计算机级的硬件模块,相应的软件也是模块结构,固化在硬件模块中。硬软件模块形成一个特定的功能单元,称为功能模块。功能模块间有明确定义的接口,接口是固定的,成为工厂标准或工业标准,彼此可以进行信息交换。于是可以积木式地组成 CNC 系统,使设计简单,有良好的适应性和扩展性,试制周期短,调整维护方便,效率高。

3. 单微处理器和多微处理器结构

从 CNC 系统使用的微机及结构来分,CNC 系统的硬件结构一般分为单微处理器和多片微处理器结构两大类。初期的 CNC 系统和现有一些经济型 CNC 系统采用单微处理器结构。而多微处理器结构可以满足数控机床高进给速度、高加工精度和许多复杂功能的要求,也适应于并入 FMS 和 CIMS 运行的需要,中高档的 CNC 装置以多微处理器结构为多。多微处理器得到了迅速的发展,它反映了当今数控系统的新水平。

1) 单微处理器结构

所谓单片微处理器结构是指只有一个 CPU、采用集中控制分时方法处理数控的各个任务。单微处理器结构一般由微处理器、存储器、总线和接口等组成。单片微处理器数控装置是以一个 CPU(中央处理器)为核心,CPU 通过总线与存储器和各种接口相连接,采取集中控制、分时处理的工作方式,完成数控加工各个任务。接口包括 I/O 接口、串行接口、CRT/MDI 接口、数控技术中的控制单元部件和接口电路,如位置控制单元、可编程控制器(PC)、主轴控制单元以及其他选件接口等。单微处理器结构如图 4-2 所示。

图 4-2 中各部分作用如下:

① 微处理器和总线 微处理器负责运算、控制任务;总线为 CPU 与各组成部件、接口等之间的信息公共传输线,包括控制总线、地址总线和数据总线。

② 存储器 存储器包括只读存储器(ROM)和随机存储器(RAM)以及 CMOS RAM 或磁泡存储器等。其中只读存储器负责存放数控机床的系统程序;随机存储器负责存放运算的中间结果和需显示的数据、运行中的状态、标志信息等;CMOS RAM 或磁泡存储器负责存放加工的零件程序、机床参数和刀具参数等。

③ 位置控制单元 位置控制单元负责对数控机床的进给运动的坐标轴位置进行控制(包

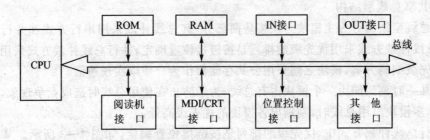

图 4-2 单片微处理器硬件结构图

括位置和速度控制)。对主轴的控制一般只包括速度控制;对 C 轴位置控制包括位置和速度控制;对刀库位置控制属于简易位置控制。进给轴位置控制的硬件一般由大规模专用集成电路位置控制芯片或位置控制模板完成。

2) 多微处理器结构

单微处理器结构有不易进行功能的扩展和提高以及处理速度低、数控功能差的缺点。采用单 CPU 的弥补的措施有:增加浮点协处理器(如采用 8086+8087 结构)、硬件分担插补或采用全智能化的 CRT、PLC 部件等方法。为了弥补单微处理器的缺陷和不足,采用两个及两个以上的 CPU 组成的 CNC 称为多微处理器系统。

① 多微处理器 CNC 装置结构的特点如下:
- 性能价格比高(单 CPU 限制性能;而多 CPU 提高速度,扩展性能);
- 采用模块化结构,具有良好的适应性和扩展性;
- 硬件易于组织规模生产;
- 可靠性高。

② 多微处理器数控装置的硬件结构分类

多微处理器数控装置的硬件结构主要是以 PC 为基础的 CNC 类型,包括 PC 嵌入式 NC 型、NC 嵌入式 PC 型、软件 CNC 和基于现场总线的 PC 控制等几种类型。

- PC 嵌入式 NC 型:保持专用 CNC,通过通信方式和 PC 相连,具有一定的开放性,但用户无法介入系统的核心。如 FANUC18i/16i,SIEMENS 840,AB 9360 等系统属于该类型。
- NC 嵌入式 PC 型:在标准的工业 PC 上安装专用的运动控制卡,如美国 DELTA TAU 公司 PMAC-NC 系统。
- 软件 CNC 型:系统的所有功能通过工业 PC 来实现,用户可以在 DOS、WINDOWS NT 平台上利用开放的 CNC 内核,开发各种功能,构成各种类型的高性能数控系统,其性能价格比高。如华中数控系统,美国 MDIS 公司的 OPEN CNC,德国 POWER AUTOMATION 公司的 PA8000NT 等系统。
- 基于现场总线的 PC 控制型:基于现场总线的 PC 系统是开放结构数控系统体系结构的主流。

③ 多片微处理器 CNC 装置的典型结构

多片微处理器 CNC 装置的典型结构多为总线互联方式。其结构有:共享总线型、共享存储器型和混合型结构。其功能模块可分为 CNC 管理模块、存储器模块、CNC 插补模块、位置控制模块、操作控制数据输入、输出和显示模块和 PLC 模块等。

(A) 共享总线型结构

共享总线型结构分为主模块与从模块两部分,其总线仲裁采用串行方式和并行方式。其中,串行总线仲裁方式采用优先级的排列是按链接位置确定;并行总线仲裁方式采用专用逻辑电路和优先级编码方案,模块之间采用公共存储器作为介质以实现通信。

由于某一时刻只能由一个模块占有总线,为了防止在使用总线时造成竞争现象,需要总线仲裁,即在多模块争用总线时,判别出各模块的优先级高低。

在串行总线仲裁方式中,优先级的排列是按链接位置确定,如图 4-3 所示。某个主模块只有在前面优先级更高的主模块不占用总线时,才可使用总线,同时通知它后面的优先级较低的主模块不得使用总线。

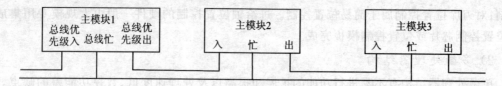

图 4-3 串行总线仲裁连接方式

并行总线仲裁方式中,要配备专用的逻辑电路来解决主模块优先级的问题,通常采用优先级编码的方案。这种模块之间的通信主要依靠存储器来实现,而存储器又大部分采用公共存储器方式。公共存储器直接插在系统总线上,有总线使用权的主模块都能访问。使用公共存储器的通信双方都要占用系统总线,可供任意两个主模块交换信息。

支持此种系统结构的并按其担负任务的总线有:STD bus(支持 8 位和 16 位字长)、Multi bus(Ⅰ型支持 16 位字长,Ⅱ型支持 32 位字长)、S-100 bus(可支持 16 位字长)、VERSA bus(可支持 32 位字长)和 VME bus(可支持 32 位字长)等几种。

共享总线结构方案的优点是:系统配置灵活,结构简单,容易实现,价格低廉。不足之处是:由于"竞争"的存在,使信息传输率降低,总线一旦出现故障会影响全局。

(B) 共享存储器型结构

图 4-4 所示为 GE 公司的 MTC1 数控装置的结构框图,是一种典型的共享存储器结构。各功能模块之间通过公共存储器连接耦合在一起,共用 3 个 CPU。

CPU1 为中央处理器,负责数控程序的编辑、译码、刀具和机床参数的输入。此外,它还控制 CPU2 和 CPU3,并与之交换信息。CNC 的控制程序(系统程序)有 56 KB,存放在 EPROM 中,26 KB 的 RAM 存放零件程序、预处理信息及工作状态、标志。为了与 CPU1 和 CPU2 交换信息,它们各有 512 个字节的公共存储器,CPU1 可以和公用存储器交换信息。

CPU 2 为 CRT 显示处理器,其任务是根据 CPU1 的指令和显示数据,在显示缓冲区中组成一幅画面数据,通过 CRT 控制器、字符发生器和移位寄存器,将显示数据串行送到视频电路进行显示。此外,它还定时扫描键盘和倍率开关状态,并送 CPU1 进行处理。CPU2 有 16 KB 的 EPROM 存放显示控制程序,还有 2 KB 的 RAM 存储器,其中 512 个字节是与 CPU1 共用的公共存储器。还有 512 个字节是对应显示屏幕的页面缓冲区,其余 1K 字节用于数据、状态及开关编码等信息的存储。

CPU3 为插补处理器,使插补控制程序存储在 16 KB 的 EPROM 中,主要完成插补运算、位置控制、机床 I/O 接口和 RS232 接口控制。CPU3 根据 CPU1 的命令及预处理的结果进行

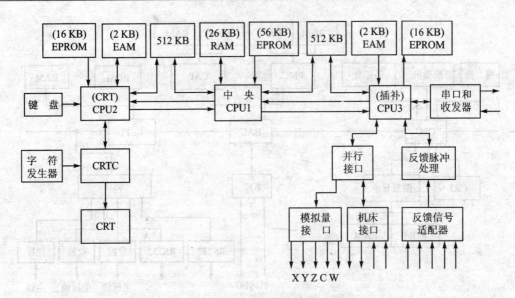

图 4-4 MTC1 的 CNC 装置结构框图

直线或圆弧插补。它定时反馈各轴的实际位置,根据插补运算结果计算各轴的跟随误差,以得到速度指令值,经 D/A 转换输出模拟电压到各伺服单元。另外,CPU3 通过它的 512 个字节公用存储器 CPU1 提供机床操作面板开关的状态及所显示的位置信息等。CPU3 对 RS232 接口定时接收外设送来的数据,并通过公用存储器转送到 CPU1 的零件存储器中,或从公共存储器将 CPU1 送来的数据经 RS232 接口送到外设。

CPU1 对 CPU2 和 CPU3 的控制是通过中断实现的。三个 CPU 都分别设有若干级中断,CPU1 的 6.5 级中断受 CPU3 的 6.5 级中断的控制。在 CPU3 的 6.5 级中断结束时,发出 CPU1 的 6.5 级中断请求,而 CPU3 的 6.5 级中断是由定时器每 10 ms 来一次,来触发 CPU1 的 7.5 级中断,使 CPU1 与 CPU3 的通信同步与协调。

(C) 共享总线和共享存储器型(混合)结构

多微处理器 CNC 装置采用共享总线和共享存储器型的结构形式能较好地完成并行多任务实时处理的数控功能。图 4-5 为 FUNUC11 的 CNC 装置结构框图,它采用共享总线和共享存储器型的结构形式。

图中:OPC 为操作控制器;BAC 为总线仲裁控制器;IOC 为输入输出控制器;CAP 为自动编程单元;SSU 为系统支持单元;PMC 为可编程机床控制器。

FUNUC11 CNC 装置是为柔性制造系统所用数控机床而设计的,除了能实现多个坐标控制外,还能实现在线(后台)自动编程、加工过程和程编零件的图形显示以及与主机的通信等。系统有公共的存储器,每个 CPU 还有自己的存储器。按功能可划分为基本的数控部分、会话式自动编程部分、CRT 图形显示部分和可编程序控制器 PLC 等。

图 4-5 中包括的功能模块如下:

- 主处理单元 主要完成基本的数控任务及系统管理,主 CPU 为 68000,是一个 16 位处理器。
- 图形显示单元 主要完成数控加工的图形显示(CPU 为 8086)和在线的人机对话自动编程(CPU 为 8086+8087)。

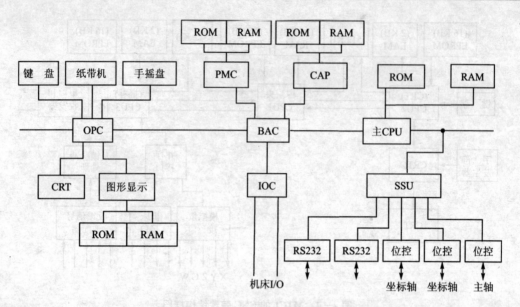

图 4-5 FUNUC11 的 CNC 装置结构框图

- 总线仲裁控制器（BAC）的功能　对请求总线使用权的 CPU 进行裁决，按优先级分配总线使用权并产生信号，使没有得到总线控制权的 CPU 处于等待状态。此外，BAC 还具有位操作、并行 DMA（直接存储器存取）控制和串行 DMA 控制等特殊功能。
- 接口 SSU　接口 SSU 是系统支持单元，它是 CNC 装置与机床和机器人等设备的接口。其功能部件主要是位置控制芯片（MB87103），芯片的输出连接到进给驱动装置和主轴驱动装置，其输入为插补来的速度指令和位置测量元件的反馈信号，用于传送高速信号的高速 I/O 口。
- 操作板控制器 OPC　OPC 用于和各种操作外设相连，主要包括：键盘信号的接收和驱动；CRT 的控制接口；手摇脉冲发生器接口；RS232C 接口和 20 mA 电流环接口以及操作开关和显示接口。
- 输入/输出控制器 IOC　它接收、传送 PMC 和机床开关控制的按钮、限位开关和继电器等之间的信号。
- 存储器　该系统有多种存储器，除主存储器外，各 CPU 都有自己的存储器。大容量磁泡存储器可达 4 MB，PMC 的 ROM 为 128 KB。顺序逻辑程序可达 16 000 步，系统控制程序 ROM 容量为 256 KB。

共享存储器的多 CPU CNC 装置还采用多端口存储器来实现各微处理器之间的互联和通信，由多端口控制逻辑电路解决访问冲突。图 4-6 为一个双端口式存储器结构框图，它配有两套数据、地址和控制线，可供两个端口访问，访问优先级已安排好。两个端口同时访问时，由内部硬件裁决其中一个端口优先访问。图 4-7 为多微处理器式共享存储器采用多端口结构的框图。

(D) 多通道结构

通道结构（channel structure），即两种以上程序的并行处理。Siemens 850/880 采用此结构，它由数控（NC）、可编程序控制器（PLC）和通信（COM）等部分组成，是满足 FMS 和 CIM 需要的高档多微处理器系统。通道结构的特点是可将机床的任意坐标轴和主轴指定给每一个通道。

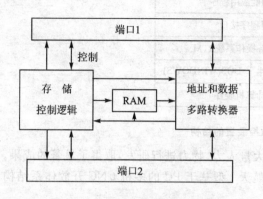

图 4-6 双端口存储器结构框图

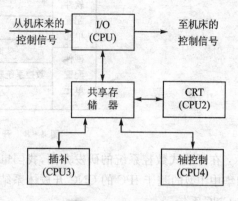

图 4-7 多 CPU 式共享存储器框图

4.2.3 开放式数控装置的体系结构

1. 开放式数控系统的产生

随着科技的发展和生产的需求,需要一种灵活(功能可组、可扩展、可添加)的开放式数控系统,它可以打破当前的"封闭式的"数控系统模式。体系开放式定义(IEEE)具有在不同的工作平台上均能实现系统功能,且可以与其他系统应用进行互操作的系统。

开放式数控系统特点为系统构件(软件和硬件)具有标准化(standardization)、多样化(diversification)和互换性(interchangeability)的特征,允许通过对构件的增减来构成系统,实现系统"积木式"的集成构造,是可移植的和透明的。

2. 开放体系结构 CNC 的优点

① 向未来技术开放 由于软硬件接口都遵循公认的标准协议,只需少量的重新设计和调整,新一代的通用软硬件资源就可能被现有系统所采纳、吸收和兼容,这就意味着系统的开发费用将大大降低而系统性能与可靠性将不断改善并处于长生命周期。

② 标准化的人机界面 标准化的编程语言方便用户使用,降低了和操作效率直接有关的劳动消耗。

③ 向用户的特殊要求开放 更扩充能力,提供可供选择的硬软件产品的各种组合以满足特殊的应用要求,给用户提供一个方法,从低级控制器开始,逐步提高,直到达到所要求的性能为止。另外,用户自身的技术诀窍能方便地融入,创造出自己的名牌产品。

④ 可减少产品品种,便于批量生产,提高可靠性和降低成本,增强市场供应能力和竞争能力。

3. 开放式数控装置的结构

开放式数控装置的一般结构如图 4-8 所示。

4. 国内外开放式数控系统的研究进展

近几年来,世界各国都在加紧开放式数控系统的研制开发。比较著名的研究计划有:美国的 NGC(The next generation work-station/machine controller)和 OMAC(open modular architecture controller)计划;欧共体的 OSACA(open system architecture for control within automation systems)计划和日本的 OSEC(open system environment for controller)计划。

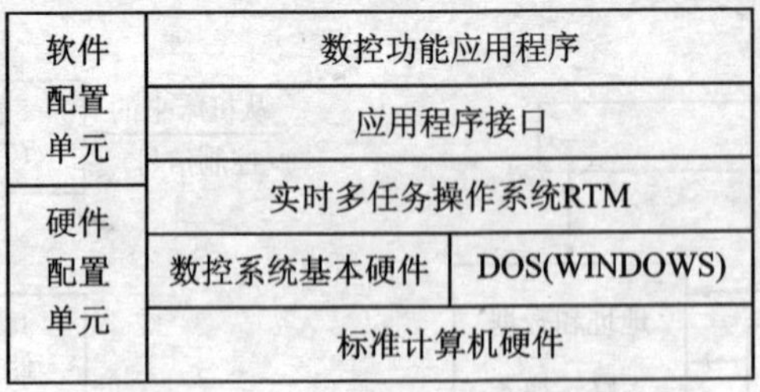

软件配置单元	数控功能应用程序
	应用程序接口
硬件配置单元	实时多任务操作系统RTM
	数控系统基本硬件 / DOS(WINDOWS)
	标准计算机硬件

图 4-8 开放式数控装置的结构

在开放式数控系统的研发方面,我国也花费大量人力、物力进行研发,取得了显著的成果。如华中Ⅰ型的基于IPC的CNC开放体系结构和航天Ⅰ型基于PC的多机CNC开放体系结构的CNC系统。

5. 开放式数控系统的发展趋势

开放式数控系统的发展趋势表现在以下几方面:

① 在控制系统技术、接口技术、检测传感技术、执行器技术和软件技术等方面开发出优质、先进、适销的经济、合理的开放式数控系统。

② 主攻方向是进一步适应高精度、高效率(高速)高自动化加工的需求。

③ 具备完善的网络化接口。

4.3 计算机数控系统的软件

4.3.1 计算机数控系统的软件概述

由于CNC系统的功能设置与控制方案各不相同,各种系统软件在结构和规模上差别很大。系统程序的设计与各项功能的实现及其将来的扩展有最直接的关系,是整个CNC系统研制工作中关键性的和工作量最大的部分。

计算机数控系统的软件可以看作是一种用于零件加工的、实时控制的、特殊的(或称专用的)计算机操作系统。这里的计算机数控系统的软件指的是为实现CNC系统各项功能所编制的专用软件,即存放于计算机内存中的系统程序,分为管理软件和控制软件两大部分,如图4-9所示。计算机数控系统的软件一般由输入数据处理程序、插补运算程序、速度控制程序、管理程序和诊断程序等组成。

系统的管理软件部分包括输入、I/O处理、通信、显示、诊断以及加工程序的编制管理等程序等;系统的控制软件部分包括译码、刀具补偿、速度处理、插补和位置控制等。在许多情况下,管理和控制的某些工作必须同时进行。例如,当CNC系统工作在加工控制状态时,为了使操作人员能及时地了解CNC系统的工作状态,管理软件中的显示模块必须与控制软件同时运行;当CNC系统工作在NC加工方式时,管理软件中的零件程序输入模块必须与控制软件同时运行。而当控制软件运行时,其本身的一些处理模块也必须同时运行。例如,为了保证加工过程的连续性,即刀具在各程序段之间不停刀,译码、刀具补偿和速度处理模块必须与插补模块同时运行,而插补又必须与位置控制同时进行。

综上所述,数控系统一般属于多任务并行处理方式。所谓CNC装置的多任务性是指两

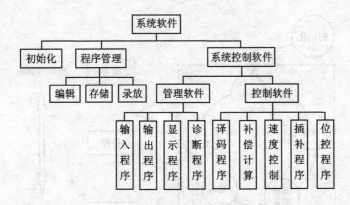

图 4-9 CNC 系统的任务分解图

个模块之间有并行处理关系;并行处理是指计算机在同一时刻或同一时间间隔内完成两种或两种以上性质相同或不相同的工作。并行处理的优点是提高了运行速度。并行处理可分为"资源重复"、"时间重叠"和"资源共享"等几种。其中,资源共享是指根据"分时共享"的原则,使多个用户按时间顺序使用同一套设备;"时间重叠"是指根据流水线处理技术,使多个处理过程在时间上相互错开,轮流使用同一套设备的几个部分。软件任务的并行处理如图 4-10 所示。

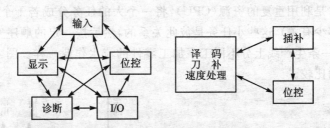

图 4-10 软件任务的并行处理

不同的数控系统系统软件的管理方式不同,对于单微处理器数控系统大多数采用前后台型和中断型的软件结构;而对于多微处理器数控系统一般将微处理器作为一个功能单元,大多采用并行处理和流水处理方式。下面分别介绍这两种类型系统的系统软件管理方式。

1. 单微处理器 CNC 系统的资源分时共享并行处理

在单 CPU 结构的 CNC 系统中,可采用"资源分时共享"并行处理技术。所谓资源分时共享是指在规定的时间长度(时间片)内,根据各任务实时性的要求,规定它们占用 CPU 的时间,使它们分时共享系统的资源。"资源分时共享"的技术关键为各任务的优先级分配和各任务占用 CPU 的时间长度,即时间片的分配问题。资源分时共享技术的特征为:

① 在任何一个时刻只有一个任务占用 CPU;

② 在一个时间片(如 8 ms 或 16 ms)内,CPU 并行地执行了两个或两个以上的任务。

因此,资源分时共享的并行处理只有宏观上的意义,即从微观上来看,各个任务还是逐一执行的,如图 4-11 所示。

2. 多微处理器 CNC 的并发处理和流水处理

在多 CPU 结构的 CNC 系统中,根据各任务之间的关联程度,可采用并发处理和流水处理两种并行处理技术。若任务间的关联程度不高,则可让其分别在不同的 CPU 上同时执行,

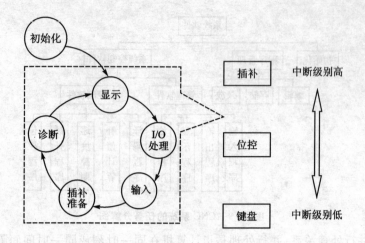

图 4-11 单微处理器 CNC 系统的资源分时共享并行处理

即并发处理;若任务间的关联程度较高,即一个任务的输出是另一个任务的输入,则可采取流水处理的方法来实现并行处理。

1) 流水处理技术的涵义

流水处理技术是利用重复的资源(CPU),将一个大的任务分成若干个子任务(任务的分法与资源重复的多少有关),这些小任务是彼此关系的,然后按一定的顺序安排每个资源执行一个任务,就像在一条生产线上分不同工序加工零件的流水作业一样。图 4-12 为顺序处理和并行处理方法的比较。

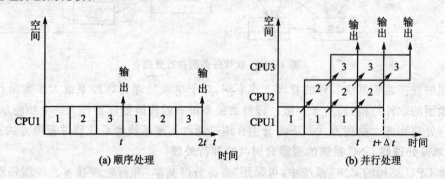

图 4-12 顺序处理和并行处理方法的比较

2) 并发处理和流水处理的特征

除流水处理除开始和结束外,在任何时刻均有两个或两个以上的任务在并发执行。并发处理和流水处理的关键是时间重叠,是以资源重复的代价换得时间上的重叠,或者说以空间复杂性的代价换得时间上的快速性。

3) 并行处理中的信息交换和同步

在 CNC 装置中信息交换主要通过各种缓冲区来实现,各缓冲区数据交换和更新的同步是靠同步信号指针来实现的。

3. 实时中断处理

1) CNC 系统的中断类型

CNC 系统的中断类型分为以下几种：

① 外部中断 如纸带光电阅读机中断，外部监控中断和键盘操作面板输入中断。

② 内部定时中断 指插补周期定时中断和位置采样定时中断。

③ 硬件故障中断 多指硬件故障检测装置发出的中断。

④ 程序性中断 程序中出现异常情况的报警中断。

2) CNC 系统中断结构模式

CNC 系统中断结构模式有前后台软件结构中的中断模式和中断型软件结构中的中断模式两种。

4.3.2 输入数据处理程序

输入数据处理程序接收输入的零件加工程序，将其用标准代码表示的加工指令和数据进行翻译、整理，按所规定的格式存放。有些系统还要进一步进行刀具半径偏移的计算或为插补运算和速度控制等进行一些预处理。输入数据处理程序一般包括输入、译码和数据处理三项内容。

1. 输入数据程序

输入到 CNC 装置有零件加工程序、控制参数和补偿数据。其输入方式有磁盘输入、磁带输入、开关量输入和连接上一级计算机的 DNC 接口输入。以通信及键盘方式输入的零件程序，一般是经过缓冲器以后，才进入零件程序存储器的。零件程序存储器的规模由系统设计员确定，一般有几 K 字节，可以存放许多零件程序。例如 7360 系统的零件程序存储器为 5K 字节，可存放 20 多个零件程序。

从 CNC 装置的工作方式看，分为存储工作方式输入和 NC 工作方式输入。所谓存储工作方式，是将加工的零件程序一次且全部输入到 CNC 装置的内存中，加工时再从存储器逐个程序段调出；所谓 NC 工作方式是指 CNC 系统边输入边加工，即在前一个程序段正在加工时，输入后一个程序段内容。对于系统程序，有的固化在 PROM 中，有的亦是用阅读机输入。无论是用阅读机输入零件加工程序还是系统程序，均有一个阅读机中断处理程序及输入管理程序。前者的作用是将字符从阅读机读入计算机内的缓冲器，一次中断只读一个字符，中断信号由中导孔产生。输入管理程序负责缓冲器的管理、读入字符的存放及阅读机的启停（另有硬件启停开关）等，图 4-13 为零件程序的输入过程。CNC 系统中通过磁盘、键盘或通信的方式输入零件程序，其输入大都采用中断方式。在系统程序中有相应的中断服务程序。键盘中断服务程序负责将键盘上输入的字符存入 MDI 缓冲器，每按一次键就是向主机申请一次中断，其流程框图如图 4-14 所示。

2. 译码程序

译码程序是以程序段为单位对信息进行处理，把其中的各种工件轮廓信息（如起点、终点、直线和圆弧）、加工速度 F 和其他辅助信息（M.S.T）依照计算机能识别的数据形式，并以一定的格式存放在指定的内存专用区间。这些信息在计算机作插补运算与控制操作之前必须翻译成计算机内部能识别的语言。在译码过程中，还要完成对程序段的语法检查，若发现语法错误

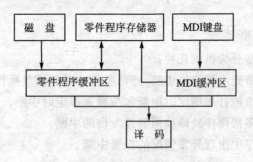

图4-13 零件程序的输入过程

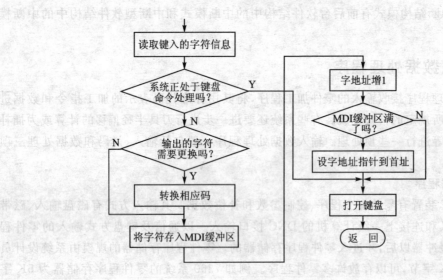

图4-14 键盘中断服务程序

便立即报警。

译码方法有解释和编译两种方法。译码内容包括整理和存放,有不按字符格式整理与存放方法和保留字符格式的整理与存放。

经过输入系统的工作,已将数据段送入零件程序存储器。下一步就是由译码程序将输入的零件程序数据段翻译成本系统能识别的语言。一个数据段从输入到传送至插补工作寄存器需经过以下几个环节,如图4-15所示。

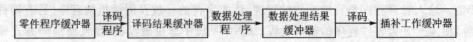

图4-15 一个数据段经历之过程

从原理和本质上说,软件译码与硬件译码相同。如:对于8单位的纸带程序,一个字符占8位。在16位字长的缓冲器中,一个字可存放两个字符,数据段长的则占的字数多。译码程序按次序将一个个字符和相应的数字进行比较,若相等,则说明已输入了该字符。它就好像在硬件译码线路中,一个代码输入时只打开相应的某一个与门一样。所不同的是译码程序是串行工作的,即一个一个地比较,一直到相等时为止。而硬件译码线路则是并行工作的,因而速度较快。以ISO码为例,M为$(01,001,101)_2$,即M为八进制的$(115)_8$,S为$(123)_8$,T为

$(124)_8$,F 为 $(106)_8$,……,因此,在判定数据段中是否已编入 M,S,T 或 F 字时,就可以将输入的字符和这些八进制数相比较,若相等,则说明相应的字符已输入,立即设立相应的标志。

某一个字符输入以后的处理过程包括:

① 建立格式标志　如果是位格式,则每个字符所占的格式字的位数不同。

② 根据输入字符的不同,确定相应的存放数值的地址。例如,M 码的值存放在 1000H,S 码的值存放在 1002H,……;有的系统则对于各专用地址码(如 N,X,Y,G,M,F 等)在存放区域中都有一个位移量,该区域的首址加上地址码所对应的位移量,就可得到该地址码所存放的区域。

③ 确定调用"数码转换程序"的次数　一个代码后总有数字相接,例如 M02,S11,X1000000,……。M 码的值最多为 2 位,G 码最多为 2 位(或 3 位),X 码的值最多为 7 位等。各个系统不尽相同,但对某一个具体系统而言,有一个规定值。如果某一个代码,它的值的最多为 2 位,那么只需调用数码转换程序两次。所谓数码转换,即把输入的字符(如 ASCII 码)转换成二进制码在内存中存放。

将不同字符的处理器程序合并起来需要一张信息表。该表中每一个字符均有相应的一栏。栏中内容包括地址偏移量、在格式标志字中的位数及调用数码转换程序的次数。经过一次的算术和逻辑运算即可以完成译码工作。在进行译码的同时,系统要对零件程序作语法检查,如输入的数字个数是否大于允许值,不允许带负号的地址码是否带了负号等。

译码的结果存放在规定的存储区内,存放译码结果的地方叫做译码结果存储器。译码结果存储器以规定的次序存放各代码的值(二进制),且包括一个程序格式标志单元,在该格式标志单元中某一位为 1,即表示指定的代码(例如 F,S,M,…)已经被编入。为了使用方便,有时对 G 码、M 码的每一个值或几个值单独建立标志字。例如,对关于插补方式的 G00,G01,G02,G03 建立一个标志字,该标志字为 0 时代表已编入了 G00,为 1 时代表编入了 G01……。图 4-16 为译码程序流程图。

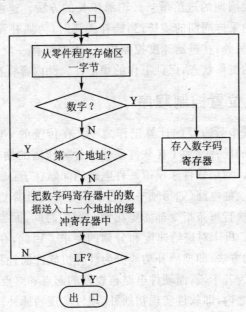

图 4-16　译码程序流程图

3. 数据处理

为了减轻插补工作的负担,提高系统的实时处理能力,常常在插补运算前先进行数据的预处理,例如,确定圆弧平面、刀具半径补偿的计算等。当采用数字积分法时,可预先进行左移规格化的处理和积分次数的计算等,这样,可把最直接、最方便形式的数据提供给插补运算。数据预处理即预计算,通常包括刀具长度补偿、刀具半径补偿计算、象限及进给方向判断、进给速度换算和机床辅助功能判断等。刀具半径补偿是把零件轮廓轨迹转化成刀具中心轨迹。速度计算是解决该加工数据段以什么样的速度运动的问题。需说明的是,最佳切削速度的确定是一个工艺问题,CNC 系统仅仅是保证编程速度的可靠实现。另外,诸如换刀、主轴启停、冷却液开停等辅助功能也在此程序中处理。在第 2 章中已对刀具半径补偿计算的方法作了介绍。

进给速度的控制方法与系统采用的插补算法有关,也因不同的伺服系统而有所不同。在开环系统中,常常采用基准脉冲插补法,其坐标轴的运动速度控制是通过控制插补运算的频率,进而控制向步进电动机输出脉冲的频率来实现的,速度计算的方法是根据编程 F 值来确定这个频率值。通常有程序延时法和中断法两种。

① 程序延时法。程序延时法又称为程序计时法。这种方法先根据系统要求的进给频率,计算出两次插补运算之间的时间间隔,用 CPU 执行延时子程序的方法控制两次插补之间的时间。改变延时子程序的循环次数,即可改变进给速度。

② 中断方法。中断方法又称为时钟中断法,是指每隔规定的时间向 CPU 发中断请求,在中断服务程序中进行一次插补运算并发出一个进给脉冲。因此,改变中断请求信号的频率,就等于改变了进给速度。中断请求信号可通过 F 指令设定的脉冲信号产生,也可通过可编程计数器/定时器产生。如采用 Z80CTC 作定时器,由程序设置时间常数,每定时到,就向 CPU 发中断请求信号,改变时间常数 T 就可以改变中断请求脉冲信号的频率。所以,进给速度计算与控制的关键就是如何给定 CTC 的时间常数。

在半闭环和闭环系统中,则是采用时间分割的思想,根据编程的进给速度 F 值将轮廓曲线分割为采样周期,即迭代周期的进给量——轮廓步长的方法。速度计算的任务是:当直线插补时,计算出各坐标轴的采样周期的步长;当插补圆弧时,为插补程序计算好步长分配系数(有时也称之为角步距)。另外,在进给速度控制中,一般也都有一个升速、恒速(匀速)和降速的过程,以适应伺服系统的工作状态,保证工作的稳定性。此内容将在第 5 章中详细介绍。

4.3.3 插补运算及位置控制程序

插补运算是 CNC 系统中最重要的计算工作之一。在传统的 NC 装置中,采用硬件电路(插补器)来实现各种轨迹的插补。为了在软件系统中计算所需的插补轨迹,这些数字电路必须由计算机的程序来模拟。利用软件来模拟硬件电路的问题在于:三轴或三轴以上联动的系统具有三个或三个以上的硬件电路(如每轴一个数字积分器),计算机是用若干条指令来实现插补工作的。但是计算机执行每条指令都需要花费一定的时间,而当前有的小型或微型计算机的计算速度难以满足 NC 机床对进给速度和分频的要求。因此,在实际的 CNC 系统中,常常采用粗、精插补相结合的方法,即把插补功能分为计算机软件插补和硬件插补两部分。计算机控制软件把刀具轨迹分为若干段,而硬件电路再在段的起点和终点之间进行数据的"密化",使刀具轨迹在允许的误差之内,即软件实现初插补,硬件实现精插补。

插补运算程序完成 NC 系统中插补器的功能,即实现坐标轴脉冲分配的功能。脉冲分配包括点位、直线以及曲线三个方面,由于现代微机具有完善的指令系统和相应的算术子程序,给插补计算提供了许多方便。可以采用一些更方便的数学方法提高轮廓控制的精度,而不必顾忌会增加硬件线路。插补计算是实时性很强的程序,要尽可能减少该程序中的指令条数,即缩短进行一次插补运算的时间。因为这个时间直接决定了插补进给的最高速度。在有些系统中,还采用粗插补与精插补相结合的方法,软件只作粗插补,即每次插补一个小线段;硬件再将小线段分成单个脉冲输出,完成精插补。这样既可提高进给速度,又能使计算机空出更多的时间进行必要的数据处理。

插补运算的结果输出,经过位置控制部分(这部分工作既可由软件完成,也可由硬件完成)去带动伺服系统运动,并控制刀具按预定的轨迹加工。位置控制的主要任务是在每个采样周期内,将插补计算出的理论位置与实际反馈位置相比较,用其差值去控制进给电动机。在位置控制中,通常还要完成位置回路的增益调整、各坐标方向的螺距误差补偿和反向间隙补偿,以提高机床的定位精度。

刀具补偿定义为将编程时工件轮廓数据转换成刀具中心轨迹数据,包括长度补偿和半径补偿。根据轨迹的不同,刀具的半径补偿又包括 B 功能刀具半径补偿和 C 功能刀具半径补偿。刀具补偿的原理及方法已在第 2 章作了介绍,在此不再赘述。

4.3.4 速度处理和加减速控制程序

编程所给的刀具移动速度,是在各坐标合成方向上的速度。速度处理首先要做的工作是根据合成速度来计算各运动坐标方向的分速度。速度指令以每分钟进给量(或代码)或以主轴每转毫米数给出,如数控铣床和加工中心以前的一种为多数,而车床则以后的一种为多数,或者两者都有之。速度控制程序的目的就是控制脉冲分配的速度,即根据给定的速度代码(或其他相应的速度指令),控制插补运算的频率,以保证按预定速度进给。当速度明显突变时,要进行自动加减速控制,避免速度突变造成伺服系统的失调。进给速度的控制方法与系统采用的插补算法有关,也因不同的伺服系统而有所不同。在开环系统中,常采用基准脉冲插补法,其坐标轴的运动速度控制是通过控制插补运算的频率,进而控制向步进电动机输出脉冲的频率来实现的,速度计算的方法是根据编程 F 值来确定这个频率值。速度控制可以用两种方法实现:一种是软件方法,如用程序计数法实现;另一种是中断法,如用定时计数电路由外部时钟计数实现。此外,用软件对速度控制数据进行预处理,并与硬件的速度积分器相结合,可以实现高性能的恒定合成速度控制,并大大提高插补进给的速度。

1. 进给速度控制

对于开环系统,进给速度的控制是通过控制向步进电动机输出脉冲的频率来实现。速度计算的方法是根据编程的 f 值来确定该频率值;对于半闭环和闭环系统,采用数据采样方法进行插补加工速度计算是根据编程的 f 值,将轮廓曲线分割为采样周期的轮廓步长。常用的控制方法有程序计时法、时钟中断法和设置 $V/\Delta L$ 积分器方法等。

1) 程序计时法

程序计时法又称为程序延时法,这种方法先根据系统要求的进给频率,计算出两次插补运算之间的时间间隔,用 CPU 执行延时子程序的方法控制两次插补之间的时间。改变延时子程序的循环次数,即可改变进给速度。其控制原理如图 4-17 所示。空运转等待时间越短,发出进给脉冲频率越高,速度就越快。该方法一般用在点位直线控制系统中。

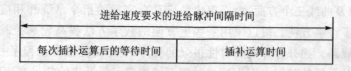

图 4-17 程序计时法的控制原理

2) 时钟中断法

时钟中断法也称为中断方法,是指每隔规定的时间向 CPU 发中断请求,在中断服务程序中进行一次插补运算并发出一个进给脉冲。因此,改变中断请求信号的频率,就等于改变了进给速度。中断请求信号可通过 F 指令设定的脉冲信号产生,也可通过可编程计数器/定时器产生。如采用 Z80CTC 作定时器,由程序设置时间常数,每定时到一次,就向 CPU 发中断请求信号,改变时间常数 T_c 就可以改变中断请求脉冲信号的频率。所以,进给速度计算与控制的关键就是如何给定 CTC 的时间常数 T_c。该方法的控制原理是求一种时钟频率,用软件控制每个时钟周期内的插补次数。该方法适用于脉冲增量插补原理的 CNC 系统中。

3) 设置 $V/\Delta L$ 积分器方法

DDA 插补方法中,速度 F 代码是用进给速度数(FRN)给定的。将 FRN 作为与坐标积分器串联之速度积分器的被积函数,使用经计算得到的累加频率,可产生适当的速度积分器溢出频率。将它作为坐标积分器的累加频率,就能使 DDA 插补器输出的合成速度保持恒定。

2. 数据采样原理 CNC 装置的加、减速控制

在半闭环和闭环系统中,则是采用时间分割的思想,根据编程的进给速度 F 值将轮廓曲线分割为采样周期,即迭代周期的进给量——轮廓步长的方法。速度计算的任务是:当直线插补时,计算出各坐标轴的采样周期的步长;当插补圆弧时,为插补程序计算好步长分配系数(有时也称之为角步距)。另外,在进给速度控制中,一般也都有一个升速、恒速(匀速)和降速的过程,以适应伺服系统的工作状态,保证工作的稳定性。加、减速控制目的:保证机床在启动或停止时不产生冲击、失步、超程或振荡。加、减速控制的方法采用插补前加、减速控制和插补后加、减速控制。加、减速曲线常采用指数加、减速、线性加、减速、钟形加、减速和 S 曲线加、减速等。表 4-3 为加、减速的原理和特点比较。

表 4-3 插补前后加、减速控制的原理和特点

	插补前加减速控制	插补后加减速控制
原理	对合成速度(程编指令速度 F)进行控制	对各运动坐标轴分别进行加、减速控制
优点	不影响实际插补输出的位置精度	不需预测减速点,在插补输出为 0 时,开始减速,并通过一定的时间延迟逐渐靠近程序段终点
缺点	需预测减速点,这要根据实际刀具位置与程序段之间距离来确定,计算工作量大	合成位置可能不准确,但这种影响只在加、减速过程,进入匀速状态后,这种影响就不存在了

4.3.5 输出程序

输出程序应具有以下功能:
① 伺服控制功能。

② 反向间隙补偿。当进给脉冲改变方向时,要进行反向间隙补偿处理。若某一轴由正向变成负向运动,则在反向前输出 Q 个正向脉冲;反之,若由负向变成正向运动,则在反向前输出 Q 个负向脉冲(Q 为反向间隙值,可由程序预置)。

③ 进行丝杠螺距补偿。当系统具有绝对零点时,软件可显示刀具在任意位置上的绝对坐标值。若预先对机床各点精度进行测量,作出其误差曲线,随后将各点修正量制成表格存入数控系统的存储器中。这样,数控系统在运行过程中就可对各点坐标位置自动进行补偿,从而提高了机床的精度。

④ M,S,T 等辅助功能的输出。在某些程序段中需要启动机床主轴、改变主轴速度、换刀等,因此要输出 M,S,T 代码,这些代码大多数是开关控制,由机床强电执行。但哪些辅助功能是在插补输出之后才执行,哪些辅助功能必须在插补输出前执行,需要在软件设计前预先确认。

4.3.6 系统管理和诊断程序

1. 系统管理程序

一般 CNC(MNC) 系统中的管理软件只涉及 CPU 管理和外部设备管理两项。由于数控机床的加工是以单个零件为对象的,一个零件程序可以分成若干程序段。每个程序段的执行又分成数据分析、运算、走刀控制和其他动作的控制等步骤。通常情况下,这些加工步骤之间多为顺序关系,因此实际的过程就是这些预定步骤的反复执行。在实际系统中,通常多采用一个主程序将整个加工过程串起来,主控程序对输入的数据分析判断后,转入相应的子程序处理,处理完毕后再返回对数据的分析、判断和运算等工作。在主控程序空闲时(如延时),可以安排 CPU 执行预防性诊断程序,或对尚未执行程序段的输入数据进行预处理等。

在 CNC 系统中,中断处理部分是重点,工作量也比较大。因为大部分实时性较强的控制步骤如插补运算、速度控制、故障处理等都要由中断处理来完成。有的机床将行程超程和报警、插补等分为多级中断,根据其优先级决定响应的次序。有的机床则只设一级中断,只是在中断请求同时存在时,才用硬件排队或软件询问的方法来定下一个顺序。

对于单 CPU 数控系统而言,常见的软件结构有两种,即前后台型和中断型。

在前后台型结构的 CNC 系统中,整个控制软件分为前台程序和后台程序。前台程序是一个实时中断服务程序,它几乎承担了全部的实时功能,如插补、位置控制、机床相关逻辑和监控等。后台程序是指实现输入、译码、数据处理及管理功能的程序,亦称背景程序,如图 4-18 所示。背景程序是一个循环运行程序,在其运行过程中,前台实时中断程序不断插入,与背景程序相配合,共同完成零件的加工任务。

图 4-18 前后台结构

中断型结构的特点是,除了初始化程序之外,系统软件中所有的各种任务模块分别安排在不同级别的中断服务程序中。整个软件就是一个大的中断系统,其管理的功能主要通过各级中断程序之间的相互通信来解决。

2. 系统诊断程序

能够方便地设置各种诊断程序也是 CNC 和 MNC 系统的特点之一。有了较完善的诊断程序可以防止故障的发生或扩大，在故障出现后可以迅速查明故障的类型和部位，减少故障停机时间。各种CNC(MNC)系统设置诊断程序的情况差别也很大。诊断程序可以包括在系统运行过程中进行检查和诊断；也可以作为服务性程序，在系统运行前或故障停机后进行诊断，查找故障的部位。国外一些公司的CNC系统还可以进行通信(海外)诊断，由通信诊断中心指示系统或操作者进行某些试运行，以查找故障隐患或故障部位。

1) 运行中的诊断

在普通NC系统中已包含有在运行中进行诊断的萌芽，如纸带输入时的横向与纵向(水平与垂直)奇偶校验，同步孔丢失校验，非法指令码检查等。此外还有超程报警等措施。在CNC和MNC系统中做这些工作更加方便。而且还可以用打字机指示各种项目诊断的结果和用统一编号表示的故障部位。一般来说，运行中进行诊断的程序比较零散，常包含在主控程序及中断处理程序分支中。常见的手段有：

① 用代码检查内存　此法只能对程序中那些不变区域进行检查，而且必须是在恢复系统程序的初态后进行的。

② 格式检查　此法一般用在纸带输入时，对零件加工源程序进行检查，包括奇偶校验、非法指令代码(本系统中不使用的指令代码)和数据超限等。

③ 双向传送数据校验　此法常用在间接型CNC系统或群控系统中。手动数据输入也可用此法校验。

④ 清单校验　即利用所配备的打印设备打印程序清单及某些中间数据，综合性地诊断主机、接口及软件的故障。

2) 停机诊断

停机诊断是指在系统开始运行前，或发生故障(包括故障先兆)系统停止运行后，利用计算机进行诊断。它一般是用软件控制进行阶段性的运行，如传送数据或模拟进行单项的控制动作。逐项检查硬件线路的功能，有选择性地查找故障部位。这种诊断程序可以与运行用的系统程序分开，在需要进行诊断时再输入计算机。必要时，还可冲掉部分系统程序而装入内存。

3) 通信诊断

通信诊断是由用户经电话线路与通信诊断中心联系，由该中心的计算机给用户的计算机发送诊断程序，程序指示CNC系统进行某种运行，同时收集数据，分析系统的状态。将系统状态与存储的应有工作状态以至某些极限参数作比较，以确定系统的工作状态是否正常，故障的部位及故障的趋势。可见，通信诊断既可用作诊断异常状态的工具，又可用作预防性检修的手段。因为用户与通信诊断中心之间可使用跨洋电话系统，故又被称为海外诊断。

4.4 数控机床的辅助功能和可编程控制器(PMC)接口

数控机床的控制是由数控装置和可编程控制器协调配合共同完成的，但两者的分工不同。数控装置主要完成与数字运算和管理等有关的功能，如零件程序的编辑、插补运算、译码、伺服位置控制等，即"位移"的控制；可编程控制器主要完成与逻辑运算有关的一些动作，没有实现轨迹运动上的具体要求，它通过辅助控制装置完成机床相应的开关动作，如刀具的更换、工件的装夹、冷却液的开/关、自动润滑等一些辅助动作,即"顺序"的控制。除此之外,它还接收机床操作面板的指令,一方面直接控制机床的动作,另一方面将一部分信息送往数控装置用于加工过程的控制。

数控机床辅助控制装置的主要作用是接收数控装置输出的开关量指令信号,经过编译、逻辑判别和运算,再经功率放大后驱动相应的电器,带动机床的机械、液压和气动等辅助装置完成指令规定的开关量动作,一般由机床的强电控制系统完成。机床强电控制系统包括可编程控制器控制系统和继电器接触器控制系统,它除了对机床辅助运动和辅助动作的控制外,还包括对保护开关、各种行程极限开关和操作面板上所有元件(包括各种按键、操作指示灯、波段开关)的检测和控制。数控机床上的辅助控制装置普遍使用 PLC(Programmable Logical Controller)替代机床上传统的强电控制中大部分机床电器,从而实现对润滑、冷却、气动、液压和主轴换刀等系统的逻辑控制。

PLC 是 20 世纪 60 年代发展起来的一种新型电子控制装置,目前已广泛应用于包括机床在内的各种工业设备的控制。

4.4.1 可编程控制器的定义、特点和分类

1. PLC 的定义

国际电工委员会(IEC)1985 年对可编程控制器所下定义为:可编程序控制器是数字运算的电子系统,专为工业环境下运用而设计。它采用可编程序的存储器,用于存储执行逻辑运算、顺序控制、定时、计数和算术运算等特定功能的用户指令,并通过数字式或模拟式的输入、输出,控制各种类型的机械或生产过程。可编程序控制器及其辅助设备都易于构成一个工业控制系统,且它们所具有的全部功能易于应用的原则设计。

2. PLC 的特点

① PLC 是一种专用于工业顺序控制的微机系统,专为在恶劣的工业环境下使用而设计的,所以具有很强的抗干扰能力。

② PLC 结构紧凑、体积小,很容易装入机床内部或电气箱内,便于实现动作复杂的控制逻辑和数控机床的机电一体化。

③ PLC 采用梯形图编程方式,与编程器、个人计算机等连接,可很方便地实现程序的显示、编辑、诊断、存储和传送等操作。

3. PLC 的分类

PLC 的产品很多,型号规格也不统一,可以从结构、原理和规模等方面分类。从数控机床应用的角度分,可编程序控制器分为两类:一类是数控装置(CNC)的生产厂家将 CNC 和 PLC 综合起来而设计的"内装型"(build-in type)PLC;另一类是专业的 PLC 生产厂家的产品,它们的输入/输出信号、接口技术规范、输入/输出点数、程序存储容量以及运算和控制功能均能满足数控机床的控制要求,因此称为"独立型"(sand-alone type)PLC。由于在数控机床上普遍采用内装型 PLC,有别于其他工业设备的独立式 PLC,其指令有自己的特殊性,故把 PLC 也称为 PMC(Programmable Machine Controller)。

1) 内装型 PLC

内装型 PLC 从属于 CNC 装置,PLC 与 CNC 装置之间的信号传送在 CNC 装置内部即可实现。PLC 与数控机床之间则通过 CNC 输入/输出接口电路实现信号传送(见图 4-19)。

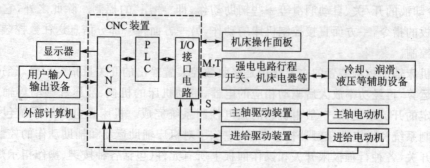

图 4-19 内装型 PLC 的 CNC 系统框图

内装型 PLC 具有如下特点：

① 内装型 PLC 实际上是 CNC 装置带有的 PLC 功能，一般作为 CNC 装置的基本功能提供给用户。

② 内装型 PLC 系统的硬件和软件整体结构十分紧凑，且 PLC 所有的功能针对性强，技术指标合理、实用，尤其适用于单机数控设备的应用场合。

③ 内装型 PLC 可与 CNC 共用 CPU，也可以单独使用一个 CPU；硬件控制电路可与 CNC 装置的其他电路制作在同一块印刷电路板上，也可以单独制成一块附加电路板。

④ 内装型 PLC 一般不单独配置输入/输出接口电路，而是使用 CNC 系统本身的输入/输出电路；另外，内装型 PLC 所用电源由 CNC 装置提供，不需另备电源。

2）独立型 PLC

独立型 PLC 又称外装型或通用型 PLC。对数控机床而言，独立型 PLC 独立于 CNC 装置，具有完备的硬件结构和软件功能，能够独立完成规定的控制任务。采用独立型 PLC 的数控系统框图如图 4-20 所示。

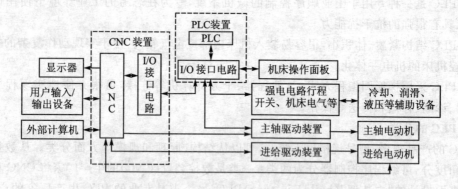

图 4-20 独立型 PLC 的 CNC 系统框图

独立型 PLC 具有如下特点：

① 独立型 PLC 具有 CPU 及其控制电路、系统程序存储器、用户程序存储器、输入/输出接口电路及编程器等外部设备通信的接口和电源等基本结构。

② 独立型 PLC 一般采用积木式模块结构或插板式结构，各功能电路大多制成独立的模块或印刷电路插板，具有安装方便、功能易于扩展和变更的优点。例如，采用通信模块与外部输入/输出设备、编程设备、上位机、下位机等进行数据交换；采用 D/A 模块可以对外部伺服装

置直接进行控制;采用计数模块可以对加工数量、刀具使用次数、旋转工作台的分度数等进行检测和控制;采用定位模块可以直接对诸如刀库、转台、旋转轴等机械运动部件或装置进行控制。

③ 性能/价格比不如内装型 PLC。

目前,提供独立型 PLC 产品的厂商主要有德国西门子、美国罗克韦尔、日本三菱、欧姆龙等公司,一般性能能满足数控机床的要求;但有冗余且价格偏高,从经济的角度来看,不适于应用在数控机床上。

4.4.2 可编程控制器的组成及工作原理

1. PLC 的组成

独立型 PLC 的组成包括:微处理器(CPU)、存储器、用户输入/输出部分、输入/输出扩展接口、外围设备以及电源等,如图 4-21 所示。对于内装型 PLC 来说,CPU、存储器、外围设备、电源等部分一般与 CNC 装置共用。

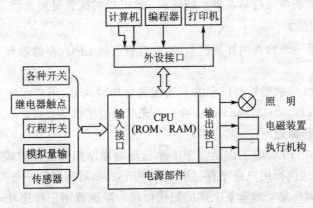

图 4-21 PLC 的组成

2. PLC 各个组成部分的功能

1) 中央处理单元 CPU

与一般计算机一样,CPU 是 PLC 的核心,它按 PLC 中系统程序赋予的功能指挥 PLC 工作。主要任务有:接收和存储从编程器键入的用户程序和数据;通过 I/O 部件接收现场的状态或数据,并存入输入映像存储器或数据存储器;诊断 PLC 内部电路的故障和编程中的语法错误;逐条读取用户指令,并按指令规定的任务进行数据传送、逻辑或算术运算等;根据运算结果,更新有关标志位的状态和输出映像存储器的内容,再经输出部件实现输出控制。

2) 存储器

存储器主要用于存放系统程序、用户程序和工作数据。PLC 有系统存储器和用户存储器,前者用作存储监控程序、模块化应用子程序和各种系统参数等;后者用作存放用户程序。系统存储器的内容,用户通常不能直接存取,因此,存储器的容量是指用户存储器的容量。

存储器在硬件上,动态装载部分一般采用 RAM,程序存储和备份部分则采用 UVEP-ROM(紫外光擦除)、CMOS RAM(有后备电池)或 FLASH 芯片/卡/盘(不需电池)等。

3) 输入/输出接口

输入/输出接口是 PLC 与外部设备之间的桥梁。输入接口用来接收和采集外部现场信号,并转换成标准的逻辑电平;输出接口与执行元件相连,将 PLC 内部信号转换成外部执行元件所要求的信号。根据信号性质分为数字量输入/输出模块和模拟量输入/输出模块。

4) 编程器

编程器是用来开发、调试、监控应用程序的特殊工具,可以是专用设备,也可以是配有专用编程软件包的通用计算机系统,通过通信接口与 PLC 相连。

5) 电源部件

PLC 配有开关式稳压电源,将外部提供的交流电转换为 PLC 内部所需的直流电,有的还提供 DC24 V 输出。电源单元一般有三路输出:一路供给 CPU 使用;一路供给编程器接口使用;还有一路供给各种接口模板使用。

6) 扩展接口

扩展接口用于扩展单元与基本单元的连接,使 PLC 的配置更加灵活。

7) 智能 I/O 接口

智能接口模块是一个独立的计算机系统,它有自己的 CPU、存储器和系统程序,能独立完成某种专用功能。

此外还可根据 PLC 的型号与厂家的不同配置程序写入器、用户程序卡、磁带机、打印机、A/D、D/A、高速计数器、RS232/485 通信接口和光纤通信接口等设备。

3. PLC 的的工作原理

PLC 的工作方式:PLC 的工作是一个不断循环的顺序扫描工作方式。CPU 从第一条指令开始,按顺序逐条地执行用户程序直到用户程序结束,然后返回第一条指令开始新的一轮扫描。PLC 就是这样周而复始地重复上述的扫描循环。除执行用户程序外,在每次扫描过程中还要完成输入/输出处理工作,扫描一次所用的时间称为扫描周期或工作周期。

PLC 工作的全过程可用图 4-22 所示的运行框图来表示。整个运行可分为三部分:

第一部分是上电处理。机器上电后对 PLC 系统内部进行一次初始化,包括硬件初始化、I/O 模块配置检查、停电保持范围设定及其他初始化处理等。

第二部分是扫描过程。扫描过程分为三个阶段,即输入采样阶段、程序执行阶段和输出刷新阶段。

① 输入采样阶段　PLC 在输入采样阶段以扫描方式顺序读入所有输入端子的状态,存入输入寄存器,接着转入程序执行阶段。

② 程序执行阶段　PLC 在程序执行阶段中顺序对每条指令进行扫描,先从输入寄存器读入所有输入端子的状态。

③ 输出刷新阶段　所有指令执行完毕后,将输出寄存器中所有的输出状态送到输出电路,成为 PLC 的实际输出。

PLC 执行完上述的三个阶段称为一个扫描周期。

4. 常用编程语言简介

PLC 是针对工业自动控制而开发的,其主要使用者是各生产部门的电气操作及维修人员,为此,PLC 通常不采用微机编程语言,而采用以下编程表达方法。

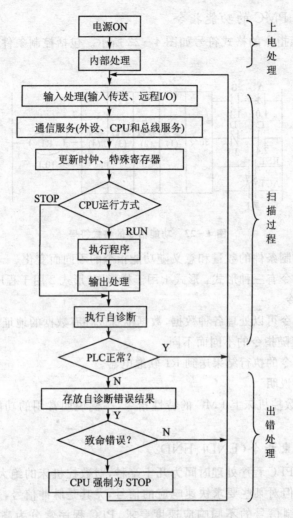

图 4-22 PLC 工作全过程运行框图

1) 梯形逻辑图(LAD)

梯形逻辑图简称梯形图(ladder diagram,简写为 LAD),它是从继电器—接触器控制系统的电气原理图演化而来的,是一种图形语言。它沿用了常开触点、常闭触点、继电器线圈、接触器线圈、定时器和计数器等术语及图形符号,也增加了一些简单的计算机符号,来完成时间上的顺序控制操作。触点和线圈等图形符号就是编程语言的指令符号。这种编程语言与电路图相呼应,使用简单,形象直观,易编程,容易掌握,是目前应用最广泛的编程语言之一。

2) 指令语句表(STL)

指令语句表简称语句表(statement list,简写为 STL),类似于计算机的汇编语言,是用语句助记符来编程的。中、小型 PLC 一般用语句表编程。每条命令语句包括命令部分和数据部分。命令部分要指定逻辑功能,数据部分要指定功能存储器的地址号或直接数值。

3) 功能图编程

顺序功能流程图(功能图)编程是用功能图来表达一个顺序控制过程方框中的数字代表顺序步,每一步对应一个控制任务,每个顺序步的步进条件以及执行功能写在方框右边。

4) 数控机床中 PMC 的功能指令

PMC 中常用功能指令的格式符号如图 4-23 所示。包括控制条件、指令标号、参数和输出等几个部分。

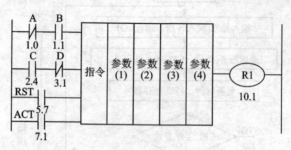

图 4-23 功能指令的格式符号

① 控制条件　控制条件的数量和意义随功能指令的不同而变化。

② 指令　功能指令有三种形式：形式 1 用于梯形图；形式 2 用于程序显示；形式 3 用于编程器输入时的简化指令。

③ 参数　功能指令可以处理各种数据，数据本身或存有数据的地址可作为参数用于指令中，参数的数量和含义随指令的不同而不同。

④ 输出　功能指令的执行结果送到 R1 软继电器。

5. 常用功能指令说明

为了进一步说明数控机床上 PMC 的特性指令，举例说明常用的功能指令的格式和使用方法。

1) 顺序程序结束指令(END1、END2)

一般数控机床的 PLC 程序处理时间为几十毫秒，对数控机床的绝大多数信息来说，这个处理速度已足够了。但对某些要求快速响应的信号，尤其是脉冲信号，这个处理速度就不够了。为适应对不同控制信号的不同响应速度要求，PLC 程序常分为高级程序和低级程序。PLC 处理高级程序和低级程序是按"时间分割周期"分段进行的。在每个定时分割周期，高级程序都被执行一次，定时分割周期的剩余时间执行低级程序，故每个定时分割周期只执行低级程序的一部分。也就是说，低级程序被分割成几等份，分别在几个定时周期执行。由上述可知，高级程序愈长，每个定时周期能处理的低级程序量就越少，这就增加了低级程序的分割数，PLC 处理程序的时间就拖得越长。因此，应尽量压缩高级程序的长度。通常只把窄脉冲信号以及必须传输到数控装置要求快速处理的信号编入高级程序，如紧急停止信号、外部减速信号、进给保持信号、倍率信号和删除信号等。END1 在顺序程序中必须指定一次，其位置在高级顺序的末尾；当无高级顺序程序时，则在低级顺序程序的开头指定。END2 在低级顺序程序末尾指定。

END1：高级顺序程序结束指令；END2：低级顺序程序结束指令，指令格式如图 4-24 所示。

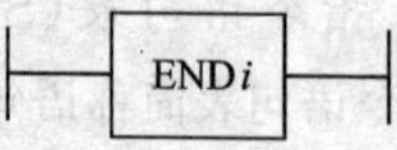

图 4-24 顺序程序结束指令格式

其中 $i=1$ 或 2，分别表示高级和低级顺序程序结束指令。

2) 定时器指令(TMR、TMRB)

在数控机床梯形图编制中，定时器是不可缺少的指令，用于顺序程序中需要与时间建立逻辑关系的场合,相当于一种通常的定时继电器。

① TMR 定时器　TMR 指令为设定时间可更改的定时器,指令格式如图 4-25 所示。

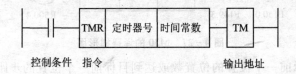

图 4-25　TMR 指令格式

当控制条件 ACT=0 时,定时继电器 TM 断开;当 ACT=1 时,定时器开始计时,到达预定的时间后,定时继电器 TM 接通。定时器数据的设定以 50 ms 为单位。将定时时间化为毫秒数再除以 50,然后以二进制数写入选定的储存单元。

② TMRB 定时器　TMRB 为设定时间固定的定时器。

TMRB 与 TMR 的区别在于,TMRB 的设定时间编在梯形图中,在指令和定时器号的后面加上一项参数预设定时间,与顺序程序一起被写入 EPROM,所设定的时间不能用 CRT/MDI 改写。

3) 译码指令(DEC)

数控机床在执行加工程序中规定的 M、S、T 机能时,CNC 装置以 BCD 代码形式输出 M、S、T 代码信号。这些信号需要经过译码才能从 BCD 状态转换成具有特定功能含义的一位逻辑状态。

译码指令(DEC)指令格式如图 4-26 所示。

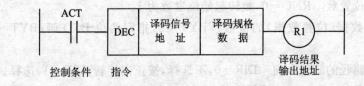

图 4-26　译码指令(DEC)指令格式

译码信号地址是指 CNC 至 PLC 的二字节 BCD 码的信号地址,译码规格数据由译码值和译码位数两部分组成,其中译码值只能是两位数,例如 M30 的译码值为 30。译码位数的设定有 3 种情况:

① 译码地址中的高位 BCD 码不译码,只译低位码;
② 译码地址中的高位 BCD 码译码,低位不译码;
③ 译码地址中的高低两位 BCD 码均被译码。

DEC 指令的工作原理是,当控制条件 ACT=0 时,不译码,译码结果继电器 Rl 断开;当控制条件 ACT=1 时,执行译码。当指定译码信号地址中的代码与译码规格数据相同时,输出 Rl=1,否则 Rl=0。译码输出 Rl 的地址由设计人员确定。例如,M30 的译码梯形图如图 4-27 所示。

图中,Fl51 为译码信号地址,3011 表示对译码地址 Fl51 中的高低位 BCD 码均译码,并判断该地址中的数据是否为 30,译码后的结果存入 R500.4 地址中。

4) 旋转指令(ROT)

该指令可以控制刀库、回转工作台等选择最短路径的旋转方向;计算当前位置和目标位置

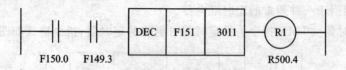

图 4-27 M30 的译码梯形图

之间的步数;计算目标前一个位置的位置数或达到目标前一个位置的步距数等。

ROT 功能的指令格式如图 4-28 所示。

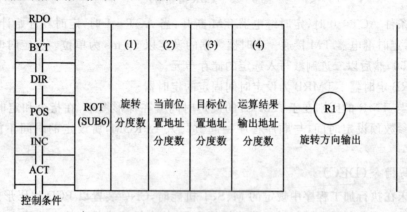

图 4-28 ROT 功能的指令格式

由图 4-28 可知,该指令有 6 项控制条件:

① 指定起始位置数　RNO=0,旋转起始位置数为 1。

② 指定处理数据(位置数据)的位数　BYT=0,指定两位 BCD 码;BYT=1,指定 4 位 BCD 码。

③ 选择最短路径的旋转方向　DlR=0,不选择,按正向旋转;DlR=1,选择。

④ 指定计算条件　POS=0,计算当前位置与目标位置之间的步距数;POS=1,计算目标前一个位置数或计算到达目标前一个位置的步距数。

⑤ 指定位置数或步距数　INC=0,指定位置数;INC=1,指定步距。

⑥ 控制条件　ACT=0,不执行 ROT 指令,Rl 不变化;ACT=1,执行 ROT 指令,并有旋转方向输出。

当选择较短路径时有方向控制信号,该信号输出到 Rl。当 Rl=0 时旋转方向为正,当 Rl=1 时旋转方向为负(反转)。若转子的位置数是递增的则为正转;反之,若转子位置数是递减的则为反转。Rl 地址可以任意选择。

5) 数据检查指令(DSCH)

该指令可对表格数据进行检索,常用于刀具 T 代码的检索。DSCH 功能的指令格式如图 4-29 所示。

该指令有 3 项控制条件:

① 指定处理数据的位　BTY=0,指定 2 位 BCD 码;BTY=1,指定 4 位 BCD 码。

② 复位信号　RST=O,Rl 不复位;RST=1,Rl 复位。

③ 执行命令　ACT=0,不执行 DSCH 指令,Rl 不变化;ACT=1,执行 DSCH 指令,数据

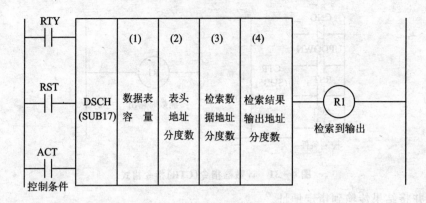

图 4-29 DSCH 功能的指令格式

检索到时,Rl=1;反之,Rl=0。

6) 一致性检查指令(COIN)

此指令用来检查参考值与比较值是否一致,可用于检查刀库、转台等旋转体是否到达目标位置等。一致性检查功能指令格式如图 4-30 所示。

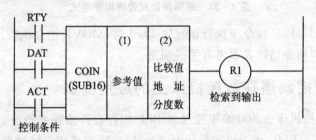

图 4-30 一致性检查功能指令格式

此指令只适用于 BCD 数据。

① 指定数据位数　BYT=0,处理数据为 2 位 BCD 码;BYT=1,处理数据为 4 位 BCD 码。

② 指定参考值格式　DAT=0,参考值用常数指定;DAT=1,指定存放参数值的数据地址。

③ 执行命令　ACT=0,不执行;ACT=1,执行 COIN 指令。

④ 比较结果　参考值≠比较值,Rl=0;参考值=比较值,Rl=1。

7) 计数器指令(CTR)

该指令进行加、减计数,计数器指令(CTR)指令格式如图 4-31 所示。

图中各位功能如下:

① 指定初始值　CNO=0,初始值为 0;CNO=1,初始值为 1。

② 指定加或减计数器:UPDOWN=0,做加计数器;UPDOWN=1,做减计数器。

③ 复位　RST=0,不复位;RST=1,复位。复位时 Rl 变为 0,计数器累加值变为初始值。

④ 控制条件　ACT=0,不执 CTR 指令;ACT=1,执行 CTR 指令。

8) 逻辑乘数据传送指令

该指令的作用是把比较数据(梯形图中写入的)和处理数据(数据地址中存放的)进行逻辑

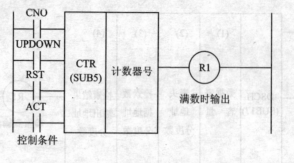

图 4-31 计数器指令(CTR)指令格式

"与"运算,并将结果传输到指定地址。

逻辑乘数据传送指令格式如图 4-32 所示。

图 4-32 逻辑乘数据传送指令格式

当 ACT=0 时,MOVE 指令不执行;当 ACT=1 时,MOVE 指令执行。

关于更多的功能指令请读者参考有关说明书。

4.4.3 可编程控制器在数控机床上的应用实例

如前所述,在数控机床上的可编程控制器 PLC 中存在许多特殊指令,故应用于数控机床上的 PLC 称为 PMC。PMC 作为机床强弱电之间的接口,完成相应的辅助功能。在数控机床上其主要应用有:数控机床工作状态开关 PMC 控制、数控机床加工程序功能开关 PMC 控制、数控机床倍率开关 PMC 控制、数控机床润滑系统 PMC 控制、数控机床辅助功能代码(M代码)PMC 控制和定时器在数控机床报警灯闪烁电路的应用等方面。

1. 数控机床工作状态开关 PMC 控制

1) 数控机床状态开关控制

图 4-33 为某数控机床的操作面板示例。

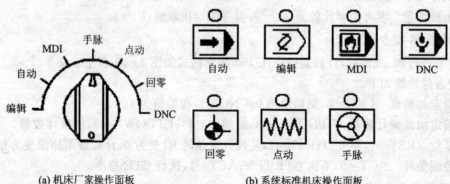

(a) 机床厂家操作面板 (b) 系统标准机床操作面板

图 4-33 某数控机床操作面板

数控机床状态开关的功能如下：

① 编辑状态（EDIT）　在此状态下，编辑存储到 CNC 内存中的加工程序文件。

② 存储运行状态（MEM）　在此状态下，系统运行的加工程序为系统存储器内的程序。

③ 手动数据输入状态（MDI）　在此状态下，通过 MDI 面板可以编制最多 10 行的程序并被执行，程序格式和通常程序一样。

④ 手轮进给状态（HND）　在此状态下，刀具可以通过旋转机床操作面板上的手摇脉冲发生器微量移动。

⑤ 手动连续进给状态（JOG）　在此状态下，持续按下操作面板上的进给轴及其方向选择开关，会使刀具沿着轴的所选方向连续移动。

⑥ 机床返回参考点（REF）　在此状态下，可以实现手动返回机床参考点的操作。通过返回机床参考点操作，CNC 系统确定机床零点的位置。

⑦ DNC 状态（RMT）　在此状态下，可以通过 RS232 通信口与计算机进行通信，实现数控机床的在线加工。

2. 状态开关 PMC 控制梯形图

图 4-34 为状态开关 PMC 控制的梯形图。

3. 数控机床加工程序功能开关 PMC 控制

1) 数控机床加工程序功能开关

图 4-35 为数控机床加工程序功能开关举例。

2) 数控机床程序功能开关的作用

① 机床锁住：在自动运行状态下，按下机床操作面板上的机床锁住开关，执行循环启动时，刀具不移动，但是显示器上每个轴运动的位移在变化，就像刀具在运动一样。

② 程序辅助功能的锁住：程序运行时，禁止执行 M、S 和 T 指令和机床锁住功能一起使用，检查程序是否编制正确。

③ 程序的空运转：在自动运行状态下，按下机床操作面板上的空运行开关，刀具按参数（各轴快移速度）中指定的速度移动，而与程序中指令的进给速度无关。

④ 程序单段运行：按下单程序段方式开关进入单程序段工作方式。在单程序段方式中按下循环启动按钮后，刀具在执行完程序中的一段程序后停止。通过单段方式一段一段地执行程序，仔细检查程序。

⑤ 程序再起运行：该功能用于指定刀具断裂或者公休后重新启动程序时，将要启动程序段的顺序号，从该段程序重新启动机床。也可用于高速程序检查。程序的重新启动有两种重新启动的方法：P 型和 Q 型（由系统参数设定）。

⑥ 程序段跳过：在自动运行状态下，当操作面板上的程序段选择跳过开关接通时，有斜杠（/）的程序段被忽略。

⑦ 程序选择停：在自动运行时，当加工程序执行到 M01 指令的程序段后也会停止。

⑧ 程序循环启动运行：在存储器方式（MEM）、DNC 运行方式（RMT）或手动数据输入方式（MDI）下，若按下循环启动开关，则 CNC 进入自动运行状态并开始运行，同时机床上的循环启动灯点亮。

⑨ 程序进给暂停：自动运行期间，当进给暂停开关按下时，CNC 进入暂停状态并且停止

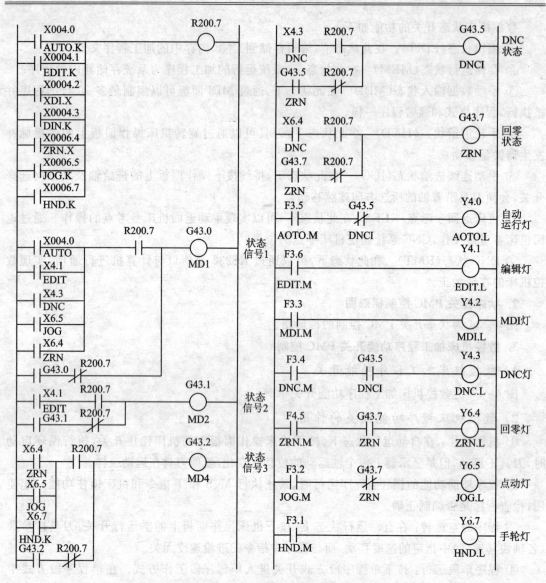

图 4-34 状态开关 PMC 控制梯形图

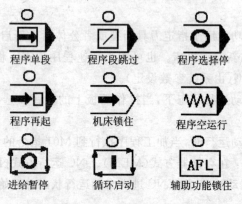

图 4-35 数控机床加工程序功能开关

运行,同时,循环启动灯灭。

3) 数控机床加工程序功能开关的 PMC 控制梯形图

数控机床加工程序功能开关的 PMC 控制梯形图如图 4-36 所示。

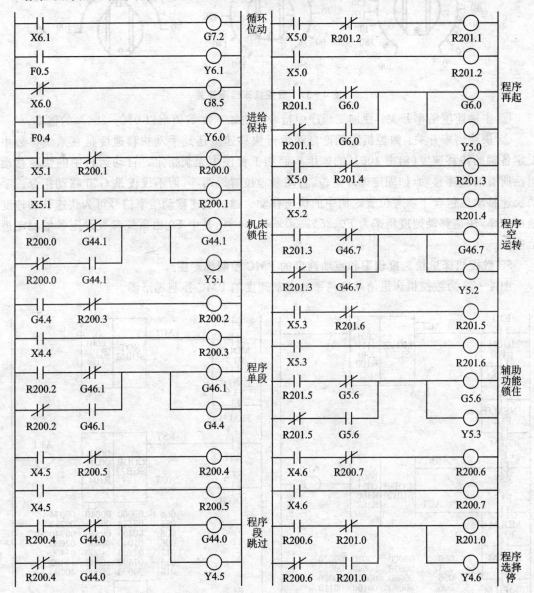

图 4-36 数控机床加工程序功能开关的 PMC 控制梯形图

4. 数控机床倍率开关 PMC 控制

1) 数控机床倍率开关

数控机床倍率开关如图 4-37 所示。

2) 数控机床倍率开关的作用

① 进给速度倍率开关：通过进给速率倍率开关选择百分比(%)来增加或减少编程进给速度。

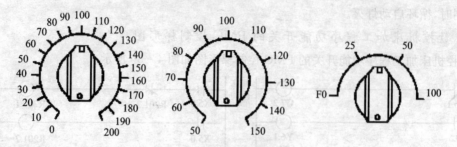

图 4-37 数控机床倍率开关

② 主轴速度倍率开关：使加工程序中指令的主轴速度 S 值乘以 0%～254% 的倍率。

③ 快移倍率开关：数控机床无论自动运行快移速度还是手动快移速度是在系统参数中设定各轴的快移速度（倍率 100% 的速度），而加工程序中无须指定。自动运行中的快速移动包括所有的快速移动，如固定循环定位、自动参考位置返回等，而不仅仅是 G00 移动指令。手动快速移动也包含了参考位置返回中的快速移动。通过快速移动倍率信号可为快速移动速度施加倍率，快速移动速度倍率为 F0、25%、50% 和 100%，其中 F0 由系统参数设定各轴固定进给速度。

5. 数控机床进给速度倍率和点动速度的 PMC 控制梯形图

图 4-38 为数控机床进给速度倍率和点动速度的 PMC 控制梯形图。

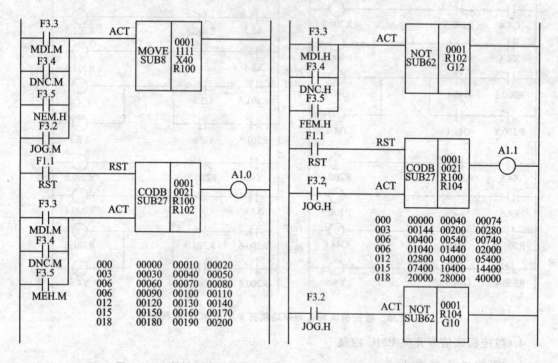

图 4-38 数控机床进给速度倍率和点动速度的 PMC 控制梯形图

6. 数控机床润滑系统 PMC 控制

1）数控机床润滑系统的电气控制要求

① 首次开机时，自动润滑 15 s（2.5 s 打油、2.5 s 关闭）。

② 机床运行时,达到润滑间隔固定时间(如 30 min)自动润滑一次,而且润滑间隔时间用户可以进行调整(通过 PMC 参数)。

③ 加工过程中,操作者可根据实际需要还可以进行手动润滑(通过机床操作面板的润滑手动开关控制)。

④ 润滑泵电动机具有过载保护,当出现过载时,系统要有相应的报警信息。

⑤ 润滑油箱油面低于极限时,系统要有报警提示(此时机床可以运行)。

2) 润滑系统电气控制线路

某数控机床润滑系统的电气控制线路如图 4-39 所示。

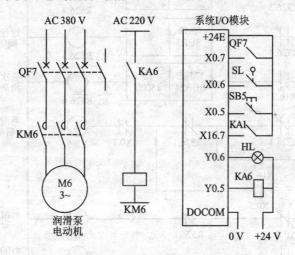

图 4-39 某数控机床润滑系统的电气控制线路

3) 润滑系统 PMC 控制梯形图

图 4-40 为润滑系统 PMC 控制梯形图。

7. 数控机床辅助功能代码(M 代码)PMC 控制

1) 数控机床常用的 M 代码

① M00(程序停):中断程序执行的功能。程序段内的动作完成后,主轴及冷却停止。这以前的状态信息被保护,按循环启动按钮时可重新启动程序运行。

② M01(程序选择停):只要操作者接通机床操作面板上的选择停按钮,就可进行与程序停相同的动作。选择停按钮断开时,此指令被忽略。

③ M02(程序结束):是指示加工程序结束指令。在完成该程序段的动作后,主轴及冷却停止,控制装置和机床复位。

④ M30(程序结束):是指示加工程序结束指令。在完成该程序段的动作后,主轴及冷却停止,控制装置和机床复位。程序自动回到程序的头。

⑤ M03、M04、M05:主轴正转、主轴反转及主轴停止指令。

⑥ M07、M08、M09:冷却液 1、2 打开及冷却液关指令。

⑦ M98、M99:子程序调用及子程序结束指令。

⑧ M19、M29:主轴定向停和刚性攻丝指令。

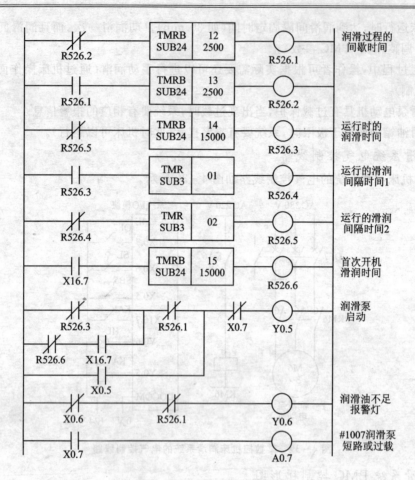

图 4-40 润滑系统 PMC 控制梯形图

2) 系统 M 代码控制时序

图 4-41 为数控系统 M 代码控制时序图。

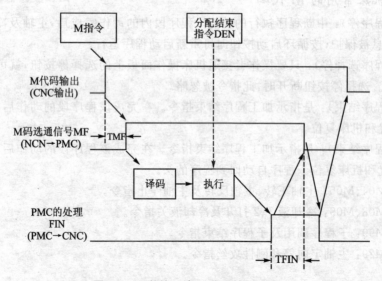

图 4-41 数控系统 M 代码控制时序图

3) 辅助功能 M 代码 PMC 控制梯形图

图 4-42 为辅助功能 M 代码的 PMC 控制梯形图。

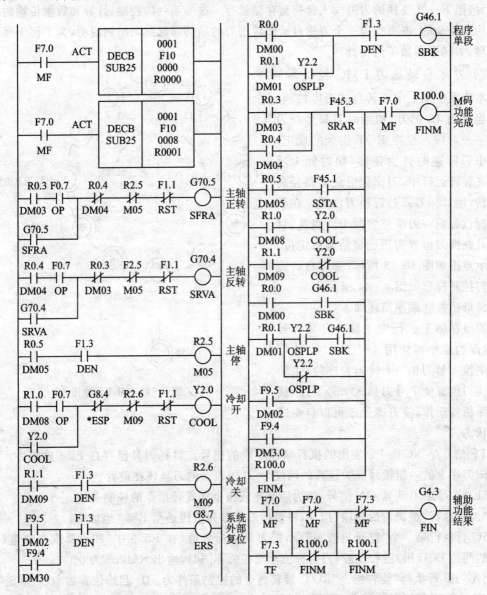

图 4-42 辅助功能 M 代码的 PMC 控制梯形图

8. 刀库自动选刀 PMC 控制

1) 刀库自动选刀 PMC 控制原理

在加工中心,刀库控制与自动交换刀具控制是 PMC 控制的重要部分。在换刀的过程中,控制过程比较复杂。以 JCS-018 加工中心为例,刀库控制与自动交换刀具控制为:在接到 T 指令后,开始刀库自动旋转选刀。当接到 M06 换刀指令后,应有下面一系列的控制动作:主轴定向;刀套下;机械手转出 75°;刀具松开;机械手 180°转位油缸复位;机械手 75°位返回;刀套上;换刀完毕。这一系列过程都是依靠 PC 梯形图顺序程序,控制刀库伺服和液压(或气动)

系统实现的。而且每一个动作完成与否,都要有反馈信号回 PC。在换刀动作完成之后,还要有一系列的计算和数据传输,如把新刀号送至主轴刀号存储器;把原主轴刀号送至现定位刀套的位置;把下一次要换的刀号写入保持型存储器等。这一系列的控制、计算和数据传输的梯形图是相当复杂的,本书仅以一个刀库自动旋转选刀的局部梯形图来举例说明,为了便于理解控制原理,本梯形图做了简化处理。

2) 刀库自动选刀 PMC 控制举例

本例用于加工中心转盘式刀库控制。刀库容量为 12 把刀,初始时刀具号与刀套号一一对应。根据 ROT 指令的规定,本例中刀库逆时针为正转,顺时针为反转。在旋转运行中,刀库先沿最短路径高速旋转,使目标刀具趋近换刀位置。在到达目标位置前一刀座位置时刀库减速,目标刀具在换刀位置实现稳定精确的定位。刀库示意图如图 4-43 所示,刀库自动旋转选刀控制梯形如图 4-44 所示。

梯形图控制顺序简述如下:

假设在加工运行中主轴上已装 7 号刀,后面的工序需使用 4 号刀。NC 执行包括更换 4 号刀的 T4 代码程序段,主轴返回换刀位置使 7 号刀插入 7 号刀座,接着刀库机构动作,使刀库处于可以自由旋转的状态。

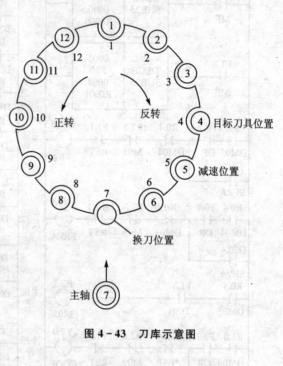

图 4-43 刀库示意图

TF 信号是 NC 向 PC 发出的执行该程序段的信号。目标刀具已存在 F153 地址中。X20 是机床刀库上的一组拨号开关输入的两位 BCD 码表示的刀具现在位置。

5L 行 R500.0 为常 ON 信号,作为后面比较指令和旋转指令的控制条件。

5N 行执行"逻辑与后传输"指令,将目标刀具号数值传送至 R550 地址中。

5O 行执行第一个"符号检查"指令,把刀具目标数值(在 R550 中)和刀具现在位置(X20 输入的两位 BCD 码)进行比较,当目标值与现在值不同时,输出 R510.2 为 0。

6A~6F 行执行"旋转指令"ROT,旋转指令的控制条件为:① 起始位置为 1;② 指定两位 BCD 码;③ 选择最短路径;④ 指定目标前一个位置;⑤ 计算位置数;⑥ 当 TF=1,TCOIN=0,执行 ROT 指令。指令的参数中 12 为刀库容量,X20 为刀具现在位置,R550 为目标位置地址,R551 为目标位置前一相邻位置的计算结果输出地址,在本例中按最短路径应选择反转,REV 应输出为 0。

6M 行执行第二条"符合检查"指令,当现在位置每达到减速位置时 MDEC 输出为 0,当现在位置到达减速位置(目标位置前一个相信位置)时,MDEC 输出为 1。

6O 行为减速控制输出,当 6M 行 MDEC 输出为 1 时,6O 行 R510.1 触点接通 MDEC.M 输出减速控制信号。

7A 行为刀库正转输出,7B 行为刀库反转输出。在本例中 ROT 旋转指令应选择反转,所

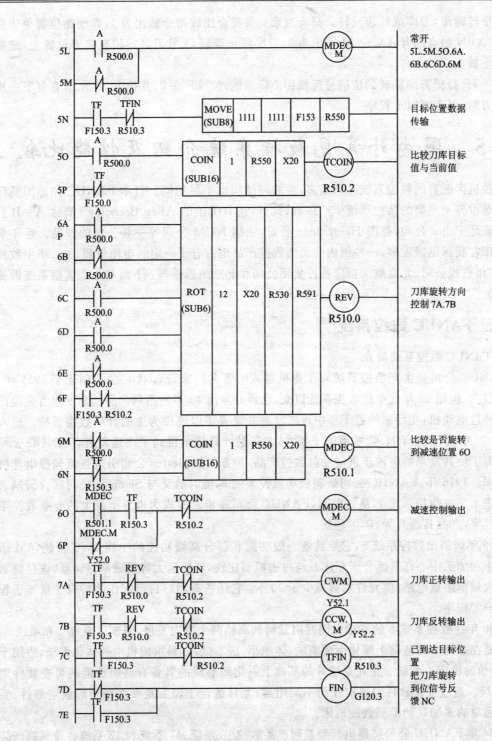

图 4-44 刀库自动旋转选刀控制 PMC 梯形图

以 REV=1,TF 是 NC 发出的信号也为 1,当第一条符合比较指令中现在值和目标值不同时,TCOIN 为 0,所以接通 7B 行的输出 Y52.2,刀库反转。因目标刀具是 4 号刀具,当刀库旋转到 5 号刀位置时,第二条符合比较指令输出为 1,发出减速控制信号,刀库减速。此时并不断开刀库反转输出,刀库成低速反转。只有当第一条符合比较指令输出为1,即现在位置等于目标时,TCOIN触点断开,CC~.M输出为0,刀库停止旋转,4号刀具定位在换刀位置上,准备更换到主轴上。

7C~7F行把刀库旋转到位信号反馈回NC系统,使TF变0,并把Fl53清0,直到下一次再需换刀时,再重复以上程序。

4.5 国内外常见数控系统介绍及性能比较

数控机床配置的数控系统品牌繁多,性能和结构也不尽相同。日本FANUC和德国西门子公司是世界上主要的数控系统生产厂商,此外,还有美国的Allen Brandley(简称A—B公司)、西班牙Fagor公司,德国Heidenhain公司,法国NUM公司等一些公司的产品。近年来数控机床在我国迅速发展,一些国内公司的数控产品也占有了一定的市场份额,如:华中数控公司、广州数控公司、北京航天机床数控集团公司和北京凯恩蒂等。下面对几个典型系统做简单介绍。

4.5.1 FANUC数控系统

1. FANUC数控系统简介

FANUC公司是生产数控系统和工业机器人的著名厂家,FANUC公司创建于1956年,该公司自20世纪60年代生产数控系统以来,已经开发出40多种系列产品。1959年首先推出了电液步进电动机,在后来的若干年中逐步发展并完善了以硬件为主的开环数控系统。进入20世纪70年代,微电子技术、功率电子技术,尤其是计算技术得到了飞速发展,FANUC公司毅然舍弃了使其发家的电液步进电动机数控产品,一方面从Gettes公司引进直流伺服电动机制造技术。1976年,FANUC公司研制成功数控系统5,随时后又与Siemens公司联合研制了具有先进水平的数控系统7,从这时起,FANUC公司逐步发展成为世界上最大的专业数控系统生产厂家,产品日新月异,年年翻新。

1979年研制出数控系统6,它是具备一般功能和部分高级功能的中档CNC系统,6M适合于铣床和加工中心;6T适合于车床。与过去机型比较,使用了大容量磁泡存储器,该存储器专用于大规模集成电路,使元件总数减少了30%。它还备有用户自己制作的特有变量型子程序的用户宏程序。

1980年在数控系统6的基础上同时向低档和高档两个方向发展,研制了系统3和系统9。系统3是在系统6的基础上简化而形成的,体积小,成本低,容易组成机电一体化系统,适用于小型、廉价的机床。系统9是在系统6的基础上强化而形成的具备有高级性能的可变软件型CNC系统。通过变换软件可适应任何不同用途,尤其适合于加工复杂而昂贵的航空部件、要求高度可靠的多轴联动重型数控机床。

1984年FANUC公司又推出新型系列产品数控10系统、11系统和12系统。该系列产品在硬件方面做了较大改进,凡是能够集成的都制成大规模集成电路,其中包含了8000门电路的专用大规模集成电路芯片有3种,其引出脚竟多达179个;另外的专用大规模集成电路芯片有4种,厚膜电路芯片22种;还有32位的高速处理器、4兆比特的磁泡存储器等,元件数比前期同类产品又减少30%。由于该系列采用了光导纤维技术,使过去在数控装置与机床以及控制面板之间的几百根电缆大幅度减少,提高了抗干扰性和可靠性。该系统在 DNC 方面能够实现主计算机与机床、工作台、机械手、搬运车等之间的各类数据的双向传送。它的 PLC 装置使用了独特的无触点、无极性输出和大电流、高电压输出电路,能促使强电柜的半导体化。此外 PLC 的编程不仅可以使用梯形图语言,还可以使用 PASCAL 语言,便于用户自己开发软件。数控系统 10、11、12 还充实了专用宏功能、自动计划功能、自动刀具补偿功能、刀具寿命管理、彩色图形显示 CRT 等。

1985 年 FANUC 公司又推出了数控系统 0,它的目标是体积小、价格低,适用于机电一体化的小型机床,因此它与中、大型的系统 10、11、12 一起组成了这一时期的全新系列产品。在硬件组成上以最少的元件数量发挥最高的效能为宗旨,采用了最新型高速高集成度处理器,共有专用大规模集成电路芯片 6 种,其中 4 种为低功耗 CMOS 专用大规模集成电路,专用的厚膜电路 3 种。三轴控制系统的主控制电路包括输入、输出接口、PMC(Programmable Machine Control)和 CRT 电路等都在一块大型印制电路板上,与操作面板 CRT 组成一体。系统 0 的主要特点有:彩色图形显示、会话菜单式编程、专用宏功能、多种语言(汉、德、法)显示、目录返回功能等。FANUC 公司推出数控系统 0 以来,得到了各国用户的高度评价,成为世界范围内用户最多的数控系统之一。

1987 年 FANUC 公司又成功研制出数控系统 15,被称之为划时代的人工智能型数控系统,它应用了 MMC(Man Machine Control)、CNC、PMC 的新概念。系统 15 采用了高速度、高精度、高效率加工的数字伺服单元、数字主轴单元和纯电子式绝对位置检出器,还增加了 MAP(Manufacturing Automatic Protocol)、窗口功能等。

FANUC 公司目前生产的数控装置有 F0、F10/F11/F12、F15、F16、F18 系列。F00/F100/F110/F120/F150 系列是在 F0/F10/F12/F15 的基础上加了 MMC 功能,即 CNC、PMC 和 MMC 为三位一体的 CNC。

2. FANUC 系统的特点

FANUC 公司数控系统的产品特点如下:

① 结构上长期采用大板结构,但在新的产品中已采用模块化结构;
② 采用专用 LSI,以提高集成度、可靠性,减小体积和降低成本;
③ 产品应用范围广,每一台 CNC 装置上可配多种控制软件,适用于多种机床;
④ 不断采用新工艺、新技术,如表面安装技术 SMT、多层印制电路板、光导纤维电缆等;
⑤ CNC 装置体积减小,采用面板装配式、内装式 PMC(可编程机床控制器);
⑥ 在插补、加减速度、补偿、自动编程、图形显示、通信、控制和诊断方面不断增加新的功能。如插补功能:除直线、圆弧、螺旋线插补外,还有假想轴插补极其坐标插补、圆锥面插补、指数函数插补、样条插补等;切削进给的自动加减速功能:除插补后直线加减速,还有插补前加减速;补偿功能:除螺距误差补偿、丝杠反向间隙补偿外,还有坡度补偿、线性度补偿以及各新的刀具补偿功能;故障诊断功能:采用人工智能,系统具有推理软件,以知识库为根据查找故障原因。
⑦ CNC 装置面向用户开放的功能,以用户特订宏程序、MMC 等功能来实现。
⑧ 支持多种语言显示,如日、英、德、汉、意、法、荷、西班牙、瑞典、挪威、丹麦语等。
⑨ 备有多种外设,如 FANUC PPR,FANUC FA Card,FANUC Flopy Cassete,FANUC Program File Mate 等。

⑩ 已推出 MAP(制造自动化协议)接口,使 CNC 通过该接口实现与上一级计算机通信。
⑪ 现已形成多种版本。

FANUC 系统早期有 3 系列系统及 6 系列系统,现有 0 系列、10/11/12 系列、15、16、18、21 系列等,而应用最广的是 FANUC 0 系列系统。

3. FANUC 系统系列

FANUC 系统有如下几个系列:
① 高可靠性的 PowerMate 0 系列;
② 普及型 CNC 0 - D 系列;
③ 全功能型的 0 - C 系列;
④ 高性能、高价格比的 0i 系列;
⑤ 具有网络功能的超小型、超薄型 CNC 16i/18i/21i 系列。

FANUC 系统的 0 系列型号划分:

0D 系列: 0 - TD 用于车床;
    0 - MD 用于铣床及小型加工中心;
    0 - GCD 用于圆柱磨床;
    0 - GSD 用于平面磨床;
    0 - PD 用于冲床。

0C 系列: 0 - TC 用于普通车床、自动车床;
    0 - MC 用于铣床、钻床、加工中心;
    0 - GCC 用于内、外磨床;
    0 - GSC 用于平面磨床;
    0 - TTC 用于双刀架、4 轴车床。

POWER MATE 0:用于 2 轴小型车床。

0i 系列: 0i - MA 用于加工中心、铣床;
    0i - TA 用于车床,可控制 4 轴。

16i 用于最大 8 轴,6 轴联动;
18i 用于最大 6 轴,4 轴联动;
160/18MC 用于加工中心、铣床、平面磨床;
160/18TC 用于车床、磨床;
160/18DMC 用于加工中心、铣床、平面磨床的开放式 CNC 系统;
160/180TC 用于车床、圆柱磨床的开放式 CNC 系统。

4. FANUC 数控典型系统简介

1) FANUC 6

FANUC 6 系列属于早期的产品,现在已不再生产,但在 10 余年前产的有些数控机床上仍然使用。

该系统采用大板结构,上面插有电源模块、存储器板、I/O 板等功能板,该系统为多微处理器系统,其 CPU 板、PMC 所用的 CPU 以及图形显示的 CPU 均为 8086。其中 6M 适合于铣床和加工中心;6T 适合于车床。

2) FANUC 11

F11 系列，主板也是采用大板结构，它是一种多微处理器控制系统，其 CPU 为 68000。在控制线路中采用下列专用大规模集成电路：BAC（总线仲裁控制器）、IOC（输入输出控制器）、MB87103（位置控制芯片）、OPC（操作面板控制器）以及 SSU（系统支持单元）。在系统中还采用了 4 Mb 的大容量磁泡存储器、大容量 I/O 模块、A/D 和 D/A 模块以及 ATC（自动刀具交换装置）和 APC（自动托盘交换装置）控制用定位模块。CNC 系统和操作面板、I/O 单元之间采用光缆连接，从而使连接简单，抗干扰能力提高。

3) FANUC 15

F15 系列是一种模块化、多总线结构的微处理器控制系统，也称为 AI（人工智能）式 CNC，其 CPU 采用 32 位的 68020。F15 系列共有 F15 - MA，F15 - TA，F15 - TF，F15 - TTA 及 F15 - TTF 等规格，它们具有下述特点：

① 在插补功能上除具有直线、圆弧、螺旋线插补之外，还具有假想轴插补、极坐标插补、圆柱面插补、指数函数插补、渐开线插补等多种插补算法。

② 在补偿功能方面，具有螺距误差补偿、丝杠反向间隙补偿、坡度补偿、线性度补偿以及各种刀具补偿。

③ 在切削进给加、减速功能方面，具有插补前直线加/减速、插补后直线加/减速以及插补后钟形加、减速等多种。

④ 在故障诊断方面引进了专家系统，即采用了人工智能。该系统以知识库做依据，采用推理软件查找故障原因。

4) FANUC 0

FANUC 0 系统由数控单元本体，主轴和进给伺服单元以及相应的主轴电动机和进给电动机，CRT 显示器、系统操作面板、机床操作面板，附加的输入/输出接口板（B2），电池盒和手摇脉冲发生器等部件组成。

FANUC 0 系统的 CNC 单元为大板结构。基本配置有主印制电路板（PCB）、存储器板、图形显示板、可编程机床控制器板（PMC - M）、伺服轴控制板、输入/输出接口板、子 CPU（中央处理器）板、扩展的轴控制板、数控单元电源和 DNC 控制板。各板插在主印制电路板上，与 CPU 的总线相连。

F0 系列是目前在中国市场销售量最大的一种，是在 1985 年开发成功的先进的数控系统。该系列产品在车床、铣床/加工中心、圆柱/平面磨床、冲床等得到广泛的应用。该产品具有极高的可靠性（故障率为 0.008/台月）。随着产品的不断完善和发展，分别有 A、B、C、D 等系列，各产品又有不同。而在这四种系统中，目前在国内使用最多的是 C、D 系列。F0 系列数控系统的特点是：

① 本系统是一种小型高精度、高性能的软件固体型 CNC，控制电路中采用高速微处理器、专用 LSI（大规模集成电路）、半导体存储器等，这不仅提高了系统可靠性，还提高了系统的性能价格比。

② 为了便于系统的维修，内部具有多种自诊断功能：微处理器不断监视系统内部的工作状态，并能分类显示 CNC 内部状态，一旦发生故障，报警指示灯立即发亮，并使 CNC 停止工作，同时 CRT 上显示出故障内容。在 CRT 显示器上，可以显示从 CNC 输出或向 CNC 输出

的接通、关断的接口信号。可用 CRT 显示检查数控系统的快速进给速度，加、减速时间常数等各种参数设定值。由于采用了高速微处理器的数字交流伺服系统，无漂移影响，实现了高速、高精度的控制。

5) FANUC - 0i

FANUC - 0i 系统由主板和 I/O 两个模块构成。主板模块包括主 CPU、内存、PMC 控制、I/O Link 控制、伺服控制、主轴控制、内存卡 I/F 和 LED 显示等。其中，I/O 模块包括电源、I/O 接口、通信接口、MDI 控制、显示控制、手摇脉冲发生器控制和高速串行总线等。

FANUC - 0i 系列按其推出的时间顺序分为：FANUC - 0iA、FANUC - 0iB、FANUC - 0iC。其结构上的区别是：FANUC - 0iA 系统和伺服系统的指令信号以及电动机的编码反馈信号，采用电气连接；FANUC - 0IB 系统与伺服的信息交换通过光缆进行。FANUC - 0ic 是最新推出的数控系统，在结构上属于超小型、超薄型的数控系统，因为数控系统和显示单元集成为一体，系统与伺服的信息交换通过光缆来进行，系统和接口信号采用串行通信。

6) FANUC 16/18

F16/18 系列及 F160/180 系列，是专门为工厂自动化设计的数控系统，是目前国际上工艺与性能最先进的数控系统之一。它具有以下特点：

① 采用超大规模集成电路。由于系统的开发与微机芯片的发展同步，因此，采用超大规模集成芯片，如：CPU 为 80486，66 MHz 主频；机床的强电控制程序和零件加工程序存储在存储芯片和存储卡中。用户可方便的调用、修改 PMC 程序，并省去了 EPROM 的写入设备，加工程序、系统参数、机床参数均可存入存储卡，更换与操作极为方便。为了提高系统的处理速度和处理能力，采用了 64 位的 RISC 芯片，与 80486 并行运行。伺服进给使用 32 位数字信号处理器；除了通用芯片外，FANUC 公司还开发出专用超大规模逻辑电路芯片。如：地址译码锁存、位置反馈信号的处理、细插补、位置误差的比较与误差的脉宽调制等。

② 立体化，高密集度的元件安装。

③ 采用超薄 TFT 彩色液晶显示器。

④ 可靠性高。

⑤ 系统功能强。主要表现在：高速高精度；有多种特殊曲线的插补功能，如渐开线、抛物线、指数函数曲线、圆弧螺纹、多头螺纹、变螺距螺纹、锥螺纹、端面螺纹、柱面体形槽、极坐标插补等，并且有多种固定加工循环。

⑥ 系统可以集成通用微机板，可使用 MS - DOS 和 Windows 操作系统。在此基础上，还开发出 MMC - 人机会话功能，方便了系统的操作、诊断与维修；系统具有操作历史和报警历史的记忆与显示、伺服波形图的显示；还有 HELP 功能，该功能实际是一个用于系统维护的专家系统，当出现报警和故障时，提示操作和维修人员应采用的处理措施。

⑦ 高速 PMC。

⑧ 多种在机编程方法，如菜单编程、图形会话编程、符号图形编程以及示教编程。

⑨ 高精度、智能型数字式交流伺服系统的应用；智能型高效率数字式交流主轴系统的应用。

⑩ 联网功能可以通过 Remote buffer 接口与个人计算机连接，由计算机控制加工，实现信息传递。F160/F180 系列是在 F16/F18 基础上开发出来的，它提供了一个开放的系统接口，

如与 IBM PC 兼容功能,便于用户实现个性化的功能。

5. FANUC 数控典型系统结构

本节以 FANUC6 系统为例,介绍系统的硬件及软件结构。

1) FANUC6 系统的硬件

FANUC(以下简称 6 系统)6 系统使用高速微处理器 8086 作为 CPU,主时钟频率为 5 MHz,其硬件结构如图 4-45 所示。系统中有 28 KB 的 RAM,用来存储中间结果和数据。全部零件加工程序和系统的工作参数存放在磁泡存储器中,磁泡存储器最多可存储 320 m 长的控制带。磁泡存储器和 RAM 之间的数据交换采用 DMA 方式。为了提高系统的可靠性,28 KB 的 RAM 读写时要进行奇偶检验,相应地有一套奇偶检验电路。系统有 208 KB 的 EPROM,用来存放控制软件。6 系统使用了非屏蔽中断和 8 级可屏蔽中断,8 级可屏蔽中断用中断控制器 8259 进行管理。8259 对多级中断进行优先级排队,并产生中断矢量。6 系统使用了一个定时器 8253。8253 有 3 个通道,分别产生 2 ms、8 ms 时钟。还有利用 RS232C 口进行串行通信的时钟。因为 CNC 系统有许多操作,需要读取指定单元的某一位或者修改指定单元的某一位时,不致影响该单元的其他位。这类位操作如果用程序实现的话,要占用 CPU 较多的时间,而且速度也比较慢。为了提高位操作的速度,FANUC 公司开发了专用的位操作芯片 MB14233。

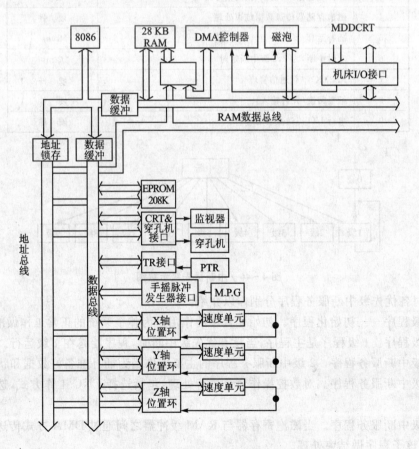

图 4-45　FANUC6 系统的硬件结构图

2) FANUC6 系统的控制软件

与大多数 CNC 系统的工作流程相同,6 系统也经历输入零件程序、译码、数据处理、进给速度控制、插补运算、伺服输出等工作阶段。为了提高刀具运动的线速度,节省 CPU 的时间,6 系统也采用粗插补与精插补结合的方法,粗插补由软件完成,周期为 8 ms,硬件完成精插补。

和 7 系统相类似,6 系统也是一个大的多重中断系统,共有 10 级中断优先级,其中 0 级为最低优先级,9 级为最高优先级,除了 2 级、3 级为软件中断外,其余为硬件中断,各级的功能如表 4-4 所列。由表 4-4 可见,0 级为初始化程序,此时还没有开中断,还没有中断时钟产生,当 0 级结束时进入 1 级,同时开中断。1 级是主程序,只要没有其他中断优先级的请求,就总是执行 1 级程序,即总是执行 CRT 显示和 ROM 校验。中断优先级示意图如图 4-46 所示。其中,1 级为主程序,2~9 级为中断服务程序。

表 4-4 中断优先级功能表

优先级	主要功能	中断源
0	初始化	开机后进入
1	CRT 显示,ROM 校验,图形显示	主程序
2	数控程序段译码,刀具补偿计算及进给速度控制	16 ms
3	数控键盘输入、输入、输出信号处理	16 ms
4	磁泡存储器传送数据结束处理	硬 件
5	插补运算	8 ms
6	定时中断,为 2,3 级中断定时	2 ms
7	RS232C 串行通信管理	硬 件
8	纸带阅读(并行输入)	硬 件
9	串行 I/O 传送报警处理	硬 件

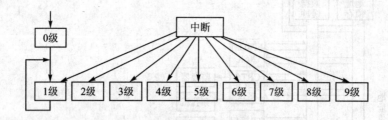

图 4-46 中断优先级示意图

下面对各优先级中断服务程序分别作以介绍。

① 0 级程序——初始化程序。初始化程序的作用是为整个系统的正常工作做准备。

② 1 级程序。1 级程序是主程序,当没有优先级中断时,程序始终在 1 级运行。

③ 2 级中断服务程序。2 级中断服务程序的主要工作是为插补准备好数据和状态。

④ 3 级中断服务程序。对数控操作命令进行处理,包括选择 CNC 工作方式,选择显示形式等。

⑤ 4 级中断服务程序。当磁泡寄存器与 RAM 缓冲器之间通过 DMA 方式传送给数据结束时,调用该子程序做结束处理。

⑥ 5 级中断服务程序。5 级中断主要工作是完成插补运算。

⑦ 6级中断服务程序。6级中断为硬件定时中断,每2 ms产生一次中断请求。该级的主要工作是产生2级、3级的16 ms软中断定时。

⑧ 7级中断服务程序。从外设经RS232接口输入零件程序的结构如图4-47所示。

⑨ 8级中断服务程序。该程序的主要工作是将零件程序由带卷盘的纸带阅读机送入到字符缓冲器中,如图4-47所示。

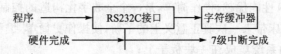

图4-47 从外设经RS-232接口输入零件程序的结构

4.5.2 SIEMENS数控系统

30年来,西门子凭借在数控系统及驱动产品方面的专业思考与深厚积累,不断制造出机床产品的典范之作,为自动化应用提供了日趋完美的技术支持。SINUMERIK不仅仅意味着一系列数控产品,其力度在于生产一种适于各种控制领域不同控制需求的数控系统,其构成只需很少的部件。它具有高度的模块化、开放性以及规范化的结构,适于操作、编程和监控。SIEMENS公司的数控装置采用模块化结构设计,经济性好,在一种标准硬件上,配置多种软件,使它具有多种工艺类型,满足各种机床的需要,并成为系列产品。随着微电子技术的发展,越来越多地采用大规模集成电路(LSI)、表面安装器件(SMC)及应用先进加工工艺,所以新的系统结构更为紧凑,性能更强,价格更低。采用SIMATICS系列可编程控制器或集成式可编程控制器,用STEP编程语言,具有丰富的人机对话功能,具有多种语言的显示。

SIEMENS公司的CNC装置主要有SINUMERIK3/8/810/820/850/880/805/802/840系列。

1. SINUMERIK 802 系统

SINUMERIK 802系统包括802S/Se/Sbase line、802C/Ce/Cbase line、802D等型号,它是西门子公司20世纪90年代才开发的集CNC、PLC于一体的经济型控制系统。SINUMERIK 802系列数控系统的共同特点是结构简单、体积小、可靠性高,此外系统软件功能也比较完善。SINUMERIK 802S与802C系列的区别是:802S/Se/Sbase line系列采用步进电动机驱动,802C/Ce/Cbase line系列采用数字式交流伺服驱动系统。

1) SINUMERIK 802D

SINUMERIK 802D采用最新技术,它将NCK、PLC、HMI集成一体,通过PROFIBUS连接各部件SIMODRIVE 611U数字驱动系统。其主要特点为:

① 可控制4个进给轴、一个数字或模拟主轴、10.4英寸真彩液晶显示器,中英文显示;

② 集成大量CNC功能;

③ 提供编程模拟及图形循环支持功能,PC卡备份数据,可实现一次编程批量安装;

2) SINUMERIK 802S 的经济型方案的最佳选择

SINUMERIK 802S是经济型方案的最佳选择,其特点为:

① 模块化设计,32位微处理器;

② 带有图形支持的NC编辑功能,中英文显示;

③ 方便快捷的 PLC 编程；

④ 可控制 2～3 个进给轴，带有闭环速度控制的主轴接口；

⑤ 按照欧洲技术标准设计的步进电动机和驱动，高性能高价格比的全新工艺型数控系统。

2. SINUMERIK 810D

SINUMERIK 810D 性能优越，操作简单，是一个全数字化构造的控制器，高集成数字化数控系统，为车床、铣床或磨床带来一次真正意义上的革新，使操作更简单，编程更直观。其特点为：

① 将 CNC 和驱动系统集成在一块板子上；

② 可控制 5 轴或 4 个进给轴和 1 个主轴；

③ 可实现 4 轴线性插补；

④ 采有 SIMATIC S7-300 家族紧凑 I/O 模块；

⑤ 高速加工中的综合运动控制；

⑥ 提供机械扰动补偿；

⑦ 可提供各种型号的电动机，如 1FK6、1FT6 及 1PH 等。

3. SINUMERIK 840C 系统

SINUMERIK 840C 系统主要由中央控制器、中央控制组件、外围组件、输入/输出组件、接口组件、手持操作器和 14 寸彩色显示器等组成。中央控制器配有功能强大的 PLCl35WB2 及电源、接口等。中央控制组件有 NC-CPU386DX、MMC-CPU386SX、MMC-CPU386SX，并附带 387SX。

4. SINUMERIK 840D 系统

SINUMERIK 840D 系统为数字 NC 系统，用于各种复杂加工的数控场合，10 个加工通道，从 2 轴到 31 轴控制。系统有三种基于不同计算机性能主板而分别适用于高级、中级和基本的应用范围。

840D 系统控制器和相关的软件均按照模块化结构进行配备，可实现从复杂的多轴运动控制到高速切削所需要的数控系统基础平台和应用范围很广的应用操作知识库。零件的编程以易于操作使用为原则，可使用循环方式和轮廓方式直接进行编程，用通俗易懂的图形模拟方式验证切削路径和几何尺寸，可选定一个面、顶部或三维观察的方式，采用带刀尖轨迹或不带刀尖轨迹进行模拟显示。

SINUMERIK 840D 是西门子数控产品的突出代表。它在复杂的系统平台上，通过系统设定而适于各种控制技术。840D 与 SINUMERIK 611 数字驱动系统和 SIMATIC S7 可编程控制器结合在一起，构成全数字控制系统，它适于各种复杂加工任务的控制，具有优于其他系统的动态品质和控制精度。

标准控制系统的特征是具有大量的控制功能，如钻削、车削、铣削、磨削以及特殊控制，这些功能在使用中不会有任何间影响。由于开放的结构，这个完整的系统也适于其他技术，如剪切、冲压和激光加工等。SINUMERIK 840D 的突出之处在于其不断扩展的特性，如

① NC 包括神经网络，其自学习、自优化系统使系统的调整时间大为缩短。精调也可按机床用户的要求简单且自动地进行。

② 交互式编程是一种操作简单但功能强大的编辑工具，它给操作人员以极大的自由度，使零件设计到工件成形的时间大幅度缩短。

③ 为便于 PLC 编程,开发了 S7 - HiGraph 点阵图形辅助编程工具,用于快速、简单的机械运动及时序的逻辑设计。

④ 全新的 AUTOTURN 软件使车削工件的编程大幅度简化,加工计划也可简单的通过按键生成。

⑤ 在 SINUMERIK 840D 和 SIMODRIVE 611 的基础上,只需最少的硬件和软件投资,即可生成易于使用的仿真数字化系统。

4.5.3 A - B 公司的 7360 系统

美国 Allen Bradley 公司出品的 7360 CNC 系统用来控制车床的计算机数控系统。整个系统安装在一个独立的封闭机柜中,系统的核心是一台字长为 16 位的小型计算机(或称工业处理机),内存共 32 KB。

1. 7360 系统硬件结构

7360 系统是以 16 位字长的工业处理机 AIP 为核心,包括阅读机、CRT 键盘、控制面板和机床接口的实时控制系统,图 4 - 48 为 7360 系统硬件示意图。

2. 7360 系统的软件

7360 数控系统是一种典型的数字采样实时过程控制系统。各种控制功能都被当作任务编制成相对对立的程序模块,通过系统程序将各种功能联系成为一个整体。系统程序的功能是处理中断、调度和监督各种任务的实施,该系统的软件结构如图 4 - 49 所示。

7360 系统程序可分为背景程序(又称后台程序)和中断服务程序(又称前台程序)两部分。背景程序的主要作用是管理和调度,它的运行是循环的。实时中断服务程序执行包括插补在内的全部实时功能。

1) 背景程序

背景程序是计算机的主程序,主要功能是根据(控制面板上的)开关命令所确定的系统工作方式,进行任务的调度。它由三个主要的程序环组成,以便为键盘、单段、自动和手动四种工作方式服务。

2) 中断服务程序

7360 系统的实时过程控制是通过中断方式实现的。设置了 5 级中断,由计算机的硬件加以控制。

7360 系统使用了扩展 DDA 的软件插补法。如前所述,这种方法采取时间分割,根据编程的进给速度,将轮廓曲线(或直线)分割为轮廓步长作为每一采样周期的进给量。扩展 DDA 直线和圆弧插补法只要求计算机进行加、减法及有限次数的乘法,没有函数计算,计算简便,速度较高,精度可达 $1\ \mu m$。

4.5.4 国产数控系统

近几年国产数控系统在引进消化国外数控技术的基础上有了很大的发展,已经生产出了具有自主版权的数控系统和数控机床。西方禁锢中国多年的三轴以上联动技术也自行研制成功,从而一举打破国外的技术封锁和经济垄断,为振兴民族数控产业,加速工业现代化奠定了坚实的技术基础。

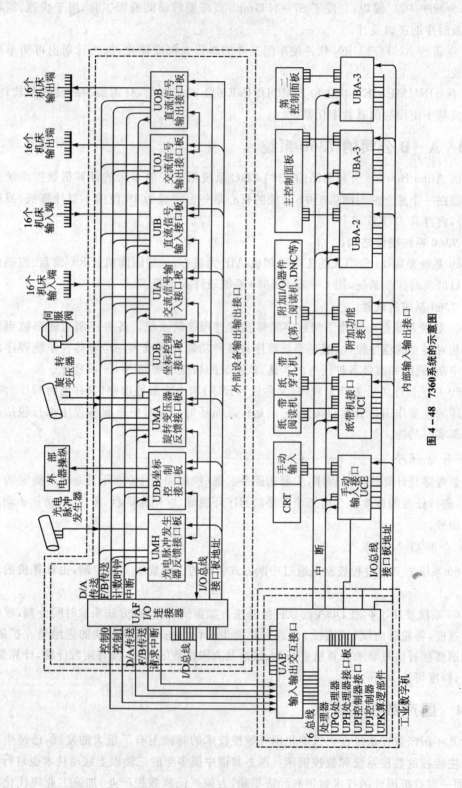

图 4-48 7360系统的示意图

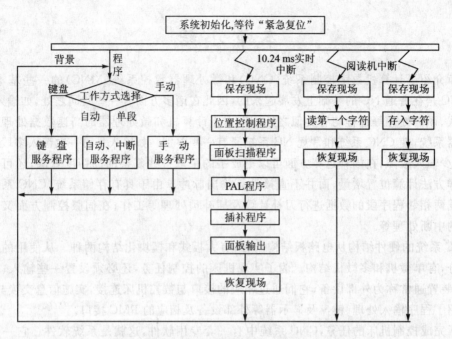

图 4-49 7360 系统的软件结构

目前,国产数控机床厂家广泛应用的国产数控系统有华中、蓝天、航天、四开、凯恩帝、开通等品牌,本节以华中数控为例介绍。

1. 基于 PC 的数控系统硬件

华中数控系统采用了先进的技术路线,具有可靠的质量保证,现已成为既具有国际先进水平又有我国技术特色的数控产品。具体为:

① 以通用工控计算机为基础的开放式和模块化体系结构;
② 以 Windows 操作系统为基础,体系结构开放;
③ 具有特色的数控软件技术和独创的曲面实时插补算法;
④ 具有友好的用户界面,便于用户学习和使用;
⑤ 搭载网络、通信和集成功能。

2. 开放体系结构数控装置的优点

① 向未来技术开放;
② 标准化的人机界面、标准化的编程语言;
③ 向用户特殊要求开放;
④ 可减少产品品种,便于批量生产,提高可靠性和降低成本,增强市场供应能力和竞争能力。

3. HNC-21 简介

HNC-21 采用先进的开放体系结构,内置嵌入式工业 PC 机,配置 7.5 in 彩色液晶显示屏和通用工程面板,集成进给轴接口、主轴接口、手持单元接口、内嵌式 PLC 接口于一体,支持硬盘、电子盘等程序存储方式以及软驱、DNC、以太网等程序交换功能,具有低价格、高性能、配置灵活、结构紧凑、易于使用、可靠性高的特点,主要应用于小型车床、铣床和加工中心。

了解更多的数控系统请参阅相关资料,在此不再赘述。

本章小结

本章介绍了计算机数字控制系统(CNC)和微处理器数控系统(MNC)的一些基本概念。由于 CNC 是在普通 NC 的基础上发展起来的,因此在诸多方面有一些共同之处,如输入格式、插补方式、译码处理等过程均有类似之处。但由于计算机和微处理器的高速数据处理能力以及存储器系统,使 CNC 系统和常规 NC 系统又有一些差别。如输入是可一次读入多段零件程序,可减少输入故障;在插补运算方面可以更放手的采取一些复杂的高精度算法,还可以采用数据采样方法计算位置增量,而并不直接计算输出脉冲。由于具有存储系统,CNC 系统还能预先根据两相邻程序段的数据进行刀补计算及插补预处理等工作;在伺服控制方面又多采取实时性的中断处理等。

CNC 系统的硬件结构从电路板结构来分,有大板式和模块化结构两种。从使用的微机及结构来分,有单微机和多微机结构。为了实现机床的控制任务,还必须设置一些输入、输出装置,这些装置通常称为外部设备,它们通过相应的接口与数控机床连接,实施信息交换与控制。本章介绍了程序输入处理、键盘及显示器等外部设备及相应的 PMC 接口。

为了完成控制机床的任务,CNC 系统中有一套专用软件,这就是系统软件。它一般包括输入数据处理、插补计算、位置控制、速度控制、管理和诊断等软件。输入数据处理软件包括对程序段的输入、存储、译码、修改、编辑以及预计算(如刀补计算)等内容。管理软件和诊断软件的设置使 CNC(MNC)系统的性能更可靠,工作更稳定,提高了使用效率。常见的系统软件结构有前后台型和中断型两种。

本章还举出了国内外常见的 CNC 系统,列举了它们有各自的特点。并以 FANUC 系统为例讲述系统的硬件组成及软件结构。

思考题与习题

4-1 简述数控系统在数控机床控制中的作用。

4-2 完成 CNC 基本任务应有哪些功能?要实现这些功能其控制器结构应具备哪些必要的条件或环境?

4-3 CNC 系统软件一般包括哪几个部分?各完成什么工作?

4-4 单微机处理结构和多微机处理结构各有什么特点?

4-5 何谓常规的和开放式的 CNC?

4-6 可编程序控制器在数控机床中的作用是什么?请举例说明。

4-7 如何理解数控系统的硬件功能和软件功能?

4-8 CNC 系统软件处理中的突出特征是什么?

4-9 在单 CPU 数控系统中,常见的软件结构有哪两种?并简述其特点。

4-10 数控机床常用的输入方法有几种?各有何特点?

4-11 FANUC6M 系统程序中的初始化程序主要完成哪些工作?并简述 7M 系统"从开机到零件加工"的执行过程?

第 5 章 数控机床伺服驱动系统

本章要点

伺服系统是连接数控系统(CNC)和数控机床(主机)的关键部件,它接收来自数控系统的指令,经过转换和放大,驱动数控机床上的执行件(工作台或刀架)实现预期的运动,并将运动结果反馈回去与输入指令相比较,直至与输入指令之差为零,从而使机床精确地运动到所要求的位置。伺服系统与数控系统和机床本体并列为数控机床的三大组成部分。

本章系统讲解数控机床伺服驱动系统的工作原理,分主轴驱动系统和进给驱动系统分别阐述。除重点掌握开环伺服系统、闭环伺服系统、脉冲比较的进给伺服系统、相位比较的进给伺服系统、幅值比较的进给伺服系统等系统的原理和特性分析以外,还要重点掌握在数控机床中广泛应用的驱动元件包括步进电动机、直流伺服电动机和交流伺服电动机的原理及特性曲线。

5.1 概 述

数控机床伺服系统是数控系统的重要组成部分,它是以机床移动部件的位置和速度为控制量的自动控制系统,又称位置随动系统、驱动系统、伺服机构或伺服单元。在数控机床中,伺服系统是数控装置和机床主机的联系环节,它接收 CNC 装置插补器发出的进给脉冲或进给位移量信息,经过变换和放大由伺服电动机带动传动机构,最后转化为机床的直线或转动位移。由于伺服系统中包含了大量的电力电子器件,并应用反馈控制原理和许多其他新技术,因此系统结构复杂,综合性强。在一定意义上,伺服系统的静、动态性能,决定了数控机床的精度、稳定性、可靠性和加工效率。因此,研究与开发高性能的伺服系统一直是现代数控机床的关键技术之一。

5.1.1 伺服系统的组成

数控伺服系统由伺服电动机(M)、驱动信号控制转换电路、电力电子驱动放大模块、电流调解单元、速度调解单元、位置调解单元和相应的检测装置(如光电脉冲编码器 G)等组成。一般闭环伺服系统的结构如图 5-1 所示。它是一个三环结构系统,其中,外环是位置环,中环是速度环,内环为电流环。

位置环由位置调节控制模块、位置检测和反馈控制部分组成;速度环由速度比较调节器、速度反馈和速度检测装置(如测速发电机、光电脉冲编码器等)组成;电流环由电流调节器、电流反馈和电流检测环节组成。电力电子驱动装置由驱动信号产生电路和功率放大器等组成。位置控制主要用于进给运动坐标轴,对进给轴的控制是要求最高的位置控制,不仅对单个轴的运动速度和位置精度的控制有严格要求,而且在多轴联动时,还要求各进给运动轴有很好的动态配合,才能保证加工精度和表面质量。

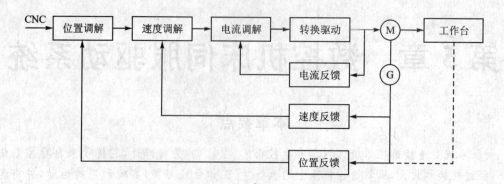

图 5-1 伺服系统结构图

位置控制功能包括位置控制、速度控制和电流控制。速度控制功能只包括速度控制和电流控制,一般用于对主运动坐标轴的控制。

5.1.2 数控机床对伺服系统的基本要求

伺服系统为数控系统的执行部件,不仅要求稳定地保证所需的切削力矩和进给速度,而且要准确地完成指令规定的定位控制或者复杂的轮廓加工控制。数控机床对伺服系统的基本要求如下:

1. 精度高

伺服系统的精度是指输出量能复现输入量的精确程度。作为数控加工,对定位精度和轮廓加工精度要求都比较高,定位精度一般允许的偏差为 0.01~0.001 mm,甚至 0.1 μm。轮廓加工精度与速度控制、联动坐标的协调一致控制有关。在速度控制中,要求较高的调速精度,具有比较强的抗负载扰动能力,对静态、动态精度要求都比较高。

2. 稳定性好

稳定性是指系统在给定输入或外界干扰作用下,能在短暂的调节过程后,达到新的或者恢复到原来的平衡状态,对伺服系统要求有较强的抗干扰能力。稳定性是保证数控机床正常工作的条件,直接影响数控加工的精度和表面粗糙度。

3. 快速响应

快速响应是伺服系统动态品质的重要指标,它反映了系统的跟踪精度。为了保证轮廓切削形状精度和低的加工表面粗糙度,要求伺服系统跟踪指令信号的响应要快。一方面要求过渡过程(电动机从静止到额定转速)的时间要短,一般在 200 ms 以内,甚至小于几十毫秒;另一方面要求超调要小。这二方面的要求往往是矛盾的,实际应用中要采取一定措施,按工艺加工要求做出一定的选择。

4. 调速范围宽

调速范围 R_n 是指生产机械要求电动机能提供的最高转速 n_{max} 和最低转速 n_{min} 之比。通常表示为

$$R_n = \frac{n_{max}}{n_{min}}$$

式中,n_{max} 和 n_{min} 一般是指额定负载时的转速,对于少数负载较轻的机械,也可以是实际负载时的转速。

在数控机床中,由于加工用刀具,被加工材质及零件加工要求的不同,进给伺服系统需要具有足够宽的调速范围。目前较先进的水平是,在分辨率为 1 μm 的情况下,进给速度范围为 0~240 m/min,且无级连续可调。但对于一般的数控机床而言,要求进给伺服系统在 0~24 m/min 进给速度范围内都能工作就足够了。

伺服控制系统的总体控制效果是由位置控制和速度控制一起决定的(也包括电流控制)。对速度控制不过分地追求如位置控制那么大的控制范围;否则,速度控制单元将会变得相当复杂,这将提高成本,又降低可靠性。一般来说,在总的开环位置增益为 20(1/s) 时,只要保证速度单元具有 1:1000 的调速范围就完全可以满足要求。代表当今先进水平的速度控制单元的技术,已可达到 1:100000 的调速范围。

主轴伺服系统主要是速度控制,它要求低速(额定转速以下)恒转矩调速具有 1:100~1000 调速范围,高速(额定转速以上)恒功率调速具有 1:10 以上的调速范围。

5. 低速大转矩

机床加工的特点是,在低速时进行重切削。因此,要求伺服系统在低速时要有大的转矩输出。进给坐标的伺服控制属于恒转矩控制,在整个速度范围内都要保持这个转矩;主轴坐标的伺服控制在低速时为恒转矩控制,能提供较大转矩;在高速时为恒功率控制,具有足够大的输出功率。

伺服系统中的执行元件(伺服电动机)是一个非常重要的部件,具有高精度、快反应、宽调速和大转矩的优良性能,尤其对进给伺服电动机要求更高。具体是:

① 电机从低速到高速范围内能平滑运转,且转矩波动要小。在最低转速(如 0.1 r/min)或更低转速时,仍有平稳的速度而无爬行现象。

② 电动机应具有大的、较长时间的过载能力,以满足低速大转矩的要求。电动机能在数分钟内过载数倍而不损坏,直流伺服电动机为 4~6 倍,交流伺服电机为 2~4 倍。

③ 为了满足快速响应的要求,即随着控制信号的变化,电动机应能在较短时间内达到规定的速度。响应速度直接影响到系统的品质。因此,要求电动机必须具有较小的转动惯量、较大的转矩、尽可能小的机电时间常数和很大的加速度(400 rad/s² 以上),这样才能保证电动机在 0.2 s 以内从静止启动到额定转速。

④ 电动机应能承受频繁的启动、制动和正反转。

5.1.3 伺服系统的分类

1. 按调节理论分类

按控制理论分类,数控机床伺服系统可分为开环伺服系统、闭环伺服系统和半闭环系统三种,见第 1 章中数控机床分类部分,在此不再重复。

2. 按使用的执行元件分类

1) 电液伺服系统

电液伺服系统的执行元件通常为电液脉冲马达和电液伺服马达,其前一级为电气元件,驱动元件为液动机和液压缸。数控机床发展的初期,多数采用电液伺服系统。电液伺服系统在低速下可以得到很高的输出力矩,以及刚性好、时间常数小、反应快和速度平稳。但液压系统需要油箱、油管等供油系统,体积大。此外,还有噪声、漏油等问题,从 20 世纪 70 年代起就被电气伺服系统代替。只是具有特殊要求时,才采用这种伺服系统。

2) 电气伺服系统

电气伺服系统的执行元件为伺服电动机,驱动单元为电力电子器件,操作维护方便,可靠性高。现代数控机床均采用电气伺服系统。电气伺服系统分为步进伺服系统、直流伺服系统和交流伺服系统。

① 步进伺服系统　步进伺服驱动机构与数控系统采用的脉冲增量插补算法相配合,选用功率步进电动机作为驱动元件,主要有反应式和混合式两种。混合式步进电动机在输出力矩、运行频率、升降速度等性能方面明显优于反应式步进电动机,但价格相对较高。步进驱动机构主要在开环伺服控制系统中使用。由于对数控加工精度要求的不断提高和交流伺服驱动机构性能价格比的不断提升,交流伺服驱动取代步进驱动已成必然。近年来出现的细分混合式步进电动机驱动器采用交流伺服控制原理,增加了全数字式电流反馈控制,三相正弦电流驱动输出,最大可达 10000 细分(最小步距角为 $0.036°$),并具有低速运行平稳、噪声小等优点,在开环伺服控制系统中得到广泛使用。

② 直流伺服系统　直流伺服系统从 20 世纪 70 年代到 80 年代中期,在数控机床上占主导地位。进给运动系统采用大惯量、宽调速永磁直流伺服电动机和中小惯量直流伺服电动机;主运动系统采用直流他励伺服电动机。大惯量直流伺服电机具有良好的调速性能,输出转矩大,过载能力强。由于电动机自身惯量较大,容易与机床传动部件进行惯量匹配,所构成的闭环系统易于调整。中小惯量直流伺服电动机用减少电枢转动惯量的方法获得快速性。中小惯量电机一般都设计成有高的额定转速和低的惯量,所以应用时,要经过中间机械减速传动来达到增大转矩和与负载进行惯量匹配的目的。直流电动机配有晶闸管全控桥(或半控桥)或大功率晶体管脉宽调制的驱动装置。该系统的缺点是电动机中的电刷限制了转速的提高,而且结构复杂,价格较贵。

③ 交流伺服系统　交流伺服系统使用交流感应异步伺服电动机(一般用于主轴伺服系统)和永磁同步伺服电动机(一般用于进给伺服系统)。直流伺服电动机使用机械(电刷、换向器)换向,存在着一些固有的缺点,使其应用受到限制。20 世纪 80 年代以后,由于交流伺服电动机的材料、结构、控制理论和方法均有突破性的进展,电力电子器件的发展又为控制与方法的实现创造了条件,使得交流驱动装置发展很快,目前已取代了直流伺服系统。该系统的最大优点是电动机结构简单,不需要维护,适合于在恶劣环境下工作。此外,交流伺服电动机还具有动态响应好、转速高和容量大等优点。

当今,除了驱动级外,交流伺服系统的电流环、速度环和位置环全部数字化。全部伺服的控制模型、数控功能、静动态补偿、前馈控制、最优控制、自学习功能等均由微处理器及其控制软件高速实时地实现,其性能更加优越。

3. 按被控对象分类

1) 进给伺服系统

进给伺服系统是指一般概念的位置伺服系统,它包括速度控制环和位置控制环。进给伺服系统控制机床各进给坐标轴的进给运动,具有定位和轮廓跟踪功能,是数控机床中要求最高的伺服控制。

2) 主轴伺服系统

一般的主轴伺服系统只是一个速度控制系统。控制主轴的旋转运动,提供切削所需要的转矩和功率,完成在转速范围内的无级变速和转速调节。当主轴伺服系统要求有位置控制功能时(如数控车床),称为 C 轴控制功能。此时主轴与进给伺服系统一样为一般概念的位置伺服控制系统。

此外,刀库的位置控制是为了在刀库的不同位置选择刀具,与进给坐标轴的位置控制相比,性能要低得多,故称为简易位置伺服系统。

4. 按反馈比较控制方式分类

1) 脉冲、数字比较伺服系统

该系统是闭环伺服系统中的一种控制方式。它是将数控装置发出的数字(或脉冲)指令信号与检测装置测得的数字(或脉冲)形式表示的反馈信号直接进行比较,以产生位置误差,达到闭环控制。脉冲、数字比较伺服系统结构简单,容易实现,整机工作稳定,应用十分普遍。

2) 相位比较伺服系统

在该伺服系统中,位置检测装置采用相位工作方式。指令信号与反馈信号都变成了某个载波的相位,通过两者相位的比较,获得实际位置与指令位置的偏差,实现闭环控制。相位比较伺服系统适用于感应式检测元件(如旋转变压器、感应同步器)的工作状态,可以得到满意的精度。

3) 幅值比较伺服系统

幅值比较伺服系统以位置检测信号的幅值大小来反映机械位移的数值,并以此信号作为位置反馈信号,一般还要进行幅值信号和数字信号的转换,进而获得位置偏差构成闭环控制系统。

在以上三种伺服系统中,相位比较和幅值比较伺服系统从结构上和安装维护上都比脉冲比较、数字比较系统复杂和要求高,所以一般情况下,脉冲、数字比较伺服系统应用更为广泛。

4) 全数字伺服系统

随着微电子技术、计算机技术和伺服控制技术的发展,数控机床的伺服系统已采用高速、高精度的全数字伺服系统。即由位置、速度和电流构成的三环反馈控制全部数字化,使伺服控制技术从模拟方式、混合方式走向全数字化方式。该类伺服系统具有使用灵活、柔性好的特点。数字伺服系统采用了许多新的控制技术和改进伺服性能的措施,使控制精度和品质大大提高。

5.2 数控机床主轴驱动系统

主轴驱动及主轴变速控制和准停控制是数控系统的重要功能。数控车削加工中心还须具有主轴旋转进给轴(C 轴)控制功能;某些数控车床和数控磨床,为保证加工工件的粗糙度小,还须采用恒线速度切削加工和磨削加工。本节主要介绍数控系统主轴驱动装置的特点、主轴分段无级变速及控制、主轴准停控制及与进给轴的关联控制。

5.2.1 主轴驱动装置及工作特性

1. 主轴电动机及驱动装置

数控机床的主轴驱动系统由主轴驱动装置和主轴电动机两部分构成。而主轴驱动装置有直流电动机及相应的驱动装置和交流电动机及相应的驱动装置两种。

1) 直流电动机及驱动装置

数控机床进给轴采用永磁式伺服电动机和脉宽调制(PWM)调速装置,其特点是惯性小,调速性能优越,便于位置控制应用。但永磁式伺服电动机和脉宽调制(PWM)调速装置都不能适应主轴电动机输出功率的要求,数控机床的主轴电动机一般只能采用它励式直流电动机和三相全控晶闸管调速装置。为缩小电动机体积并改善冷却效果,常采用轴向强迫风冷或热管冷却方式。

2) 交流电动机及驱动装置

主轴交流电动机多采用笼形异步电动机并普遍采用基于矢量变换控制技术的变频器作为驱动装置。笼形异步电动机结构简单,价格便宜,工作可靠,是主轴电动机理想的选择。矢量变换控制是交流电动机调速控制较理想的方法,其基本思路是通过复杂的坐标变换,把交流电动机等效成直流电动机并进行控制。采用这种方法,交流电动机与直流电动机的数学模型极为相似,因而可得到同样优良的调速性能。随着理论研究上的突破,交流变频调速技术发展很快,控制方式从最初的电压矢量控制发展为磁通矢量控制,又发展为直接转矩控制;变流技术由逆变发展为正弦脉宽调制(PWM),又发展到优化 PWM 和随机 PWM,电流谐波畸变小、电源效率更高;功率器件由 GTO、GTR、IGBT 发展到智能模块 IPM,开关速度快、驱动电流小、控制线路简单、故障率低及保护功能更加完善。随着交流调速技术的不断发展,新生产的数控机床的主轴驱动系统,已有 85% 采用了交流调速系统,现代数控系统的主轴驱动大多采用变频器控制交流主轴电动机的方案。除了在调速性能方面,交流驱动系统已经达到甚至超过直流驱动系统的水平,在交流主轴电动机结构上也有了新发展,出现了一些更加适用于数控机床主轴驱动的交流电动机。

① 输出转换型交流主轴电动机　为满足机床切削的需要,要求主轴电动机在任何刀具切削速度下都能提供恒定的功率,FANUC 公司开发出一种称为输出转换型交流主轴电动机。其输出切换方法很多,包括三角形—星形切换和绕组数切换,或两者组合切换。尤其是绕组数切换方法比较方便,而且,每套绕组都能分别设计成最佳的功率特性,得到非常宽的恒功率范围。

② 液体冷却主轴电动机　其结构特点是在电动机外壳和前端盖中间有一个独特的油路通道,用强迫循环的润滑油经此来冷却绕组和轴承,使电动机可在 20 000 r/min 高速下连续运行。这类电动机的恒功率范围也很宽。

③ 内装式主轴电动机(电主轴)　将主轴与电动机合为一体。电动机轴就是主轴本身,而电动机的定子被拼入到主轴内。内装式主轴电动机由空心轴转子、带绕组的定子和检测器三部分组成。由于电动机与主轴合二为一,既简化了结构,也消除了振动,降低了噪声,非常有利于高速运行。

2. 主轴驱动工作特性

主轴电动机的理想工作特性曲线如图 5-2 所示。其中 n_0 为基准速度,M 表示电磁转矩,P

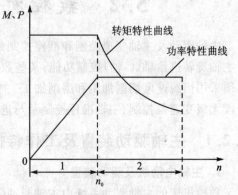

图 5-2　主轴电动机理想特性曲线

表示输出功率。工作特性曲线表示：在基本速度 n_0 以下应保持恒转矩调速(直流电动机通过调节电枢电压调速)；在基本速度 n_0 以上应保持恒功率调速(直流电动机通过调节励磁电流调速)。

5.2.2 主轴分段无级变速及控制

1. 分段无级变速原理

数控机床采用无级调速主轴机构，可以大大简化主轴箱。但低速段输出转矩常无法满足强切削转矩的要求。如单纯追求无级调速，必然增大主轴电动机功率，则主轴电动机与驱动装置的体积、质量及成本都会大大增加，电动机的运行效率会大大降低。因此数控机床常采用 $1\sim4$ 挡齿轮变速与无级调速相结合的方案，即分段无级变速。图 5-3 所示为采用与不采用齿轮减速主轴的输出特性。

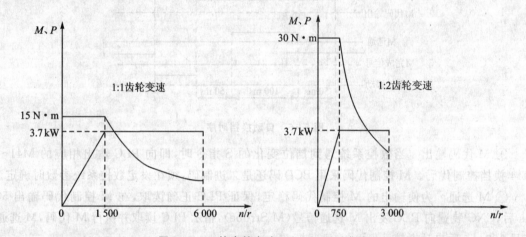

图 5-3 二挡齿轮变速 $M(n)$ 和 $P(n)$ 曲线

采用齿轮减速虽然可增大低速时的输出转矩，但同时降低了最高主轴转速。因此须采用齿轮自动换挡，达到既满足低速转矩，又满足最高主轴转速的要求。数控系统一般均提供 4 挡自动变速功能，而数控机床通常使用两挡即可满足要求。在数控系统参数区设置 M41~M44 四挡对应的最高主轴转速后，即可用 M41~M44 指令控制齿轮自动换挡。控制过程中，数控系统将根据当前 S 指令值，自动判断挡位，向 PLC 输出相应的 M41~M44 指令，由 PLC 控制变换齿轮位置；数控装置同时输出相应的模拟电压或数字信号设定对应的速度，其控制结构如图 5-4 所示。

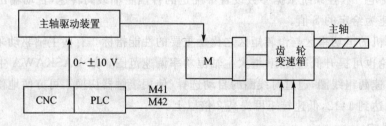

图 5-4 主轴分段无级变速控制结构

例如，M41 对应的主轴最高转速为 1000 r/min，M42 对应的主轴最高转速为 3500 r/min，主轴电动机对应的最高转速为 3500 r/min,当 S 指令在 0～1000 r/min 范围时,M41 对应的齿轮啮合。S 指令在 1001～3500 r/min 范围时,M42 对应的齿轮啮合。数控机床主轴变挡有多种方式,都由 PLC 完成。目前常采用液压拨叉或电磁离合器来带动不同齿轮的啮合。此例中 M42 对应的齿轮传动比为 1:1,而 M41 对应的齿轮传动比为 1:3.5,此时主轴输出的最大转矩为主轴电动机最大输出转矩的 3.5 倍。为解决变速时出现顶齿问题,在变速时,数控系统须控制主轴电动机低速转动或振动,以实现齿轮的顺序啮合。主轴电动机低速转动或振动的速度可在数控系统参数区中设定。

2. 自动换挡控制

自动变速动作控制时序如图 5-5 所示。

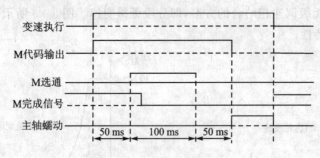

图 5-5 自动换挡时序

① M 代码输出　当数控系统遇到挡位变化的 S 指令时,即向 PLC 输出相应的 M41～M44 换挡控制代码。M 控制代码采用 BCD 码还是二进制码,须在设定数控系统参数时确定。

② M 选通　为使输出的 M 控制代码稳定,保证 PLC 正确读取,在 M 控制代码输出 50 ms 后,CNC 装置向 PLC 发出 M 选通信号(M Strobe),指示 PLC 读取并执行 M 代码,M 选通信号 100 ms 后自动撤销。

③ M 代码确认　PLC 正确接收到 M Strobe 信号后,立即使 M 完成信号变为无效(低电平),通知 CNC 装置,M 控制代码已经接收并正在执行。

④ M 代码执行　PLC 对 M 控制代码进行译码后,执行相应的换挡控制逻辑。

⑤ 主轴蠕动　CNC 装置输出 M 控制代码 200 ms 后,依据参数设置输出一定的主轴蠕动量,从而使主轴慢速转动或振动,以防止出现齿轮顶齿现象,顺利实现齿轮啮合。

⑥ 换挡完成　PLC 完成相应的换挡后,置 M 完成信号为有效(高电平),通知 CNC 装置,M 控制代码已经执行,换挡工作完成。

⑦ 转速设定　数控系统依据参数设置中确定的各挡主轴最高转速,自动输出新的模拟电压,使主轴转速为给定的 S 值。

主轴电动机的恒功率区与恒转矩区之比是重要的性能指标。有些主轴驱动采用变速电动机,不需要齿轮也可提升低速转矩,增大主轴恒功率调速范围。如 YASKAWA 主轴电动机内部有低速和高速两组线圈,通过对线圈的自动选择(使用接触器切换),可方便地使恒功率区与恒转矩区之比达到 1:12,低速转矩可提高 2 倍以上。

3. 变挡机构

数控机床一般采用主轴电动机→变挡齿轮传递→主轴的结构。其中变挡齿轮箱比传统机床主轴箱简单得多。液压拨叉和电磁离合是两种常用的变挡机构。

1) 液压拨叉变挡机构

液压拨叉是用一只或几只液压缸带动齿轮移动的变速机构。最简单的二位液压缸实现双联齿轮变速。三联或三联以上的齿轮换挡则需使用差动液压缸(具体结构和工作原理可参阅相关书籍)。液压拨叉变挡机构较为复杂,不但需要附加一套液压装置,还需将电信号转换为电磁阀动作,控制压力油分至相应的液压缸。

2) 电磁离合器变挡机构

电磁离合器可以通过控制线圈的通断,来控制传动链接续和切断,便于实现电气自动控制。其缺点是体积较大,产生的磁通易使机械零件磁化。在数控机床主轴传动中,使用电磁离合器可简化变速机构,通过安装在各传动轴上离合器的吸合与分离,形成不同的运动组合传动链,实现主轴变速。数控机床常使用无滑环摩擦片式电磁离合器和牙嵌式电磁离合器。摩擦片式电磁离合器采用摩擦片传递转矩,允许不停车变速。但如果速度过高,会产生大量的摩擦热。牙嵌式电磁离合器将摩擦面加工成一定的齿形,可提高传递转矩,缩小离合器的径向和轴向尺寸,使主轴结构更加紧凑,减少摩擦势,但牙嵌式电磁离合器必须在低速时才能变速。

5.2.3 主轴准停控制

主轴准停功能指控制主轴准确停在固定位置的功能,又称为主轴定位功能,这是数控加工过程中自动换刀所必需的功能。在自动换刀的镗、铣加工中心上,切削扭矩通常是通过刀杆的端面键传递的,因此,要求主轴具有准确的定位于圆周特定角度的功能(见图 5-6);当加工阶梯孔或精镗孔后退刀时,为防止刀具与小阶梯孔碰撞或拉毛已精加工过的孔表面,必须先让刀,再退刀。即使让刀,刀具也必须能够准确定位。

主轴准停控制功能分为机械准停和电气准停。

1. 机械准停控制

图 5-7 所示为典型的 V 形槽轮定位盘机械准停控制结构。带有 V 形槽的定位盘与主轴端面保持固定关系,以实现准确定位。

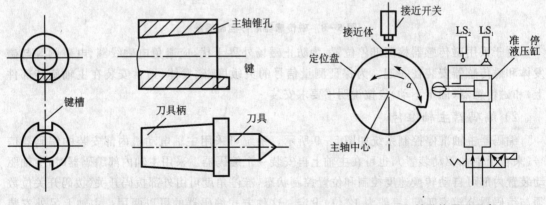

图 5-6 主轴准停换刀示意   图 5-7 机械准停原理示意

数控系统遇到准停控制指令 M19 时,首先控制主轴减至设定的低速转动,当接收到接近开关送来的准停位置信号后,立即使主轴电动机停转并断开主轴传动链。此时主轴电动机与主轴传动部件依惯性继续空转,准停液压缸的定位销伸出并压向定位盘。与定位盘 V 形槽对正时,在液压缸的压力下,定位销插入 V 形槽中。图中 LS_2 开关为准停到位检测开关,当定位销插入 V 形槽时产生准停到位信号,表明准停动作完成。图中 LS_1 为准停释放检测开关,对准停释放进行检测。采用这种准停方式,必须有一定的逻辑互锁。即当 LS_2 有效时,才能进行诸如换刀等操作;只有当 LS_1 有效时,才能启动主轴电动机正常运转。上述准停功能也是由数控系统中的 PLC 来完成的。机械准停还有诸如端面螺旋凸轮准停等方式,其原理基本相同,不再一一介绍。

2. 电气准停控制

目前电气准停通常采用以下三种方式。

1) 磁传感器主轴准停

磁传感器主轴准停控制由主轴驱动自身完成,即当数控装置执行 M19 指令时,只需向主轴驱动发出主轴准停起动命令 ORT,主轴驱动在完成准停后向数控装置回答完成信号 ORE,然后数控装置再执行其后的控制任务。磁传感器主轴准停控制系统的基本结构如图 5-8 所示。

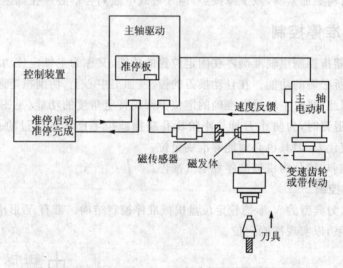

图 5-8 磁传感器准停控制系统

由于采用磁传感器检测准停位置,为防止磁场外界干扰,应避免电磁线圈、电磁阀等与磁发体和磁传感器安装在一起。为保证测量信号的灵敏度,磁发体(通常安装在主轴旋转部件上)和磁传感器(固定不动)应按说明书要求安装。

2) 编码器主轴准停

编码器主轴准停控制系统如图 5-9 所示。系统可采用主轴电动机内部安装的编码器信号(来自于主轴驱动装置),也可在主轴上再安装一个编码器。采用主轴内部编码器时,主轴驱动装置内部可自动转换速度控制和位置控制状态,准停角度可由外部拨码开关(拨码开关位数须与编码器分辨率匹配,一般为 12 位)设定。这种方式编码器的可以两用。主轴上另外安装编码器的方式与磁传感器主轴准停控制系统基本相同,只是准停位置为拨码开关设定的角度,而不是检测位置。编码器主轴准停控制时序如图 5-10 所示,控制步骤叙述如下:当主轴转动或停止时,接收到数控装置发来的准停开关信号量 ORT,主轴驱动装置立即控制减速至某一准停速度(可在主轴驱动装置中设定);主轴到达准停速度且准停位置到达时(拨码开关设定角度),主轴驱动装置再次控制减速,当速度降低到主轴驱动装置设定值时,主轴驱动立即进入编码器为反馈元件的位置闭环控制状态,目标位置为准停位置,实现精确的位置准停控制。准停完成后,主轴驱动装置向数控装置输出准停完成信号 ORE,开始进行自动换刀(ATC)等控制。

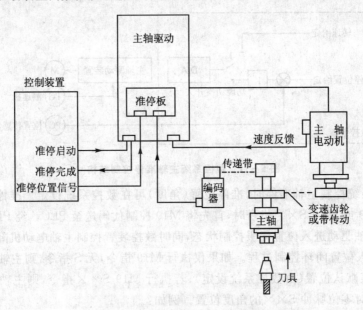

图 5-9 编码器主轴准停控制系统

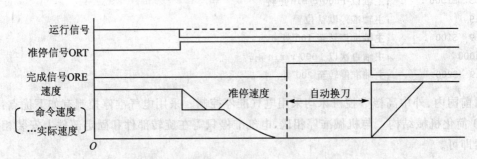

图 5-10 编码器主轴准停时序

无论采用磁传感器主轴准停方式或编码器主轴准停方式,在主轴上安装检测元件时都应注意动平衡问题。因为数控机床精度高,转速也很高,对动平衡要求非常严格。一般对中速以下的主轴来说,有一点不平衡还不至于有太大的问题。但高速主轴这一不平衡量会引起轴振动。为适应主轴高速化的需要,国外已开发出整环式磁传感器主轴准停装置,其磁发体为整环,故动平衡可以保证。

3) 数控系统准停

数控系统准停控制方式是由数控装置完成的。采用这种控制方式需注意以下两个问题:

① 数控系统需具有主轴位置闭环控制功能。为避免启动时冲击过大,主轴驱动大都具有软启动功能。这对主轴位置闭环控制会产生不良影响,如果位置增益过低,准停精度和刚度(克服外界扰动能力)将不能达到要求;位置增益过高,又会产生严重的定位振荡现象。因此必须使主轴进入位置伺服控制状态,才能保证准停的位置精度。

② 当采用主轴电动机轴端编码器检测位置信号,主轴传动链的精度可能对准停控制精度产生影响。数控系统控制主轴准停的原理与进给位置控制的原理非常相似,其控制结构如图 5-11 所示。

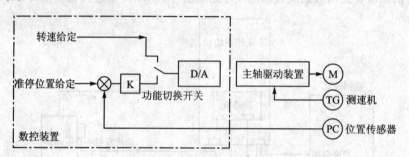

图 5-11 数控系统主轴准停控制结构

采用数控系统控制主轴准停时,准停位置(角度)可在数控系统设定。准停步骤如下:数控装置执行 M19 或 M19 S×× 指令时,首先将 M19 控制代码送至 PLC。经 PLC 译码后发出控制信号,使主轴驱动进入位置伺服控制状态,同时数控装置控制主轴电动机降速并寻找零位脉冲 C,然后进入位置闭环控制过程。如果仅执行 M19 指令,无 S 指令,则主轴定位于相对于零位脉冲 C 的某默认位置(由数控系统设定);若执行 M19 S×× 指令,则主轴定位于指令位置,即定位于相对零位脉冲 S×× 的角度位置。例如:

```
M03   S1000      ;主轴以 1000 r/min 正转
M19              ;主轴准停默认位置
M19   S100       ;主轴准停转至 100°处
S1000            ;主轴再次以 1000 r/min 正转
M19   S200       ;主轴准停转至 200°处
```

目前国内、外中高档数控机床均采用电气准停控制。采用电气准停控制有如下优点:

① 简化机械结构 与机械准停相比,电气准停只需在旋转部件和固定部件上安装相应的传感器即可。

② 缩短准停时间 换刀时间是加工中心的一项重要指标,准停时间包括在换刀时间之内。采用电气准停,即使主轴处于高速转动状态也能快速定位在准停位置。

③ 可靠性增大 电气准停可以省去复杂的机械和液压装置,可以避免机械准停造成的机械冲击,因而使准停控制机构的寿命和可靠性大大增加。

④ 性能价格比提高 电气准停简化了机械结构和强电控制逻辑,使机械和电器方面的成本大大降低。而电气准停通常作为数控机床的选择功能,订购电气准停附件需另加费用。

5.2.4 主轴与进给轴关联控制

对于加工回转类零件的数控机床而言,对主轴除了进行启停、调速、准停、转向等方面的控制以外,还需要进行主轴旋转与进给轴运动的关联控制。主轴与进给轴关联控制一般通过脉冲编码器来实现。

1. 脉冲编码器

在主轴与进给轴关联控制中,需要使用脉冲编码器。它是精密数字控制与伺服控制设备中常用的角度位移数字化检测器件,具有精度高,结构简单,工作可靠等优点。编码器可分为增量式和绝对式、接触式和非接触式(光电式、电磁式)等类型。

1) 增量式脉冲编码器

脉冲发生器每次测量的角位移,都是相对上一次角度位置的增量。这种编码器结构简单,应用最广泛。为提高其分辨率,通常采用电子线路进行倍频细分。增量式脉冲编码器输出两个相位差 $90°$ 的 A、B 信号和零位 C 信号,其中 A、B 信号可用来计算角位移的大小,还可利用其相位超前或滞后的关系辨别旋转方向。

2) 绝对式脉冲编码器

码盘每一转角位置都刻有表示该位置的唯一代码,通过读取码盘之值即可直接获得主轴的角度坐标。单个码盘组成的绝对式脉冲编码器,只能测量 $0°\sim360°$ 范围内的角位移;测量大于 $360°$ 的角位移,必须使用多个码盘的绝对式脉冲编码器。绝对式脉冲编码器码盘常用的码制有二进制、循环码、十进制码等几种,最常用的码制为二进制循环码。由于二进制循环码制的特点是相邻两组数码之间只有一位变化,即使制造与安装不太精确,所造成的误差也不会超过码盘自身的分辨率。

有关光电编码器的结构和工作原理,将在第 6 章数控机床测量反馈系统中详细介绍,此处不再赘述。

2. 主轴旋转与轴向进给的关联控制

下面以螺纹切削加工为例,介绍数控系统主轴旋转与轴向进给的关联控制功能。

1) 进给量与主轴转速关联控制

在数控车床上加工圆柱螺纹时,无论螺纹是等距螺纹还是变距螺纹,都要求主轴转速与刀具轴向进给保持一定的协调关系,数控系统必须具有主轴转速与轴向进给量关联控制功能。在主轴上安装的脉冲编码器可以检测主轴转角、相位、零位等信号。在主轴旋转过程中,脉冲编码器不断向数控装置发送脉冲信号,根据插补计算结果,控制进给坐标轴伺服系统,使进给量与主轴转速保持螺纹加工所需的比例关系,从而实现螺纹的精确加工。

2) 主轴旋转方向控制

通过改变主轴旋转方向,可以加工出左螺纹或右螺纹,主轴旋转方向可通过脉冲编码器正交的 A 相、B 相脉冲信号的顺序来判别。

3) 主轴绝对位置定位

脉冲编码器的零位脉冲信号 C,刚好对应主轴旋转一圈,可用于主轴绝对位置定位检测和控制。在多次循环切削同一螺纹时,该零位信号可作为刀具切入点,以确保螺纹螺距不出现乱扣现象。即在每次螺纹切削进给前,刀具必须经过零位脉冲定位后才能切削,以确保刀具在工件圆周同一点切入。

在螺纹切削加工时,有时还需要控制主轴转速保持恒定,以免因主轴转速变化而引起跟踪误差变化,影响螺纹加工精度。

3. 主轴旋转与径向进给的关联控制

由机械加工工艺可知,利用数控车床或磨床进行端面加工时,为了保证加工端面的平整光洁(表面粗糙度 R_a 小),应控制工件与刀具(车刀或砂轮)接触点处的速度为一恒定值,即实现所谓恒线速度加工。由于在端面加工过程中,刀具要不断地作径向进给运动,从而使刀具的切削直径逐渐减小(磨床还应考虑砂轮磨损造成的直径减小)。由切削速度与主轴转速的关系 $v=2\pi nD$ 可知,若保持切削速 v 恒定不变,当切削直径 D 逐渐减小时,主轴转速 n 必须逐渐增大。因此,数控装置必须设计相应的控制软件来完成主轴转速的调整。车削端面过程中,切削直径变化的增量为

$$\Delta D_i = 2F\Delta t_i$$

式中:ΔD_i 为切削直径变化量;F 为径向进给速度;Δt_i 为切削时间。则切削直径为

$$D_i = D_{i-1} - \Delta D_i$$

根据切削速度与主轴转速的关系,可以实时计算出主轴转速为

$$n_i = \frac{v}{2\pi D_i}$$

计算出来的主轴转速不能超出设定的极限转速(即 $n_i \leqslant n_{max}$),如果符合要求,将通过计算获得的主轴转速值送至主轴伺服系统,即可保证主轴旋转与刀具径向进给之间的协调关系,实现恒线速度加工要求。

5.3 数控机床进给驱动系统

数控机床进给驱动系统是计算机数控(CNC)系统的重要组成部分,也是数控系统与机械传动部件联系的环节,其性能直接决定和影响数控加工的快速性、稳定性和精确性。伺服系统是以位置(或角度)为控制对象的自动控制系统,数控系统中的进给驱动系统专指数控机床各坐标轴进给驱动的位置控制系统。它接收 CNC 装置插补计算产生的进给脉冲信号,经变换和功率放大后驱动各坐标轴带动工作台和刀具运动,通过若干坐标轴的联动,使刀具相对工件产生各种复杂的机械运动,从而实现各种轮廓形状的加工。

5.3.1 进给驱动系统组成与分类

1. 进给驱动系统的组成和基本要求

数控系统中进给驱动系统的组成结构如图 5-12 所示。它是一个双闭环反馈控制系统,内环为速度环,外环是位置环。速度环中的速度检测装置可采用测速发电动机,也可采用脉冲编码器等。现代数控系统普遍采用高分辨率光电编码器。速度控制单元是独立单元,由速度调节器、电流调节器和功率放大器等组成。位置环由 CNC 装置中的位置控制模块、速度控制单元、位置检测及反馈控制等组成。对机床运动坐标轴的控制是数控系统中要求最高的位置控制,不仅对单个轴的运动速度和位置控制精度有严格要求,在多轴联动时,还要求各运动轴之间有良好的动态配合。

现代数控机床具有的高速、高精度加工性能,要求进给伺服系统必须达到以下基本要求:

① 精度高　伺服控制系统的精度指定位精度和位移精度。定位精度指系统输出量复现输入量的精确程度,一般要求达到 1 μm,甚至 0.1 μm;位移精度指指令脉冲对应的进给量和工作台实际位移量的符合程度,目前可达到全程范围内仅差±5 μm。

② 稳定性好　稳定性好是指伺服系统在给定输入或外界干扰的作用下,经过短暂调节过程之后恢复到原来的平衡状态或达到新的平衡状态。伺服系统有较强的抗干扰能力,能够保

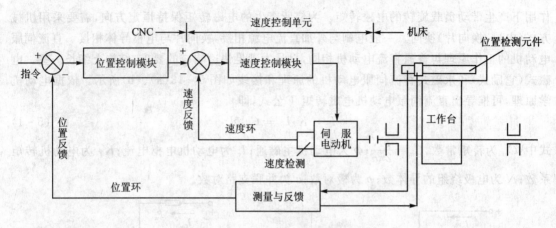

图 5-12 进给驱动系统组成结构

证进给速度均匀和平稳。

③ 响应速度快 响应速度是反映伺服系统动态品质的重要指标。为保证轮廓切削形状精度和加工表面粗糙度,一方面要求伺服系统跟踪指令信号快,动态调节时间一般控制在 200 ms 以内,另一方面要求超调小或无超调。由于这两方面的要求往往产生矛盾,实际中须按加工工艺要求权衡和兼顾。

④ 低速大转矩 数控机床加工的特点是低速重切削,要求伺服系统在低速时有大转矩输出。进给坐标的伺服控制普遍采用恒转矩控制方式,以保证加工过程的稳定。

⑤ 调速范围宽 调速范围指电动机最高转速 n_{max} 与最低转速 n_{min} 之比。在数控机床中,需要依据加工材质、零件加工要求和选用刀具来调节进给速度。为保证在任何情况下都能得到最佳切削条件,要求伺服系统调速范围足够宽。

2. 进给伺服驱动机构

伺服驱动机构在进给伺服控制系统中扮演执行者的角色。早期多采用电液伺服驱动方式,其伺服执行元件采用液压元件,前级为电气元件,驱动元件为液动机和液压缸。常用的有电液脉冲电动机和电液伺服电动机。电液伺服驱动机构在低转速下可以输出很大的力矩,并具有刚性好、反应快和速度平稳等优点。但电液伺服驱动机构需要油箱、油管等供油系统,存在体积大、噪声大和油污染等问题,从 20 世纪 70 年代起逐渐被电气伺服机构所代替,只在具有特殊要求的场合才被采用。电气伺服驱动机构全部采用电子器件和电动机部件,操作和维护方便,可靠性高,噪声小,无污染,早期的电气伺服驱动机构,在低转速输出力矩和反应速度方面明显比不上电液伺服驱动机构,通过对电动机结构和电动机驱动线路的不断改进,这方面的性能已经大大改善。现在的数控系统几乎全部采用全电气伺服驱动机构。根据所配电动机不同,分为步进伺服驱动系统、直流伺服驱动系统和交流伺服驱动系统三大类,三类伺服系统的特点已在 5.1.3 节讲述。

3. 直流伺服电动机结构和工作原理

直流伺服电动机主要由定子、转子和电刷三部分组成。定子磁场由定子的磁极产生。根据产生磁场的方式,将直流伺服电动机分为永磁式和电磁式(它励式)。永磁式的磁极由永磁材料制成,电磁式(它励式)的磁极由冲压硅钢片叠压而成,需要在励磁线圈中通直流电流才能产生恒定磁场。转子又叫电枢,由硅钢片叠压而成,表面嵌有线圈,通上直流电时,在定子磁场作用下产生带动负载旋转的电磁转矩。为使所产生的电磁转矩保持恒定方向,需要采用机械方式(电刷、换向片)换向。一般电刷与外加直流电源相接,换向片与电枢导体相接。直流伺服电动机的工作原理与普通直流电动机相同,只是为满足快速响应的要求,结构上细长一些。电磁式(它励式)和永磁式直流伺服电动机的原理和接线如图 5-13(a)、(b)所示。依据电动机学原理,可推导出直流伺服电动机电磁转矩 T 公式,即

$$T = K_T I_c = C_m \Phi I_c \tag{5-1}$$

式中:C_m 为转矩常数,$C_m = \dfrac{pN}{2\pi a}$;Φ 为电动机主磁通;I_c 为电动机电枢电流;K_T 为电动机转矩系数;N 为电极绕组的导体数;p 为极对数;a 为并联支路对数。

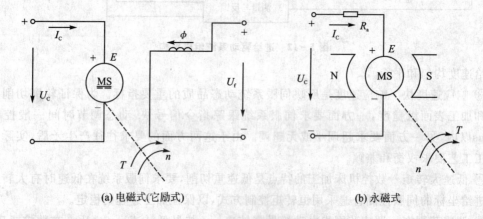

(a) 电磁式(它励式)　　　　　　　　(b) 永磁式

图 5-13　直流伺服电动机原理

1) 直流伺服电动机的机械特性

直流伺服电动机的机械特性描述了电磁转矩(T)与转速(n)之间的关系。依据电动机学原理可推导出关系式

$$n = \frac{U_c}{C_e \Phi} - \frac{R_a}{C_e C_m \Phi^2} T \tag{5-2}$$

式中:C_e 为电动势常数;R_a 为电枢电阻。

图 5-14 所示为直流伺服电动机机械特性曲线族,不同电枢电压对应于不同的曲线,各曲线是彼此平行的。将式中 $\dfrac{U_c}{C_e \Phi}$ 项称为"理想空载转速(n_0)",而 $\dfrac{R_a}{C_e C_m \Phi_{\text{nom}}^2} T$ 项称为转速降落(Δn)。当 $\Phi = \Phi_{\text{nom}}$ 额定磁通时,如果令 $\beta = \dfrac{R_a}{C_e C_m \Phi_{\text{nom}}^2}$,则可简化为 $n = n_0 - \beta T$,β 为机械特性的斜率。从式(5-2)可以看出,β 与电枢回路总电阻 R_a 成正比,与额定磁通 Φ_{nom} 的平方成反比。β 越大,机械特性曲线越向下垂,特性越"软";β 越小,机械特性曲线越平,特性越"硬"。

图 5-15 所示为直流伺服电动机速度—转矩关系曲线,是机械特性的另一种表现形式。其中分为三个工作区,分别如下:

① 连续工作区Ⅰ　电动机通以连续工作电流,可长期工作,电流值受电动机发热极限所限。

② 断续工作区Ⅱ　电动机处于通、断状态不断交换的断续工作方式。整流子与电刷处在无火花换向区,是可承受低速大转矩的工作状态。

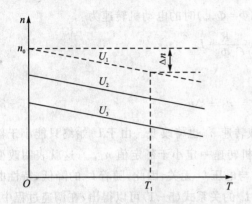

图 5-14 直流伺服电动机机械特性曲线族

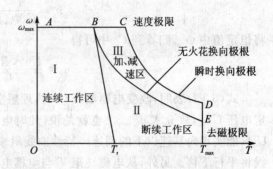

图 5-15 直流伺服电动机速度-转矩特性

③ 加、减速区Ⅲ 电动机只能用加速或减速,工作一段极短的时间。图 5-16 所示为直流电动机的载荷—工作周期曲线,专门用于表示断续工作时允许的力矩过载倍数(dl)与导通/断开时间比之间的关系。对一定的导通时间 t_R 而言,导通/断开时间比越小,即导通时间越短,发热越少,允许的过载倍数 T_{md} 就越大。或者说,对一定的过载倍数,导通时间 t_R 长,则发热多。为保证温升不超过允许值,就需要减小导通/断开时间比,即延长断开时间。从该曲线上可得到导通时间、断开时间和力矩过载倍数三个重要参数。

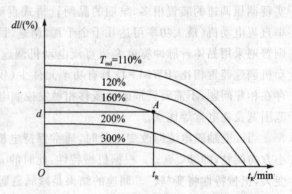

图 5-16 直流电动机的载荷-工作周期曲线

2) 直流伺服电动机调速控制

由直流伺服电动机的机械特性计算公式可知,调节电枢电压、励磁电流(电磁式)或电枢回路电阻均可实现直流伺服电动机的转速。一般采用调节电枢供电电压 U 和调节励磁磁通 Φ(仅限于电磁式)的方法来调节直流伺服电动机的转速,分别称为调压调速和调磁调速。图 5-17 和图 5-18 分别表示直流伺服电动机两种调速的特性。

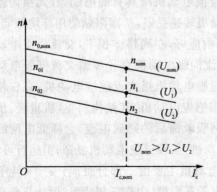

图 5-17 调压调速时的转速特性

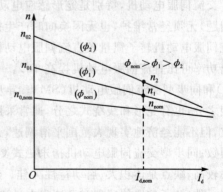

图 5-18 调磁调速时的转速特性

当改变电枢电压,而励磁电流保持在额定值($\Phi = \Phi_{nom}$)时的电动机转速为

$$n = \frac{U}{C_e \Phi_{nom}} = \frac{R}{C_e \Phi_{nom}} I_e$$

将恒定值中 Φ_{nom} 归算到 C_e 中可得

$$n = \frac{U}{C_e} - \frac{R}{C_e} I_e = n_0 - \Delta n \tag{5-3}$$

式(5-3)表明,改变电枢电压 U 时,理想空载转速 n_0 也将改变。由于 U 始终只能小于额定电压 U_{nom},故 $n_0 < n_{0,nom}$。也就是说,此时电动机转速一定小于额定值 $n_{0,nom}$,这就表明改变 U 只能实现向基速以下的调速。特性曲线斜率 β 与电压 U 无关,因此,随着 U 的降低,特性曲线将平行下移。另外,从电磁转矩 T 与电枢电流 I_e 的关系式(5-1)可以得出,在调速过程中,若保持电枢电流 I_e 不变,而 Φ 亦不变,则转矩 T 为恒定值,可见调压调速法属于恒转矩调速。实现调压调速的装置很多,早期的晶闸管桥式直流电动机调速装置(SCR-D)主要用于大功率直流电动机(最大功率可达几千个千瓦)调速,目前对中、小功率直流电动机(几十千瓦以内)则普遍采用晶体管脉冲宽度调速直流电动机调速系统(PWM-D)。与早期的晶闸管直流电动机调速装置相比,PWM-D 具有功率元件少(仅为晶闸管的 1/6~1/3)、控制线路简单(不存在相序问题,不需要繁琐的同步移相触发控制电路)、频带宽、动态响应好、低速性能好、调速范围宽及耗电省等优点。

当改变励磁电流即改变磁通时,通常保持电枢电压 $U = U_{nom}$ 不变。而励磁电流总是向减小方向调整,即 $\Phi \leq \Phi_{nom}$。根据机械特性,此时的 n_0 将随 Φ 的下降而上升,机械特性斜率 β 将变大,机械特性将变"软"。调速的结果是减弱磁通将使电动机转速升高。同样,从电磁转矩 T 与电枢电流 I_e 的关系式(5-1)得出,在调磁调速中,即使保证电枢电流 I_e 不变,由于 Φ 的下降,电动机输出转矩也将下降,故不再是恒定转矩调速。由于调速过程中电压 U 不变,若电枢电流也不变,则调速前、后电功率是不变的,故调磁调速属于恒功率调速。调磁调速因其调速范围小常作为调速的辅助方法,主要采用调压调速方式。若采用调压与调磁两种方法配合,则既可获得很宽的调速范围,又可充分利用电动机的容量。

改变电枢回路电阻的调速方式一般是在电枢回路中串接附加电阻,才能进行有级调速,并且附加电阻上的损耗较大,电动机的机械特性较软,一般只应用于少数小功率场合。

4. 交流伺服电动机

交流伺服电动机,特别是笼形感应电动机,没有直流电动机所具有的电刷,且无换向器磨损问题,无须经常维护,也无因换向时产生火花使电动机转速受限,从而限制使用环境等问题。交流伺服电动机转子惯量较直流伺服电动机小,动态响应好,在同样体积下,交流伺服电动机输出功率可比直流伺服电动机提高 10%~70%。交流伺服电动机有异步型交流伺服电动机(IM)和同步型交流伺服电动机(SM)。异步型交流伺服电动机指交流感应电动机,有三相和单相之分,也有笼形和线绕式之分,通常采用笼形三相感应电动机,其结构简单,质量轻、价格便宜,但不能经济地实现大范围平滑调速,必须从电网吸收滞后的励磁电流,会降低电网的功率因数;同步型交流伺服电动机指永磁式交流伺服电动机,虽较感应电动机复杂,但运行可靠、效率较高,缺点是体积大、启动特性欠佳。永磁同步电动机主要由三部分组成:定子、转子和检测元件(转子位置传感器和测速发电动机)。其中定子有齿槽,内有三相绕组,形状与普通感应电动机的定子相同。但其外圆一般呈多边形,且无外壳,以利于散热,避免电动机发热对机

床精度的影响。转子由多块永久磁铁和铁心组成,气隙磁密较高,极数较多。同一种铁心和相同的磁铁块数可以装成不同的极数。

如图 5-19 所示,一个二极永磁转子(也可以是多极的),当定子三相绕组通上交流电源后,就产生一个旋转磁场,图中用另一对旋转磁极表示,该旋转磁场将以同步转速 n 旋转。由于磁极同性相斥,异性相吸,定子旋转磁极与转子的永磁磁极互相吸引,并带着转子一起旋转,因此,转子也将以同步转速 n_s 与旋转磁场一起旋转。当转子加上负载转矩之后,转子磁极轴线将落后定子磁场轴线一个 α 角,随着负载增加,α 角也随之增大;负载减小,α 角也减小,只要不超过一定限度,转子始终跟着定子的旋转磁场以恒定的同步转速 n_s 旋转。

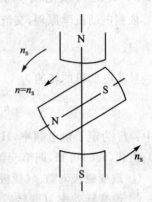

图 5-19 永磁交流伺服电动机原理示意图

转子速度 $n_r = n_s = 60 f/p$,由电源频率和磁极对数 p 所决定。当负载超过一定极限后,转子不再按同步转速旋转,甚至可能不转,这就是同步电动机的失步现象,此负载的极限称为最大同步转矩。永磁同步电动机启动困难,不能自启动的原因有两点:一是由于本身存在惯量。虽然当三相电源供给定子绕组时已产生旋转磁场,但转子仍处于静止状态,由于惯性作用跟不上旋转磁场的转动,在定子和转子两对磁极之间存在相对运动时转子受到的平均转矩为零。二是定子、转子磁场之间转速相差过大。为此,在转子上装有启动绕组,且为笼形启动绕组,使永磁同步电动机像感应异步电动机那样产生启动转矩,当转子速度上升到接近同步转速时,定子磁场与转子永久磁极相互吸引,将其拉入同步转速,使转子以同步转速旋转,即所谓的异步启动,同步运行。而永磁交流同步电动机中多无启动绕组,而是采用设计时减低转子惯量或采用多极,使定子旋转磁场的同步转速不很大。另外,也可在速度控制单元中采取措施,让电动机先在低速下启动,然后再提高到所要求的速度。

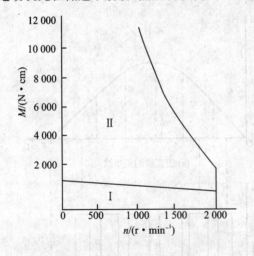

Ⅰ—连续工作区 Ⅱ—断续工作区

图 5-20 永磁交流伺服电动机工作曲线

1) 永磁同步交流伺服电动机的性能

交流伺服电动机的性能如同直流伺服电动机一样,也可用某些特性曲线和数据表描述。其中最为重要的是电动机的工作曲线,即图 5-20 所示转矩—速度特性曲线。该曲线分两个工作区。

① 连续工作区Ⅰ。在此区域内,速度和转矩的任何组合都可连续工作。但连续工作区的划分受到一定条件的限制,主要有两个:一是供给电动机的电流必须是理想正弦波;二是电动机必须工作在某一特定的温度下(不同温度对应不同的连续工作极限线)。

② 断续工作区Ⅱ。断续工作区的极限受电动机供电电压的限制,交流伺服电动机机械特性比直流伺服电动机机械特性"硬",更接近水平线;此外,断续工作区范围大,尤其在高速区,

有利于提高电动机的加、减速能力。

2) 交流伺服电动机调速

依据电动机学原理,交流电动机的同步转速为

$$n_0 = \frac{60f_1}{p} \text{ (r/min)} \tag{5-4}$$

异步电动机的转速为

$$n = \frac{60f_1}{p}(1-s) = n_0(1-s) \text{ (r/min)} \tag{5-5}$$

式中:f_1 为定子供电频率,Hz;p 为电动机定子绕组磁极对数;s 为转差率。

由式(5.5)可知,调节交流伺服电动机转速可采用以下几种方法:

① 改变磁极对数 p(变极调速);

② 改变转差率 s(变转差率调速);

③ 改变定子供电频率 f_1(变频调速)。

在以上三种调速方式中,变频调速方式是最理想的调速方法。这种调速方式通过平滑调节定子供电电压频率,使交流电动机转速平滑变化。由于交流电动机从高速到低速转差率都保持很小,可使变频调速的效率和功率因数都很理想,这种调速方式广泛应用于交流电动机调速。

3) 正弦波脉宽调制(SPWM)变频调速

正弦波脉宽调速(SPWM)变频器调速是通过"交—直—交"变换完成定子供电频率的变换,从而实现调速的。它先将电网提供的 50 Hz 三相交流电经整流变压器变到所需电压后,经二极管整流和电容滤波,形成恒定直流电压,再送入由 6 个大功率晶体管(每两个晶体管控制其中一相)构成的逆变器主电路,输出三相频率和电压均可调整的等效正弦波脉宽调制(SPWM)波,从而实现三相异步电动机的变频调速。SPWM 变频调速器结构简单,电网功率因数接近于 1,且不受逆变器负载大小的影响。系统动态响应快,输出波形好,使电动机可在近似正弦波的交变电压下运行,脉动转矩小,扩展了调速范围,提高了调速性能,因此在数控系统的交流伺服驱动中得到广泛应用。SPWM 波形是由变频调速器中的 SPWM 逆变器产生的,其工作原理是:把 1 个正弦半波分成 N 等分,然后把每一等分的正弦曲线与横坐标轴所包围的面积都用 1 个与此面积相等的等高矩形脉冲来代替,这样可得到 N 个等高而不等宽的脉冲序列。对应着 1 个正弦波的半周,对正、负半周都这样处理,即可得到相应的 $2N$ 个脉冲,这就是与正弦波等效的正弦脉宽调制波,其波形如图 5-21 所示。其中,图 5-21(a)所示为正弦波的正半波波形,图 5-21(b)为等效的

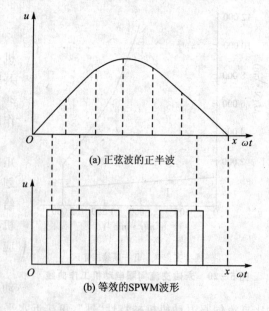

图 5-21 与正弦波等效的 SPWM 波形

SPWM 波形。

图 5-22 为 SPWM 变频调速系统框图。速度（频率）给定器设定给定值，用以控制频率、电压及正、反转；平稳启动回路使启动加、减速时间可随机械负载情况设定，到达软启动目的；函数发生器的作用是在输出低频信号时，保持电动机气隙磁通一定，补偿定子电压降的影响。电压频率变换器将电压转换为频率，经分频器、环形计数器产生方波，与三角形发生器产生的三角波一并送入调制回路；电压调节器产生频率与幅度可调的控制正弦波，送入调制回路，它和电压检测器构成闭环控制；在调制回路中进行 PWM 变换产生三相脉冲宽度调制信号；在基极回路中输出的信号送至功率晶体管基极，通过控制 SPWM 主回路，实现对永磁交流伺服电动机的变频调速；电流检测器用于过载保护。

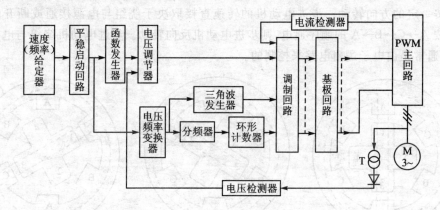

图 5-22 SPWM 变频调速系统框图

5.3.2 开环进给伺服控制

如前所述，开环伺服系统采用步进驱动机构，不配备位置和速度检测装置，信号流动是单向的。CNC 装置发送的指令脉冲，经驱动电路、功率步进电动机（或电液脉冲电动机）、减速器和丝杠螺母副等转换为机床工作台的移动，没有位置和速度反馈回路及偏差校正能力。开环伺服系统的位置精度完全取决于步进电动机的步距精度和机械传动精度。普遍采用脉冲当量来描述开环伺服系统的位置控制的分辨率和精度。脉冲当量 δ 定义为"每个指令脉冲对应的工作台直线位移量或角位移量"，一般取 0.01 mm 或 0.001°，也可选用 0.005～0.002 mm 或者 0.005°～0.002°。δ 越小，开环进给伺服系统的分辨率和精度越高。由于开环进给伺服系统的速度 $v=60f\delta$（直线位移）或 $\omega=60f\delta$（角位移），脉冲当量越小，进给速度值也越小。在开环伺服系统中，通过齿轮传动减速机构，不仅可以获得系统所需的脉冲当量 δ，还可以增大输出转矩。由于步进电动机开环伺服系统具有结构简单，使用维护方便，可靠性高，制造成本低等一系列优点，在简化功能的经济型数控机床和现有普通机床数控技术改造中得到广泛应用。

1. 步进电动机结构、工作原理及特性

步进电动机（step motor）是一种用电脉冲信号控制，可将电脉冲信号按正比关系转换为角位移的执行器。步进电动机的转速与电脉冲频率成正比，通过改变脉冲频率就可以调节电动机的转速。如果停机后某些相的绕组仍保持通电状态，则还具有自锁能力。目前，步进电动机主要用于经济型数控机床的进给驱动，一般采用开环控制结构。也有的采用步进电动机驱动的数控机床同时采用了位置检测元件，构成了反馈补偿型的驱动控制结构。

用于数控机床驱动的步进电动机主要有两类,即反应式步进电动机(也称为磁阻式步进电动机)和混合式步进电动机。图 5-23 所示为一台三相反应式步进电动机的工作原理示意图,现以此为例说明步进电动机的工作原理。

图 5-23 中,步进电动机的定子上有 6 个极,每极上都装有控制绕组,每两个相对的极组成一相。转子是四个均匀分布的齿,上面设有绕组。当 A 相绕组通电时,因磁通总是沿着磁阻最小的路径闭合,将使转子齿 1、3 和定子极 A、A′对齐,如图 5-23(a)所示。A 相断电,B 相绕组通电时,转子将在空间转过 θ_s 角,$\theta_s=30°$,使转子齿 2、4 和定子极 B、B′对齐。如图 5-23(b)所示。如果再使 B 相断电,C 相绕组通电时,转子又将在空间转过 30°,使转子齿 1、3 和定子极 C、C′对齐,如图 5-23(c)所示。如此循环往复,并按 A→B→C→A 的顺序通电,步进电动机便按一定的方向转动。步进电动机的转速直接取决于绕组与电源接通或断开的变化频率。若按 A→C→B→A 的顺序通电,则步进电动机反向转动。步进电动机绕组与电源的接通或断开,通常是由电子逻辑电路来控制的。

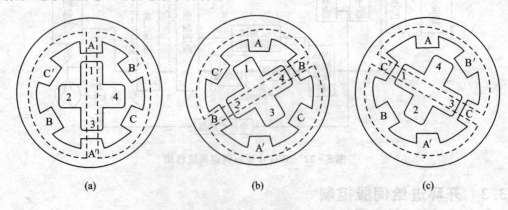

图 5-23 反应式步进电动机工作原理示意图

步进电动机定子绕组每改变一次通电方式,称为一拍。此时步进电动机转子转过的空间角度称为步距角 θ_s,上述通电方式称为三相单三拍。"单"是指每次通电时,只有一相绕组通电;"三拍"是指经过三次切换绕组的通电状态为一个循环,第四拍通电时就重复第一拍通电的情况。显然,在这种通电方式时,三相步进电动机的步距角 θ_s 应为 30°。

三相步进电动机除了单三拍通电方式外,还经常工作在三相六拍通电方式。这时通电顺序为 A→AB→B→BC→C→CA→A,或为 A→AC→C→CB→B→BA→A。也就是说,先接通 A 相绕组;以后再同时接通 A、B 相绕组;然后断开 A 相绕组,使 B 相绕组单独接通;再同时接通 B、C 相绕组,依此进行。在这种通电方式时,定子三相绕组需经过六次切换才能完成一个循环,故称为"六拍",而且在通电时,有时是单个绕组接通,有时又为两个绕组同时接通,因此称为三相六拍。在这种通电方式时,步进电动机的步距角与单三拍时的情况有所不同。在单三拍通电方式中,步进电动机每经过一拍,转子转过的步距角 $\theta_s=30°$。采用单、双六拍通电方式后,步进电动机由 A 相绕组单独通电到 B 相绕组单独通电,中间还要经过 A、B 两相同时通电这个状态,也就是说要经过二拍转子才转过 30°。所以,在这种通电方式下,三相步进电动机的步距角 $\theta_s=30°/2=15°$。

同一台步进电动机,因通电方式不同,运行时的步距角也是不同的。采用单、双拍通电方式时,步距角要比单拍通电方式减少一半。实际使用中,单三拍通电方式由于在切换时一相绕组断电而另一相绕组开始通电容易造成失步。此外,由单一绕组通电吸引转子,也容易使转子在平衡位置附近产生振荡,运行的稳定性较差,所以很少采用。通常将它改成双三拍通电方式,即按 AB→BC→CA→AB 的通电顺序运行,这时每个通电状态均为两相绕组同时通电。在双三拍通电方式下步进电动机的转子位置与单、双六拍通电方式时两个绕组同时通电的情况相同。所以,步进电动机按双三拍通电方式运行时,它的步距角和单三拍通电方式相同,也是 30°。

反应式步进电动机的转子齿数 z 基本上由步距角的要求所决定。但是为了能实现"自动错位",转子的齿数就必须满足一定条件,而不能为任意数值。当定子的相邻极属于不同相时,在某一极下若定子和转子的齿对齐时,则要求在相邻极下的定子和转子之间应错开转于齿距的 $1/m$ 上,即它们之间在空间位置上错开 $360°/(mz)$ 角。由此可得出转子齿数应符合的条件

$$z = 2p\left(K \pm \frac{1}{m}\right) \tag{5-6}$$

式中:$2p$ 为步进电动机的定子极数;m 为相数;K 为正整数。

若采用三相单、双六拍通电方式运行,即按 A→AB→B→BC→C→CA→A 顺序循环通电,同样步距角也要减少一半,即每一脉冲仅转动 1.5°。由上述可知,步进电动机的步距角 θ_s 由下式决定

$$\theta = \frac{360°}{mzk} \tag{5-7}$$

式中:z 为转子的齿数;k 为状态系数。

当采用单三拍或双三拍运行时 $k=1$;而采用单、双六拍通电方式时 $k=2$。若步进电动机通电的脉冲频率为 f 则步进电动机的转速为

$$n_s = \frac{60f}{mzk}(\text{r/min}) \tag{5-8}$$

步进电动机可以做成三相的,也可以做成二相、四相、五相、六相或更多相数的。由式(5-7)可知,电动机的相数和齿数越多,步距角就越小;又由式(5-8)可知,这种步进电动机在一定的脉冲频率下,转速也越低。但相数越多,电源就越复杂,成本也越高。因此,步进电动机最多为 6 相。

2. 步进电动机特性

了解步进电动机的运行性能对正确使用步进电动机和正确设计步进电动机都有着重要意义。

1) 步距角和静态步距误差

步进电动机的步距角 θ_s 是决定开环伺服系统脉冲当量的重要参数。数控机床中常见的反应式步进电动机的步距角一般为 0.5°~3°,一般情况下,步距角越小,加工精度越高。静态步距误差指理论的步距角和实际的步距角之差,以分表示,一般在 10′ 之内。步距误差主要由步进电动机齿距制造误差,定子和转子间气隙不均匀以及各相电磁转矩不均匀等因素造成的。步距误差直接影响加工精度及步进电动机的动态特性。

2) 启动频率 f_q

步进电动机空载时,由静止突然启动,并进入不丢步的正常运行所允许的最高频率值,称为启动频率或突跳频率,用 f_q 表示。若启动时频率大于突跳频率,步进电动机就不能正常启

动。f_q 与负载惯性量有关,一般说来随着负载惯性量的增长而下降。空载启动时,步进电动机定子绕组通电状态变化的频率不能高于该突跳频率。

3) 连续运行最高工作频率 f_{max}

步进电动机连续运行时,它所能接受的,即保证不丢步运行的极限频率值,f_{max} 称为最高工作频率。它是决定定子绕组通电状态最高变化频率的参数,决定了步进电动机的最高转速。其值远大于 f_q,且随负载的性质和大小而异,与驱动电源也有很大关系。

4) 加、减速特性

步进电动机的加、减速特性是描述步进电动机由静止到工作频率和由工作频率到静止的加、减速过程中,定子绕组通电状态的变化频率与时间的关系。当要求步进电动机启动到大于突跳工作频率停止时,变化速度必须逐渐下降。逐渐上升和下降的加速时间,减速时间不能过小,否则会出现失步或超步。这里用加、减速时间常数 T_a 和 T_d 来描述步进电动机的升速和降速特性,如图 5-24 所示。

5) 矩频特性和动态转矩

矩频特性 $M=F(f)$ 描述步进电动机连续稳定运行时输出转矩与连续运行频率之间的关系,如图 5-25 所示。该特性上每一频率值对应的转矩称为动态转矩,动态转矩随连续运行频率的上升而下降。

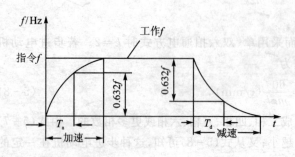

图 5-24 加、减速特性曲线

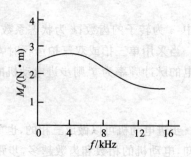

图 5-25 转矩-频率特性曲线

在步进电动机上述主要的特性中,除第一项外,其余均与步进电动机驱动电源有极大关系。驱动电源性能好,步进电动机的特性才能够得到保证。

3. 步进电动机的选用

合理选用步进电动机对开环伺服控制系统相当重要。通常希望步进电动机的输出转矩大,启动频率和运行频率高,步距误差小,性能价格比高。但增大转矩与快速运行存在一定矛盾,高性能与低成本存在矛盾,因此,在实际选用时必须综合考虑。首先,应考虑系统的精度和速度的要求。为了提高精度,希望脉冲当量小。但是脉冲当量越小,系统的运行速度越低。故应兼顾精度与速度的要求来选定系统的脉冲当量。在脉冲当量确定以后,又可以此为依据来选择步进电动机的步距角和传动机构的传动比。步进电动机的步距角从理论上说是固定的,但实际上还是有误差的。另外,负载转矩也将引起步进电动机的定位误差。通常应将步进电动机的步距误差、负载引起的定位误差和传动机构的误差全部考虑在内,使总的误差小于数控机床允许的定位误差。

步进电动机有两条重要的特性曲线,即反映启动频率与负载转矩之间关系的曲线和反映转矩与连续运行频率之间关系的曲线。这两条曲线是选用步进电动机的重要依据。一般将反映启动频率与负载转矩之间关系的曲线称为启动矩频特性,将反映转矩与连续运行频率之间关系的曲线称为工作矩频特性。已知负载转矩,可以在启动矩频特性曲线中查出启动频率。这是启动频率的极限值,实际使用时,只要启动频率不大于这一极限值,步进电动机就可以直接带负载启动。若已知步进电动机的连续运行频率 f 就可以从工作矩频特性曲线中查出转矩 M_{dm},这也是转矩的极限值,有时称其为失步转矩。也就是说,若步进电动机以频率 f 运行,它所拖动的负载转矩必须小于 M_{dm},否则就会导致失步。

数控机床的运行可分为两种情况,即快速进给和切削进给。在这两种情况下,对转矩和进给速度有不同的要求。选用步进电动机时,应注意在两种情况下都能满足要求。

假若要求进给驱动装置有如下性能:在切削进给时的转矩为 T_e,最大切削进给速度为 V_e,在快速进给时的转矩为 T_k,最大快进速度为 v_k,根据上面的性能指标,可按下面的步骤来检查步进电动机能否满足要求。首先,依据下式,将进给速度值转变为步进电动机的工作频率 f(单位:Hz),即

$$f = \frac{1000v}{60\delta}$$

式中:v 为进给速度;δ 为脉冲当量。

在上式中,若将最大切削进给速度 v_e 代入,可求得在切削进给时的最大工作频率 f_e;若将最大快速进给速度 v_k 代入,就可求得在快速进给时的最大工作频率 f_k。然后,根据 f_e 和 f_k 在工作矩频特性曲线上找到与其对应的失步转矩值 T_{dme} 和 T_{dmk}。若有 $T_e < T_{dme}$ 和 $T_k < T_{dmk}$,就表明电动机是能满足要求的,否则就是不能满足要求的。

表 5-1 给出了一些常用的反应式步进电动机的型号和简单的性能指标,读者若想进一步了解这些电动机的启动矩频特性曲线和工作矩频特性曲线可参阅有关技术手册。

表 5-1 反应式步进电动机性能参数

型 号	相 数	步距角	电压/V	相电流/A	最大静转矩/N·m	空载启动频率/Hz	运行频率/Hz
75BF001	3	1.5°/3°	24	3	0.392	1750	12000
75BF003	3	1.5°/3°	30	4	0.882	1250	12000
90BF001	4	0.9°/1.8°	80	7	3.92	2000	8000
90BF006	5	0.18°/0.36°	24	3	2.156	2400	8000
110BF003	3	0.75°/1.5°	80	6	7.84	1500	7000
110BF004	3	0.75°/1.5°	30	4.9		500	7000
130BF001	5	0.38°/0.76°	80	10	9.3	3000	16000
150BF002	5	0.38°/0.76°	80	13	13.7	2800	8000
150BF003	5	0.38°/0.76°	80	13	15.64	2600	8000

4. 步进电动机驱动

1) 步进电动机工作方式

由前述可知,步进电动机的工作方式和一般电动机不同,它是采用脉冲控制方式工作的。只有按一定规律对各相绕组轮流通电,步进电动机才能实现转动。数控机床中采用的功率步

进电动机有三相、四相、五相和六相等。工作方式有单 m 拍,双 m 拍、三 m 拍及 $2m$ 拍等,m 是电动机的相数。所谓单 m 拍是指每拍只有一相通电,循环拍数为 m;双 m 拍是指每拍同时有两相通电,循环拍数为 m;三 m 拍是每拍有三相通电,循环拍数为 m 拍;$2m$ 拍是各拍既有单相通电,也有两相或三相通电,通常为 1~2 相通电或 2~3 相通电,循环拍数为 $2m$(见表 5-2)。步进电动机相数越多,工作方式也越多。若按和表 5-2 相反的顺序通电,则电动机反转。

表 5-2 反应式步进电动机工作方式

相 数	循环拍数	通电规律
三相	单三拍	A→B→C→A
三相	双三拍	AB→BC→CA→AB
三相	六拍	A→AB→B→BC→C→CA→A
四相	单四拍	A→B→C→D→A
四相	双四拍	AB→BC→CD→DA→AB
四相	八拍	A→AB→B→BC→C→CD→D→DA→A
四相	八拍	AB→ABC→BC→BCD→CD→CDA→DA→DAB→AB
五相	单五拍	A→B→C→D→E→A
五相	双五拍	AB→BC→CD→DE→EA→AB
五相	十拍	A→AB→B→BC→C→CD→D→DE→E→EA
五相	十拍	AB→ABC→BC→BCD→CD→CDE→DE→DEA→EA→EAB→AB
六相	单六拍	A→B→C→D→E→F→A
六相	双六拍	AB→BC→CD→DE→EF→FA→AB
六相	三六拍	ABC→BCD→CDE→DEF→EFA→FAB→ABC
六相	十二拍	AB→ABC→BC→BCD→CD→CDE→DE→DEF→EF→EFA→FA→FAB→AB

由步距角计算式可知,循环拍数越多,步距角越小,因此定位精度越高。另外,通电循环拍数和每拍通电相数对步进电动机的矩频特性、稳定性等都有很大的影响。步进电动机的相数也对步进电动机的运行性能有很大影响。为提高步进电动机输出转矩、工作频率和稳定性,可选用多相步进电动机,并采用 $2m$ 拍工作方式。但双 m 拍和 $2m$ 拍工作方式功耗都比单 m 拍的大。

2)步进电动机驱动电路

步进电动机驱动电路将脉冲控制信号转换成具有一定功率的电流脉冲信号。驱动电路的性能很大程度上决定了步进电动机性能的发挥。对步进电动机驱动电路的要求是:能提供幅值足够、前后沿较好的励磁电流;本身功耗小,转换效率高;能长时间稳定、可靠地运行;成本低且易于维护。图 5-26 所示为步进电动机驱动电路原理框图。主要由脉冲分配、功率驱动两部分组成。

(1)脉冲分配 步进电动机的工作方式是由环形分配器所决定的,使电动机绕组的通电顺序按一定规律变化的部分称为环形分配器(又称为环形脉冲分配器)。实现环形分配的方法有三种:

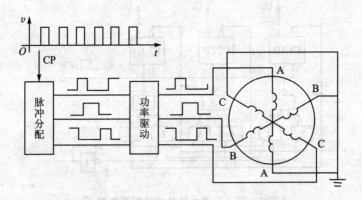

图 5-26 步进电动机控制电路原理框图

① 采用软件实现。利用查表或计算来进行脉冲的环形分配,简称软环分。表 5-3 为三相六拍分配状态,可将表中状态代码 01H、03H、02H、06H、04H、05H 列入程序数据表中,通过软件可顺次在数据表中提取数据并通过输出接口输出即可,通过正向顺序读取和反向顺序读取可控制电动机进行正、反转。通过控制读取一次数据的时间间隔可控制电动机的转速。该方法能充分利用计算机软件资源以降低硬件成本,尤其是对多相的脉冲分配具有更大的优点。但由于软环占用计算机的运行时间,故会使插补一次的时间增加,从而影响步进电动机的运行速度。

表 5-3 三相六拍分配状态

转向	1～2 相通电	CP	C	B	A	代码	转向
	A	0	0	0	1	01H	反
	AB	1	0	1	1	03H	
	B	2	0	1	0	02H	
	BC	3	1	1	0	06H	
	C	4	1	0	0	04H	
	CA	5	1	0	1	05H	
正	A	0	0	0	1	01H	

② 采用小规模集成电路搭接而成的三相六拍环形脉冲分配器,如图 5-27 所示。图中 C1、C2、C3 为双稳态触发器。这种方式灵活性很大,可搭接任意相任意通电顺序的环形分配器,同时在工作时不占用计算机的工作时间。

③ 采用专用环形分配器器件,如市售的 CH250 即为一种三相步进电动机专用分配器。它可以实现三相步进电动机的各种环形分配,使用方便、接口简单。图 5-28(a)所示为 CH250 的引脚,图 5-28(b)为三相六拍接线,其工作状态如表 5-4 所列。

目前市场上出售的环形分配器的种类很多,功能也十分齐全,有的还具有其他许多功能,如斩波控制等,用于两相步进电动机斩波控制的 L297(L297A)、PMM8713 和用于五相步进电动机的 PMM8714 等。

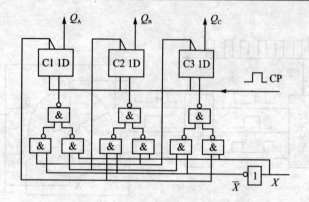

图 5-27 三相六拍脉冲分配器电路

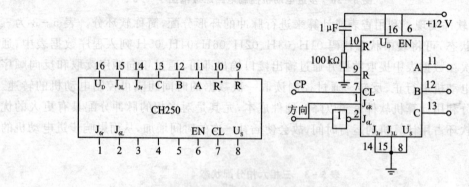

图 5-28 CH250 专用芯片实现的三相六拍脉冲分配器电路

表 5-4 CH250 工作状态

R	R*	CL	EN	J_{3R}	J_{3L}	J_{6R}	J_{6L}	功	能
0	0	↑	1	1	0	0	0	双三拍	正转
		↑	1	0	1	0	0		反转
		↑	1	0	0	1	0	六 拍	正转
		↑	1	0	0	0	1	(1~2 相)	反转
		0	↓	1	0	0	0	双三拍	正转
		0	↓	0	1	0	0		反转
		0	↓	0	0	1	0	六 拍	正转
		0	↓	0	0	0	1	(1~2 相)	反转
		↑	1	×	×	×	×	不 变	
		×	0	×	×	×	×		
		0	↑	×	×	×	×		
		1	×	×	×	×	×		
1	0	×	×	×	×	×	×	A=1、B=1、C=0	
0	1	×	×	×	×	×	×	A=1、B=0、C=0	

(2) 功率驱动电路 从计算机输出口或环形分配器输出的信号脉冲功率很小,需要进行功率放大,使脉冲电流达到 1~10 A,足以驱动步进电动机旋转。由于功放中的负载为步进电动机的绕组,是感性负载,这与一般功放不同。由于有较大电感,影响了快速性和感应电动势带来的功率管保护等问题。功率放大器最早采用单电压驱动电路,后来出现了双电压(高低压)驱动电路、斩波电路、调频调压和细分电路等。

① 单电压驱动电路。单电压驱动电路的优点是线路简单,缺点是电流上升不够快,高频时带负载能力低。其工作原理如图 5-29 所示。图中 L 为步进电动机励磁绕组的电感,R_a 为绕组电阻并串接一电阻 R_C。为了减小回路的时间常数 $L/(R_a+R_C)$,电阻 R_C 并联一电容 C(可提高负载瞬间电流的上升率),从而提高电动机的快速响应能力和启动性能。续流二极管 VD 和阻容吸收回路 RC,是功率管 VT 的保护线路。

② 高、低压驱动电路。高、低压驱动电路的特点是供给步进电动机绕组有两种电压:一种是高电压 U_1,由电动机参数和晶体管特性决定,一般在 80 V 至更高范围;另一种是低电压 U_2,即步进电动机绕组额定电压,一般为几伏,不超过 20 V。图 5-30 所示为高、低压驱动电路的原理。在相序输入信号 I_H、I_L 到来时,VT_1、VT_2 同时导通,给绕组加上高压 U_1 以提高绕组电流上升率。当电流达到规定值时,VT_1 关断、VT_2 仍然导通(t_H 脉宽小于 t_L),则自动切换到低压 U_2。该电路的优点是:在较宽的频率范围内有较大的平均电流,能产生较大且稳定的平均转矩;其缺点是电流波顶有凹陷,电路较复杂。

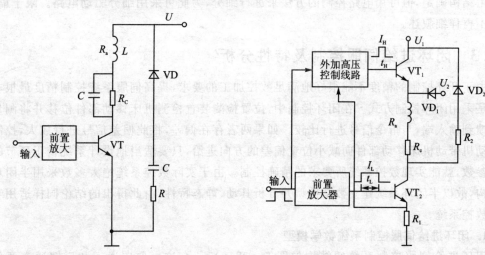

图 5-29 单电压驱动电路原理　　　　图 5-30 高、低压驱动电路原理

③ 斩波驱动电路。高、低压驱动电路的电流波形的波顶会出现凹形,造成高频输出转矩的下降。为了使励磁绕组中的电流维持在额定值附近,又出现了斩波驱动电路,其原理如图 5-31 所示。环形分配器输出的脉冲作为输入信号,若为正脉冲,则 VT_1、VT_2 导通,由于 U_1 电压较高,绕组回路又没串电阻,所以绕组中的电流迅速上升,当绕组中的电流上升到额定值以上某个数值时,由于采样电阻(R_C)的反馈作用,经整形、放大后送至 VT_1 的基极,使 VT_1 截止。接着绕组由 U_2 低压供电,绕组中的电流立即下降,但刚降至额定值以下时,由于采样电阻 R_C 的反馈作用,使整形电路无信号输出,此时高压前置放大电路又使 VT_1 导通,电流又上升。如此反复进行,形成一个在额定电流值的上、下波动呈锯齿状的绕组电流波形,近似恒流,

所以斩波电路也称斩波恒流驱动电路。锯齿波的频率可通过调整采样电阻 R_C 和整形电路的电位器来调整。斩波驱动电路虽然复杂,但它的优点比较突出,即:绕组的脉冲电流边沿陡,快速响应好;功耗小,效率高;输出转矩恒定;减少了步进电动机共振现象的发生。

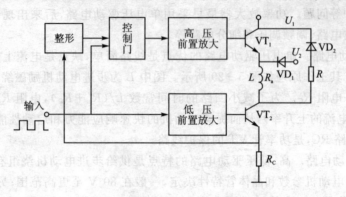

图 5-31 恒流斩波驱动电路原理

从上述驱动电路来看,为了提高驱动系统的快速响应,采用了提高供电电压、加快电流上升沿的措施。但在低频工作时,步进电动机的振荡加剧,甚至失步。为此,若使电压随频率变化,可采用调频调压电路。另外,为了使步进电动机的运行平稳,可设法使步距角减小,步距角虽已由结构确定,但可用电路控制的方法来进行细分,为此可采用细分驱动电路。限于篇幅,这里不再详细叙述。

5.3.3 闭环进给伺服控制及特性分析

由于开环控制的精度不能很好地满足数控加工的要求,提高伺服系统控制精度最根本的办法是采用闭环控制方式。在闭环控制中,位置检测装置检测机床移动部件位移并将测量结果反馈到输入端,与指令信号进行比较。如果两者存在偏差,将此偏差信号进行放大,控制伺服电动机带动机床移动部件向减小位置偏差的方向进给,只要适当地设计系统校正环节的结构与参数,就能实现数控系统所要求的精确控制。由于实际数控系统绝大多数采用半闭环控制结构,故以半闭环系统建立数学模型并分析其动、静态特性,由此得出的结论同样适用于全闭环数控系统。

1. 闭环进给伺服控制系统数学模型

闭环进给伺服控制系统的结构如图 5-32(a)所示,这由前向通道和反馈通道两部分构成。

1) 前向通道

闭环进给伺服控制的前向通道由位置控制器、D/A 转换器、调速单元和积分环节组成。从理论上讲,位置控制器的类型有很多种,但目前在 CNC 系统中实际使用的主要有"比例型"和"比例加前馈型"的位置控制器。在数控机床位置进给控制中,为了加工出光滑的零件表面,绝对不允许出现位置超调,采用"比例型"和"比例加前馈型"的位置控制器,可以满足数控加工的要求。因此,位置控制器相当于传递函数中的比例环节(比例系数 K_P),位置控制器数字信号输出经 D/A 转换控制调速单元,D/A 转换也相当于比例环节(比例系数 K_A)。在位置环中,调速单元可以等效为一惯性环节 $K_\text{V}/(T_\text{V}s+1)$,式中 T_V 为惯性时间常数;K_V 是调速单元放大倍数。调速单元输出的量是速度量,必须经过积分环节($1/s$)才能转换为角位移量。

2) 反馈通道

闭环进给伺服控制系统的反馈通道主要是位置检测环节,一般指位置传感器(光电编码器、旋转变压器等)和后置处理电路两部分,可以是工件尺寸检测装置或仪表,也可以看作比例环节(比例系数 K_J)。

3) 闭环进给伺服控制系统传递函数

采用前向通道和反馈通道的传递函数表示伺服控制系统结构,即如图 5-32(b)所示的伺服控制系统动态结构。其中,前向通道的传递函数表达式为

$$G_1(s) = K_P K_A \frac{K_V}{T_V s + 1} \cdot \frac{1}{s} \tag{5-9}$$

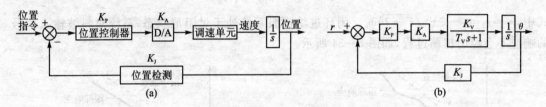

图 5-32 闭环进给伺服系统结构

闭环传递函数为

$$G(s) = \frac{G_1(s)}{1 + K_J G_1(s)} \tag{5-10}$$

将式(5-9)代入可得

$$G(s) = \frac{1/K_J}{\frac{T_V}{KK_J}s^2 + \frac{1}{KK_J}s + 1} \tag{5-11}$$

式中,$K = K_P K_V K_A$。

式(5-11)表明,半闭环进给伺服系统是一个典型的二阶系统。为分析方便起见,引入一些新的参量对此二阶系统进行描述,如

$$\frac{KK_J}{T_V} = \omega_n^2 \tag{5-12}$$

$$\frac{1}{T_V} = 2\xi\omega_n = 2\sigma \tag{5-13}$$

式中:σ 为衰减系数;ω_n 为无阻尼自然角频率;ξ 为系统阻尼比。

引入这些参数后,可将式(5-11)变换为

$$G(s) = \frac{K/T_V}{s^2 + 2\xi\omega_n s + \omega_n^2} \tag{5-14}$$

2. 闭环进给伺服控制系统动、静态特性分析

由于斜坡输入信号是一种典型的位置控制输入信号,在分析闭环进给伺服控制系统动、静态特性时,主要采用斜坡形输入信号。

1) 闭环进给伺服控制系统动态特性

闭环进给伺服控制系统是典型的二阶系统,阻尼比 ξ 是描述系统动态性能的重要参数,有

欠阻尼($0<\xi<1$)、过阻尼($\xi>1$)和临界阻尼($\xi=1$)三种情况。

① 欠阻尼。$0<\xi<1$ 时称系统是欠阻尼的。此时,进给伺服系统的传递函数有一对共轭复极点,传递函数可写成

$$G(s) = \frac{K/T_V}{(s+\xi\omega_n+j\omega_d)(s+\xi\omega_n-j\omega_d)} \qquad (5-15)$$

式中,$\omega_d = \omega_n\sqrt{1-\xi^2}$ 称为阻尼角频率。闭环进给伺服系统处于欠阻尼状态,对斜坡输入信号的跟随响应会经历振荡过程,如图5-33所示。

② 过阻尼。$\xi>1$ 时称系统为过阻尼状态。此时,进给伺服系统的传递函数有一对不相同的实数极点,传递函数可以写成

$$G(s) = \frac{K/T_V}{(s+r_1)(s+r_2)} \qquad (5-16)$$

式中,$r_1,r_2 = (-\xi\pm\sqrt{\xi^2-1})\omega_n$。闭环进给伺服系统处于过阻尼状态,系统对斜坡输入信号的响应不会经历振荡过程,如图5-34所示。

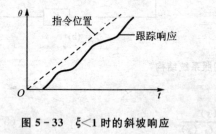

图5-33 $\xi<1$ 时的斜坡响应　　　图5-34 $\xi\geqslant 1$ 时的斜坡响应

③ 临界阻尼。$\xi=1$ 时称系统为临界阻尼状态。此时,进给伺服系统的传递函数有一对相同的实数极点,传递函数可以写成

$$G(s) = \frac{K/T_V}{(s+\omega_n)^2} \qquad (5-17)$$

闭环进给伺服系统处于临界阻尼状态,系统对输入信号的响应也是无振荡的,其对斜坡输入信号的响应与过阻尼类似。

由于不允许伺服进给控制出现振荡,故欠阻尼是不允许的;临界阻尼处于不稳定状态,当系统参数发生变化时,有可能转变成欠阻尼。故临界阻尼也是应当避免的。定性的结论是:数控系统中伺服进给系统应当在过阻尼状态下运行。从上述相关公式中,可以推导出设计位置控制器增益 K_P 的不等式

$$K_P < \frac{4}{K_J T_V K_A K_V} \qquad (5-18)$$

2) 闭环进给伺服控制系统静态特性

在进给伺服控制系统中,输入指令曲线与位置跟踪响应曲线之间存在误差,如果这种误差随时间延长而趋于固定,就称为系统的跟随误差。而进给伺服控制系统的静态特性主要由跟随误差体现的。对于数控系统,常用"伺服滞后"来表达进给伺服控制系统的跟随误差(见图5-35),两者在本质上是相同的。设进给伺服控制系统的斜坡输入指令信号为

$$r(t) = \begin{cases} vt & (t\geqslant 0) \\ 0 & (t<0) \end{cases} \qquad (5-19)$$

式中,v 为指令速度。则其拉普拉斯变换的像函数为

$$R(s) = v/s^2 \qquad (5-20)$$

利用拉普拉斯变换理论中的终值定理得

$$e = \lim_{s \to 0} \frac{s}{1 + \dfrac{K_P K_A K_V K_J}{(T_V s + 1)s}} \frac{v}{s^2}$$

即

$$e = \frac{v}{K_P K_A K_V K_J} \qquad (5-21)$$

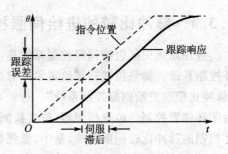

图 5-35 "伺服滞后"与"跟随误差"

式(5-21)表明,进给伺服控制系统的跟随误差与位置控制的增益 K_P 成反比。要减小跟随误差就要增大 K_P。但 K_P 的增大将会使系统动态性能变差,K_P 最大值还要受式(5-18)的限制。

3. 闭环进给伺服控制系统的前馈控制

前馈控制技术是改善进给伺服控制系统性能的重要方法。采用前馈控制技术的进给伺服控制系统的结构如图 5-36 所示,它是在图 5-32(b)上增加 $F(s)$ 前馈控制环节构成的。

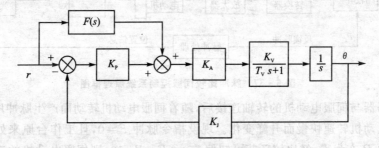

图 5-36 前馈控制系统结构

闭环传递函数变成为

$$G_F(s) = \frac{\dfrac{K_A K_V}{(T_V s + 1)s}[K_P + F(s)]}{1 + \dfrac{K_P K_A K_V K_J}{s(T_V s + 1)}} \qquad (5-22)$$

若令 $F(s) = \dfrac{s(T_V s + 1)}{K_J K_A K_V}$,则可将式(5-22)简化成

$$G_F(s) = \frac{1}{K_J} \qquad (5-23)$$

式(5-23)表明,在满足前馈环节条件时,进给伺服控制系统可以用一个比例环节来表示。从 $F(s)$ 表达式可看出,若要将闭环传递函数 $G_F(s)$ 简化成式(5-23)的比例环节,需要引入输入信号 $r(t)$ 的一阶和二阶导数,事实上是很难实现的。实际中,只引入 $r(t)$ 的一阶导数,令前馈环节的传递函数 $F(s) = s/(K_J K_A K_V)$。由式(5-21)可知,进给伺服控制系统的跟随误差与位置输入信号 $r(t)$ 的一阶导数(指令速度 v)成正比。利用前馈环节 $F(s)$,引入 $r(t)$ 的一阶导数,可以对系统跟随误差进行补偿,从而大大提高了位置控制精度。

5.3.4 脉冲比较的进给伺服控制

数控系统中的进给伺服控制系统是由速度控制环(内环)和位置控制环(外环)构成的双闭环控制系统。如果位置环按给定输入脉冲数和反馈脉冲数比较而构成闭环控制,就构成所谓"脉冲比较的进给伺服控制系统"。这种系统最主要的优点是结构比较简单,易于实现数字化的闭环位置控制。位置检测器(位置检测元件)采用光电编码器(光电脉冲发生器),构成半闭环控制的脉冲比较伺服系统,是中、低档数控系统中普遍采用的进给伺服控制系统组成形式。

1. 系统组成原理

图 5-37 所示为脉冲比较伺服控制系统的原理框图。按功能模块可将系统大致分为三部分:采用光电脉冲编码器产生位置反馈脉冲 P_f;实现指令脉冲 F 与反馈脉冲 P_f 的脉冲比较,以取得位置偏差信号 e;伺服放大器和伺服电动机构成以 e 作为给定值的速度调节系统。脉冲比较伺服系统的特点主要体现在前两部分,各种伺服控制系统的第三部分大致相同,故仅对前两部分展开讨论。

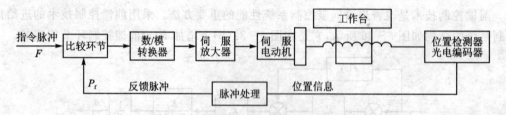

图 5-37 脉冲比较伺服控制系统原理框图

光电编码器与伺服电动机的转轴连接后,随着伺服电动机转动而产生脉冲序列输出,脉冲频率随伺服电动机转速快慢而升降变化。现设指令脉冲 $F=0$,且工作台原来处于静止状态。这时反馈脉冲 P_f 亦为零,经比较环节可知偏差 $e=F-P_f=0$,则伺服电动机的速度给定为零,工作台继续保持静止不动。随后指令脉冲加入,$F\neq 0$,在工作台尚未移动之前反馈脉冲 P_f 保持为零,经比较判别得偏差 $e\neq 0$。若设 F 为正,则 $e=F-P_f>0$,调速系统将驱动工作台向正向进给。随着电动机运转,光电编码器将检测到反馈脉冲 P_f 并进入比较环节,该脉冲比较环节对两路脉冲序列的脉冲数进行比较。根据自动控制中负反馈原理,只有当指令脉冲 F 和反馈脉冲 P_f 的脉冲个数相当时,偏差 $e=0$,工作台才重新稳定在指令所规定的位置上。由此可见,偏差 e 仍是数字量,若后续调速系统是一个模拟调节系统,则 e 需经数—模转换后才能变成模拟给定电压。指令脉冲 F 为负的控制过程与 F 为正的控制过程类似,只是此时 $e<0$,工作台应作反向进给。最后,也应在该指令所规定的反向某个位置使 $e=0$,即伺服电动机停止转动,工作台准确地停在该位置上。

2. 脉冲比较电路

在脉冲比较的进给伺服控制系统中,实现指令脉冲 F 与反馈脉冲 f_o 的比较之后,才能检出位置偏差。脉冲比较电路由脉冲分离电路和可逆计数器两个基本部分组成,其电路原理如图 5-38 所示。

采用可逆计数器实现脉冲比较的基本要求是:当输入指令脉冲为正(由 F_+)或反馈脉冲为负(由 P_{f-})时,可逆计数器作加法计数;当指令脉冲为负(由 F_-)或反馈脉冲为正(由 P_{f+})时,可逆计数器作减法计数。例如,设可逆计数器的初始状态为全 0,工作台静止。然后突然

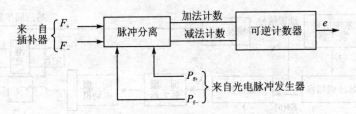

图 5-38　脉冲分离与可逆计数原理框图

加正向指令脉冲 $F_+ = +1$，计数器加 1，在工作台移动之前，可逆计数器的输出即位置偏差 $e = +1$。为消除偏差，工作台应作正向移动，随之产生反馈脉冲 $P_{f+} = +1$，应使可逆计数器减 1，$e = 0$。导致工作台在正向前进一个脉冲当量的位置上停下来。反之，$F_- = +1$，使计数器减 1，$e = -1$。则有 $P_{f-} = +1$，使计数器加 1，$e = 0$。

值得注意的问题是，在脉冲比较过程中指令脉冲 F 和反馈脉冲 P_f 分别来自插补器和光电编码器。虽然经过一定的整形和同步处理，但两种脉冲源有其独立性，脉冲频率随运转速度不断变化，脉冲到来的时刻可能互相错开或重叠。在进给控制过程中，可逆计数器应随时接收加法或减法两路计数脉冲信号。当这两路计数脉冲先后到来并有一定的时间间隔，则该计数器无论先加后减，或先减后加，都能可靠地工作。如果两路脉冲同时进入计数脉冲输入端，则计数器的内部操作可能会因脉冲的"竞争"而产生误操作，造成脉冲比较不可靠。为克服脉冲"竞争"，必须在指令脉冲与反馈脉冲进入可逆计数器之前，进行脉冲分离处理。即当加、减脉冲先后到来时，各自按预定要求经加法计数或减法计数脉冲输出端进入可逆计数器计数；若加、减脉冲同时到来，则由硬件逻辑电路保证先作加法计数，经过若干个时钟延时再作减法计数，以保证两路计数脉冲信号均不会丢失。

5.3.5　相位比较的进给伺服控制

采用相位比较法实现位置闭环控制的系统称为相位比较的进给伺服控制系统，简称相位伺服系统。它是高性能数控系统中使用的伺服系统。相位伺服系统将位置检测转换为相位检测，并通过相位比较实现对驱动执行机构的速度控制。

1. 系统组成原理

图 5-39 是采用感应同步器作位置检测器的相位伺服系统原理框图。在该系统中，感应同步器取相位工作状态，以定尺相位检测信号经整形放大后所得 $PB(\theta)$ 作为位置反馈信号。指令脉冲 F 经脉冲调相后，转换成重复频率为 f_0 的脉冲信号 $PA(\theta)$。$PA(\theta)$ 和 $PB(\theta)$ 为两个同频脉冲信号，其相位差 $\Delta\theta$ 反映了指令位置与实际位置的偏差，由鉴相器判别检测。伺服放大器和伺服电动机构成的调速系统，接收相位差 $\Delta\theta$ 信号以驱动工作台朝指令位置进给，实现位置跟踪。

当指令脉冲 $F = 0$ 且工作台处于静止时，$PA(\theta)$ 和 $PB(\theta)$ 应为两个同频同相的脉冲信号，经鉴相器进行相位比较判别，输出相位差 $\Delta\theta = 0$。工作台维持在静止状态；当指令脉 $F \neq 0$ 时，工作台将从静止状态向指令位置移动。此时若 F 为正，经过脉冲调相器，$PA(\theta)$ 产生正的相移 $+\theta$，亦即在鉴相器的输出将产生 $\Delta\theta = +\theta > 0$。因此，伺服驱动部分应按指令脉冲的方向使工作台作正向移动，以消除 $PA(\theta)$ 和 $PB(\theta)$ 的相位差。反之，若设 F 为负，则 $PA(\theta)$ 产生负的相移 $-\theta$，在 $\Delta\theta = -\theta < 0$ 的控制下，伺服机构应驱动工作台作反向移动。因此，无论工作台在指

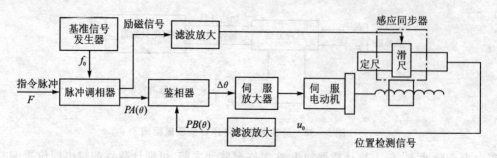

图 5-39 相位比较伺服系统原理框图

令脉冲的作用下作正向或反向运动,反馈脉冲信号 $PB(\theta)$ 的相位必须跟随指令脉冲信号 $PA(\theta)$ 的相位作相应的变化。位置伺服系统要求,$PA(\theta)$ 相位的变化应满足指令脉冲的要求,而伺服电动机则应有足够大的驱动力矩使工作台向指令位置移动,位置检测元件则应及时地反映实际位置的变化,改变反馈脉冲信号 $PB(\theta)$ 的相位,满足位置闭环控制的要求。一旦 F 为 0,正在运动着的工作台应迅速制动,这样 $PA(\theta)$ 和 $PB(\theta)$ 在新的相位上继续保持同频同相的稳定状态。

2. 脉冲调相器和鉴相器

1) 脉冲调相器

脉冲调相器也称数字移相电路,其功能是按照所输入指令脉冲的要求对载波信号进行相位调制。图 5-40 所示为脉冲调相器组成原理框图。

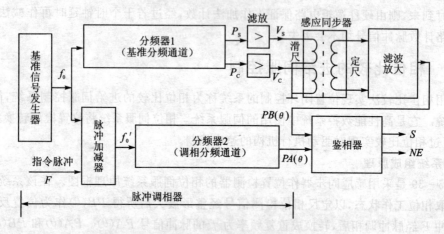

图 5-40 脉冲调相器组成原理框图

在脉冲调相器中,基准脉冲 f_0 由石英晶体振荡器组成的脉冲发生器产生,以获得频率稳定的载波信号。f_0 信号输出分成两路,一路直接输入 M 分频的二进制计数器,称为基准分频通道;另一路则先经过脉冲加、减器再进入分频数亦为 M 的二进制数计数器,称为调相分频通道。上述两个计数器均为 M 分频,即当输入 M 个计数脉冲后产生一个溢出脉冲。基准分频通道应该输出两路频率和幅值相同,但相位互差 90°的电压信号,分别供给感应同步器滑尺的正弦和余弦绕组励磁。为了实现这一要求,可将该通道中最末一级计数触发器分成两个,由于最后一级触发器的输入脉冲相差 180°,所以经过一次分频后,它们的 θ 输出端的相位互差 90°。由脉冲调相器基准分频通道输出的矩形脉冲,应滤除高频分量并经功率放大后才能形成供给滑尺励磁的正弦、余弦信号 V_s 和 V_c。然后，由感应同步器的电磁感应作用，可在其定尺上取得相应的感应电动热 u_0，再经滤波放大，就可获得作为位置反馈的脉冲信号 $PB(\theta)$。调相分频通道的任务是在指令脉冲的参与下输出脉冲信号 $PA(\theta)$。在该通道中，脉冲加、减器的作用是：当指令脉冲 $F=0$ 时，使其输出信号 $f'_0=f_0$，即调相分频计数器与基准分频计数器完全同频同相工作。因此，$PA(\theta)$ 和 $PB(\theta)$ 必然同频同相，两者相位差 $\Delta\theta=0$；当 $F\neq0$ 时，脉冲加减器按照正指令脉冲使 f'_0 脉冲数增加，负指令脉冲使 f'_0 脉冲数减少的原则，使得输入到调相分频器中的计数脉冲个数发生变化。结果是该分频器产生溢出脉冲的时刻将提前或者推迟产生，因此，在指令脉冲的作用下，$PA(\theta)$ 不再保持与 $PB(\theta)$ 同相。其相位差大小和极性与指令脉冲 F 有关。

2) 鉴相器

在相位系统中，指令信号的相位与实际位置检测器检测到的相位之间存在相位差。鉴相器的任务就是采用适当的方式把这个相位差表现出来。图 5-41 所示为半加器鉴相器的电路原理和真值表。

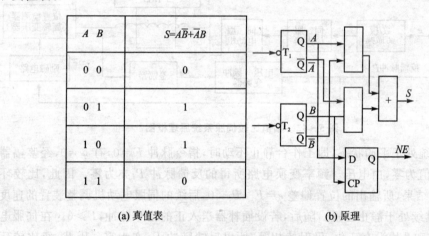

(a) 真值表　　　　　　　　(b) 原理

图 5-41　半加器鉴相器

由脉冲移相和位置检测所得的脉冲信号 $PA(\theta)$ 和 $PB(\theta)$ 分别输入鉴相器的计数触发器 T_1 和 T_2，经过二分频后所输出的 A、$\overline{A}$ 和 B、$\overline{B}$ 频率降低一半。鉴相器的输出信号有两个：S 取自 A 和 B 信号的半加和，$S=A\overline{B}+\overline{A}B$，其量值反映了相位差 $\Delta\theta$ 的绝对值。NE 为一个 D 触发器的输出端信号，根据 D 端和 CP 端相位超前或滞后关系，决定其输出电压的高低。因此，鉴相器是完成脉冲相位—电压信号转换的电路。由半加原理可知，同频脉冲信号 A 和 B 相位相同时，半加和 $S=0$；当 A 和 B 不同相时，无论两者超前或滞后的关系如何，S 信号将是一个周期的方波脉冲，它的脉冲宽度与两者的相位差成正比。可以通过低通滤波的方法取出其直流分量，作为相位差 $\Delta\theta$ 的电平信号。相位差的极性由 NE 信号指示。由图可见，对于由下降沿触发的 D 触发器，当接于 D 端的 S 信号超前 B 时，即 A 超前 B 由"1"变为"0"时，D 触发器的 Q 端就被置"0"，输出低电平。反之，当 A 滞后于 B 由"1"变为"0"时，D 触发器将被置"1"，输出高电平。因此若把该输出端记作 NE，则 $NE=0$ 表示指令信号的相位超前位置信号，相位差为正；$NE=1$ 表示指令信号的相位滞后位置信号，相位差为负。

5.3.6 幅值比较的进给伺服控制

幅值比较进给伺服控制系统(简称幅值伺服系统)是以位置检测信号幅值的大小来反映机械位移的数值,并以此作为位置反馈信号与指令信号进行比较构成的闭环控制系统。该系统的主要特点是位置检测元件采用幅值工作方式。

1. 系统组成原理

图 5-42 所示为幅值比较伺服系统原理框图。从图中可见,幅值伺服系统与相位伺服系统有许多相似之处。实际上,感应同步器和旋转变压器都可用于幅值伺服系统,图 5-42 中采用旋转变压器。幅值伺服系统前向通道与脉冲比较的伺服系统相同,只是位置信号检测器采用工作在幅值方式的旋转变压器,反馈通道由鉴幅器和电压—频率变换器等构成。因此,其工作原理特殊之处也主要在于位置检测方法(旋转变压器和鉴幅器)和幅值信号变换成数字脉冲信号的方法(以便与指令脉冲相比较)。

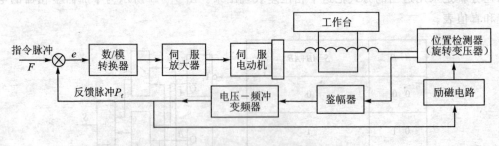

图 5-42 幅值比较伺服系统原理框图

当整个系统处于平衡状态,即工作台静止不动时,指令脉冲 $F=0$,有 $\varphi=0$,经鉴幅器检测转子电动势幅值为零,由电压—频率变换电路所得的反馈脉冲 P_f 亦为零。因此,比较环节对 F 和 P_f 比较的结果,所输出的位置偏差 $e=F-P_f=0$,后续的伺服电动机调整装置的速度给定为零,工作台继续处于静止位置。随后,若设插补器送入正的指令脉冲,$F>0$。在伺服电动机尚未转动前,φ 和 θ 均没有变化,仍保持相等,所以反馈脉冲 P_f 亦为零。因此,经比较环节可知偏差 $e=F-P_f>0$。在此,数字脉冲的比较,可采用如前所述脉冲比较伺服系统的可逆计数器方法,所以偏差 e 也是一个数字量。该值经数—模变换就可以变成后续调速系统的速度给定信号(模拟量)。于是,伺服电动机向指令位置(正向)转动,并带动旋转变压器的转子作相应旋转。转子位移角 θ 超前于励磁信号的 φ 角,转子感应电动势幅值 $E_{0m}>0$,经鉴幅器和电压—频率变换器转换成相应的反馈脉冲 P_f。按照负反馈的原则,随着 P_f 的出现,偏差 e 逐渐缩小,直至 $F=P_f$ 后,偏差为零,系统在新的指令位置达到平衡。但是,必须指出:由于转子的转动使 θ 角发生了变化,若 φ 角不随相应作变化,虽然工作台在向指令位置靠近,但 $\theta-\varphi$ 的差值反而进一步扩大了,这不符合系统设计要求。为此,应把反馈脉冲同时也输入到定子励磁电路中,以修改电气角 φ 的设定输入,使 φ 角跟随 θ 变化。一旦指令脉冲 F 重新为零,反馈脉冲 P_f 方面应使比较环节的可逆计数器减到零,令偏差 $e\to 0$;另一方面也使 φ 角增大,令 $\theta-\varphi\to 0$,以便在新的平衡位置上转子电动势的幅值 $E_{0m}\to 0$。

若指令脉冲 F 为负时,整个系统的检测、比较判别及控制过程与上述 F 为正时基本类似,只是工作台应向反向进给,转子位移角 θ 减小,φ 也必须随之减小,直至在负向的指令位置达到平衡。

从上述过程可见,在幅值系统中,励磁信号中的电气角 φ 由系统设定,并跟随工作台的进给作被动的变化。可以利用这个 φ 值,作为工作台实际位置的测量值,并通过数显装置将其显示出来。当工作台在进给后到达指令所规定的平衡位置并稳定下来,数显装置所显示的是指令位置的实测值。

1) 旋转变压器和鉴幅器

幅值伺服系统中的旋转变压器采用幅值工作方式检测并反馈位置信息。有关旋转变压器和幅值工作方式详见第 6 章数控机床测量反馈系统所述,此处不再重复。

2) 电压—频率变换器

电压—频率($V—f$)变换器的作用是将鉴幅器输出的模拟电压 U_F,变换成相应的脉冲序列,使该脉冲序列的重复频率与直流电压值成正比。单极性直流电压 U_F 可通过压控振荡器变换成相应的频率脉冲,而双极性的 U_F 应先经过极性处理,然后再作相应的变换。因此,实际电压—频率变换器由极性处理电路和压控振荡(VCO)电路两部分组成。其中压控振荡器的 $V—f$ 特性如图 5-43 所示,即输入电压与输出脉冲频率之间为线性关系。

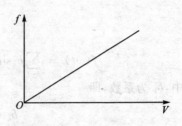

图 5-43 压控振荡器 $V—f$ 特性

至此,由位置检测器检测到的幅值信号,转换为相应的脉冲信号作为位置闭环控制的反馈信号。

2. 脉冲调宽式正、余弦信号发生器

采用幅值工作方式的旋转变压器的两绕组励磁电压信号,是一组同频同相位而幅值分别随某一可知变量 φ 作正、余弦函数变化的正弦交变信号。要实现幅值可变,就必须控制 φ 角的变化。可使用多抽头的函数变压器或脉冲调宽式两种方案来实现调幅的要求。前者对加工精度要求很高,控制线路也比较复杂;后者完全采用数字电路,能达到较高的位置分辨率和动、静态检测精度。故而着重讨论脉冲调宽式正、余弦信号发生器。

1) 矩形波励磁

脉冲宽度调制是用控制矩形波脉宽等效地实现正弦波励磁的方法,其波形如图 5-44 所示。设 V_1 和 V_2 分别是变压器定子正、余弦励磁绕组的矩形波励磁信号。矩形波为双极性,幅值的绝对值均为 A,在一个周期内 V_1、V_2 的取值为

$$V_1 = \begin{cases} A & \dfrac{\pi}{2} - \varphi \leqslant \omega t \leqslant \dfrac{\pi}{2} + \varphi \\ -A & \dfrac{3\pi}{2} - \varphi \leqslant \omega t \leqslant \dfrac{3\pi}{2} + \varphi \\ 0 & \text{除上述范围之外} \end{cases}$$

$$V_2 = \begin{cases} -A & \varphi \leqslant \omega t \leqslant \pi - \varphi \\ A & \pi + \varphi \leqslant \omega t \leqslant 2\pi - \varphi \\ 0 & \text{除上述范围之外} \end{cases}$$

式中,φ 为正弦波励磁中影响正弦波幅值的电气角,在此表现为影响矩形脉冲宽度的参数。V_1 的脉宽为 2φ,V_2 的脉宽为 $\pi - 2\varphi$。用傅里叶级数在 $[-\pi, \pi]$ 区间内对 V_1 和 V_2 展开(奇函数只有奇次项),即

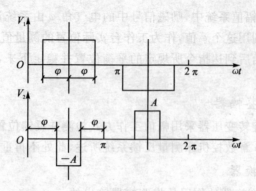

图 5-44 脉冲调宽波形

$$f(\omega t) = \sum_{k=1}^{\infty} b_k \sin k\omega t = b_1 \sin \omega t + b_3 \sin \omega t + b_5 \sin \omega t + \cdots \quad (5-24)$$

式中,b_k 为系数,即

$$b_k = \frac{2}{\pi}\int_0^\pi f(\omega t)\sin(k\omega t)\mathrm{d}(\omega t) \quad (5-25)$$

① 令 $f_1(\omega t) = V_1$,若只计算基波分量,则

$$b_1 = \frac{2}{\pi}\int_0^\pi V_1 \sin\omega t\, \mathrm{d}(\omega t) = \frac{2A}{\pi}\int_{\frac{\pi}{2}-\varphi}^{\frac{\pi}{2}+\varphi}\sin\omega t\, \mathrm{d}(\omega t) =$$

$$\frac{2A}{\pi}\left[-\cos\left(\frac{\pi}{2}+\varphi\right)+\cos\left(\frac{\pi}{2}-\varphi\right)\right] =$$

$$\frac{2A}{\pi}[\sin\varphi + \sin\varphi] = \frac{4A}{\pi}\sin\varphi$$

所以,$f_1(\omega t) = \dfrac{4A}{\pi}\sin\varphi\sin\omega t$。

② 令 $f_2(\omega t) = V_2$,若只计算基波分量,则

$$b_1 = \frac{2}{\pi}\int_0^\pi V_2 \sin\omega t\, \mathrm{d}(\omega t) = \frac{2A}{\pi}\int_{\varphi}^{\pi-\varphi}\sin\omega t\, \mathrm{d}(\omega t) =$$

$$-\frac{2A}{\pi}[-\cos(\pi-\varphi)+\cos(\varphi)] =$$

$$-\frac{2A}{\pi}[\cos\varphi + \cos\varphi] = -\frac{4A}{\pi}\cos\varphi$$

所以,$f_2(\omega t) = -\dfrac{4A}{\pi}\cos\varphi\sin\omega t$。

若令 $U_m = \dfrac{4A}{\pi}$,则矩形励磁信号的基波分量为

$$\left.\begin{aligned} f_1(\omega t) &= U_m \sin\varphi\sin\omega t \\ f_2(\omega t) &= -U_m\cos\varphi\sin\omega t \end{aligned}\right\} \quad (5-26)$$

式(5-26)说明,当设法消除高次谐波的影响后,用脉冲宽度调制的矩形波励磁与正弦波励磁其幅值工作方式的功能完全相当。因此可将正、余弦励磁信号幅值的电气角 φ 的控制,转变为对脉冲宽度的控制。

2) 调宽脉冲发生器

产生符合矩形波励磁要求的调宽脉冲发生器如图 5-45 所示。

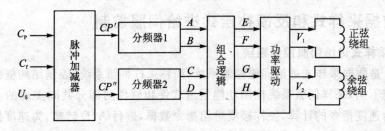

图 5-45 脉冲调宽矩形脉冲发生器框图

图 5-45 中，脉冲加减器和两个分频系数相同的分频器用于实现数字移相，计数触发脉冲 CP' 和 CP'' 的频率是在时钟脉冲 CP 的基础上，按位置反馈信号 P_f 和 U_s 输入的情况下进行加减。每个分频器有两路相差 $90°$ 的溢出脉冲输出，通过组合逻辑进行调宽脉冲的波形合成。最后，经功率驱动电路加于两组绕组上的将是符合调幅要求的脉冲调宽式的矩形波脉冲。

调宽脉冲形成的基本原理是：按照数字移相原理，当输入的计数脉冲增加时则溢出脉冲的相位将拉前；计数脉冲减少则溢出脉冲相位延后。脉冲加减器应按照最后合成的波形要求，控制两个分频器计数脉冲 CP' 和 CP'' 的加减。图 5-46 画出了从分频器输出到波形合成的各处工作波形。其中，A_0 为 $\varphi=0$ 时分频器 A 端输出波形，用作比较基准信号。由幅值比较原理可知，当工作台正向移动时，φ 应增大。设此时：$CP'=C_P+P_f$，$CP''=CP-P_f$，则 A 信号相位向超前方向移动，C 相位向滞后方向移动。B 与 D 信号的相位固定地分别滞后 A 和 C 相位 $90°$。A、B、C、D 四个信号经组合逻辑完成波形合成，其输出 E、F、G、H 四路信号与输入之间的逻辑关系为

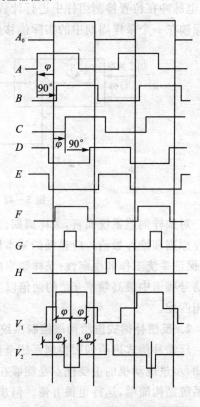

图 5-46 脉冲调宽工作波形

$$E=B+\overline{D}, \quad F=\overline{B}+D, \quad G=\overline{A}+\overline{C}, \quad H=A+C$$

此四路脉冲信号分成两组，经过功率驱动后，分别加到旋转变压器的正弦、余弦绕组两端。正弦绕组两端的电压为 V_1，其波形由 $F-E$ 的差值决定；余弦绕组两端的电压为 V_2，其波形由 $H-G$ 的差值决定。按调幅的要求，V_1 的脉冲宽度等于 2φ，V_2 的脉冲宽度等于 $\pi-2\varphi$。由上述调宽脉冲形成原理可知，绕组的励磁频率 f 与时钟 C_P 的脉冲频率及分频器的分频系数 m 的关系为：$f=C_P/m$。当励磁频率 f 一定时，时钟 C_P 的频率与分频系数 m 成正比。

例如，若设 $f=800$ Hz，m 取为 500，则 $C_P=500\times800$ Hz$=400$ kHz。如果将 m 增大至 2000，在保持 f 不变的情况下，C_P 脉冲的频率将变为 1.6 MHz。由数字移相原理可知，m 值越大，对应于单位数字的相移角 φ_0 越小。对于 m 分频的分频器，输入 m 个时钟脉冲，将产生 $90°$ 相移角。所以，$\varphi_0=90°/m$，当 $m=500$ 时，$\varphi_0=90°/500=0.18°$；而当 $m=2\,000$ 时，$\varphi_0=90°/2000=0.005°$。显然，分频系数 m 取值越大，脉冲调宽的精度也越高。

5.3.7 数据采样式和反馈补偿式进给伺服控制

1. 数据采样式进给伺服控制系统

图 5-47 是数据采样式进给伺服控制系统(简称采样伺服系统)控制结构框图。与前面介绍的伺服系统不同,采样伺服系统控制功能是由软件和硬件两部分共同实现的。软件负责跟踪误差和进给速度指令的计算,硬件接受进给指令数据,进行 A/D 转换,为速度控制单元提供命令电压,以驱动坐标轴运动。光电脉冲编码器等位置检测元件将坐标轴的运动转化成电脉冲,电脉冲在位置检测组件中进行计数,被计算机定时读取并清零。计算机所读取的数字量是坐标轴在一个采样周期中的实际位移量。

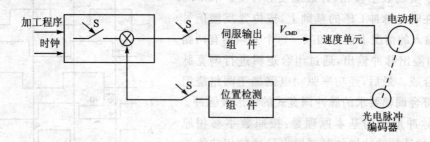

图 5-47 数据采样进给位置伺服系统

对采样伺服系统而言,采样周期选择非常重要,目前尚无精确的公式可循,都是给出一般指导原则和推荐数值。应遵循的基本原则有三条:依参考系统开环增益大小来确定采样频率 f_s,保证系统工作的稳定性;采样频率应满足《自动控制原理》中采样定理(采样频率 f_s 高于输入信号频谱中最高频率 f_{max} 的两倍以上)要求,即 $f_s \geq 2f_{max}$;采样频率应与速度控制单元的惯性相匹配。

2. 反馈补偿式进给伺服控制系统

反馈补偿式进给伺服控制系统全称为"反馈补偿式步进电动机进给伺服控制系统"。众所周知,步进电动机的主要优点是能够在开环方式下组成满足一定精度要求的伺服控制系统,而且系统结构简单,运行也很方便。但步进电动机组成的进给伺服控制系统,由于没有位置检测和反馈环节,无法获知是否丢步,也无法进行相应的补偿。采用如图 5-48 所示的反馈补偿式步进电动机进给伺服控制系统,基本上可以解决步进电动机丢步和补偿问题。尽管这种系统中也装有位置检测元件,但从控制方式来看,这种系统并不属于真正的闭环控制系统。

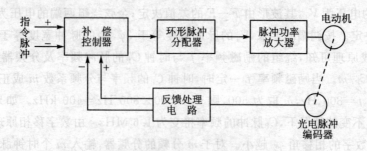

图 5-48 反馈补偿式步进电动机进给伺服控制系统

与开环控制系统不同的是,这种系统在步进电动机轴上安装了光电脉冲编码盘,它将步进

电动机的转动变换成脉冲输出,送到反馈处理电路。反馈处理电路有两个作用:

其一,由于光电脉冲编码器每转一圈输出的脉冲个数与步进电动机每转一圈所走的步数不一定相同,需要反馈处理电路适配变换。

其二,将光电脉冲编码器输出的脉冲变换成正、反转反馈计数脉冲。与反馈脉冲一样,指令脉冲也有正转和反转两个通道。指令脉冲和反馈脉冲均送入补偿控制器中进行比较,补偿控制器根据指令脉冲与反馈脉冲之差向后面的环形脉冲分配器发出脉冲,驱动步进电动机运转,因而可以实现对步进电动机丢步的有效补偿。

本章小结

数控伺服系统由伺服电动机、驱动信号控制转换电路、电力电子驱动放大模块、电流调解单元、速度调解单元、位置调解单元和相应的检测装置等组成。一般闭环伺服系统的结构是三环结构系统,外环是位置环,中环是速度环,内环为电流环。伺服系统为数控系统的执行部件,不仅要求稳定地保证所需的切削力矩和进给速度,而且要准确地完成指令规定的定位控制或者复杂的轮廓加工控制。数控机床伺服系统应具有精度高、稳定性好、响应快速、调速范围宽的特点。

按被控对象,数控伺服系统分为主轴伺服驱动系统和进给伺服驱动系统。其中,主轴驱动及主轴变速控制和准停控制是数控系统的重要功能。数控车削加工中心还须具有主轴旋转进给轴(C轴)控制功能;某些数控车床和数控磨床,为保证加工工件的粗糙度小,还须采用恒线速度切削加工和磨削加工;数控机床进给驱动系统是计算机数控(CNC)系统的重要组成部分,也是数控系统与机械传动部件联系的环节,其性能直接决定和影响数控加工的快速性、稳定性和精确性。伺服系统是以位置(或角度)为控制对象的自动控制系统,数控系统中的进给驱动系统专指数控机床各坐标轴进给驱动的位置控制系统。

数控机床常用驱动元件包括步进电动机、直流伺服电动机和交流伺服电动机。步进驱动机构与数控系统采用的脉冲增量插补算法相配合,主要用于开环驱动系统,选用功率步进电动机作为驱动元件,主要有反应式和混合式两种;直流伺服电动机具有调速范围宽、输出力矩大、过载能力强等优良性能,而且大惯量直流伺服电动机的自身惯量与机床传动部件惯量相当,安装到机床上之后,数控系统几乎不需要再做调整,使用十分方便。但存在机械(电刷、换向器)换向缺点;交流伺服电动机不需要维护,制造简单,适合在恶劣环境下工作。目前,技术发达国家生产的交流伺服驱动机构已实现全数字化。在伺服机构中,除驱动级外,全部功能均由内部专用的微处理器完成前馈控制、优化控制和各种补偿等均可高速实现,性能已经完全达到或超过直流伺服机构。

开环控制的精度低,不能很好地满足数控加工的要求,提高伺服系统控制精度最根本的办法是采用闭环控制方式。位置环按给定输入脉冲数和反馈脉冲数比较而构成闭环控制,就构成脉冲比较的进给伺服控制系统;采用相位比较法实现位置闭环控制的系统被称为相位比较的进给伺服控制系统;以位置检测信号幅值的大小来反映机械位移的数值,并以此作为位置反馈信号与指令信号进行比较构成的闭环控制系统称为幅值比较进给伺服控制系统。

思考题与习题

5-1 伺服系统的组成包括哪些部分，对伺服系统的基本要求是什么？
5-2 伺服系统的分类有哪些？
5-3 数控机床主轴驱动用的电动机由哪些类型？试述主轴电动机的工作特性。
5-4 何谓电主轴，其优点是什么？
5-5 试述直流伺服电动机的工作原理。
5-6 简述 SPWM 调速原理和过程。
5-7 简述步进电动机的工作原理。
5-8 步进电动机的工作方式有哪些？三相六拍是怎样工作的？
5-9 试分析闭环伺服系统的数学模型。
5-10 何谓脉冲比较的进给伺服控制系统，试述该系统的特点和工作原理。
5-11 何谓相位比较的进给伺服控制系统，试述该系统的特点和工作原理。
5-12 何谓幅值比较的进给伺服控制系统，试述该系统的特点和工作原理。
5-13 数据采样式和反馈补偿式进给伺服控制系统的特点是什么？

第6章 数控机床测量反馈系统

本章要点

伺服系统是机床的驱动部分,计算机输出的控制信息通过伺服系统和传动装置变成机床运动,实现数控机床的各种加工运动。位置伺服的准确性决定了加工精度,在闭环和半闭环系统中,位置伺服控制是以直线位置或转角位移为控制对象的自动控制,检测装置是检测机床的位移值,数控系统据此建立反馈,使伺服系统控制机床向减少偏差方向移动。

以各种传感器为检测元件的数控机床检测系统构成了数控机床的"敏感神经",是数控机床高精度加工的重要保证。依据传感器的原理、传感器检测对象(直线位移或转角位移)、传感器检测方法等的不同,数控机床可依据不同场合和性能要求选择各种常用传感器:旋转变压器、感应同步器、光栅、脉冲编码盘等。本章系统讲解数控机床各种常用传感器的原理和应用。

6.1 概 述

在闭环和半闭环伺服系统中,数控系统为反馈控制的随动系统,该系统的输出量是机械位移、速度或加速度,利用这些量的反馈实现精确的位移、速度控制目的。位置控制是指将计算机数控系统插补计算的理论值与机床运动的实际检测值相比较,用两者的差值去控制进给电动机,使工作台或刀架运动到指令位置。实际值的采集,则需要位置检测装置来完成,如图6-1所示。

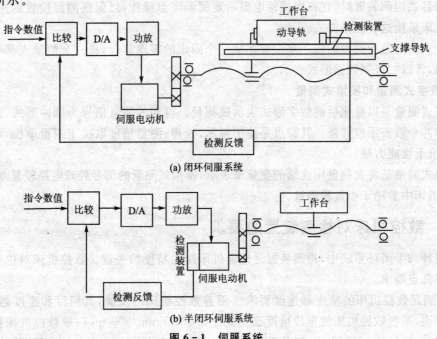

(a) 闭环伺服系统

(b) 半闭环伺服系统

图6-1 伺服系统

6.1.1 数控机床检测装置的分类

检测元件可以检测机床工作台的位移、伺服电动机转子的角位移和速度。在实际应用中，位置检测和速度检测可以采用各自独立的检测元件，例如速度检测采用测速发电机，位置检测采用光电编码器，也可以共用一个检测元件，如都用光电编码器。根据位置检测装置安装形式和测量方式的不同，位置检测有直接测量和间接测量、增量式测量和绝对式测量、数字式测量和模拟式测量等方式。

1. 直接测量和间接测量

在数控机床中，位置检测的对象有工作台的直线位移及旋转工作台的角位移，检测装置有直线式和旋转式。典型的直线式测量装置有光栅、磁栅、感应同步器等；旋转式测量装置有光电编码器和旋转变压器等。

若位置检测装置测量的对象就是被测量本身，即直线式测量直线位移，旋转式测量角位移，该测量方式称为直接测量。直接测量组成位置闭环伺服系统，其测量精度由测量元件和安装精度决定，不受传动精度的直接影响，但检测装置要和行程等长，这对大型机床是一个限制。

若位置检测装置测量出的数值通过转换才能得到被测量，如用旋转式检测装置测量工作台的直线位移，要通过角位移与直线位移之间的线性转换求出工作台的直线位移，这种测量方式称为间接测量。间接测量组成位置半闭环伺服系统，其测量精度取决于测量元件和机床传动链两者的精度。因此，为了提高定位精度，常常需要对机床的传动误差进行补偿。间接测量的优点是测量方便可靠，且无长度限制。

2. 增量式测量和绝对式测量

增量式测量装置只测量位移增量，即工作台每移动一个基本长度单位，检测装置便发出一个检测信号，此信号通常是脉冲形式。增量式检测装置均有零点标志，作为基准起点。数控机床采用增量式检测装置时，在每次接通电源后要回参考点操作，以保证测量位置的正确，大多数数控机床采用这种测量方式。

绝对式测量是指被测的任一点位置都从一个固定的零点算起，每一个测量点都有一个对应的编码，常以二进制数据形式表示。

3. 数字式测量和模拟式测量

数字式测量是以量化后的数字形式表示被测量。得到的测量信号为脉冲形式，以计数后得到的脉冲个数表示位移量。其特点是便于显示、处理；测量精度取决于测量单位，与量程基本无关；抗干扰能力强。

模拟式测量是将被测量用连续的变量来表示，模拟式测量的信号处理电路较复杂，易受干扰，数控机床中常用于小量程测量。

6.1.2 数控机床对检测装置的要求

在闭环和半闭环系统中，检测装置是保证机床加工精度的关键。数控机床对位置检测装置有以下几点要求。

（1）满足数控机床的精度和速度要求　随着数控机床的发展，其精度和速度越来越高。从精度上讲，某些数控机床的定位精度已达到±0.0015 mm/300 m，一般数控机床精度要求在±0.002~0.01 mm/m 之间，测量系统的分辨率在 0.001~0.0001 mm 之间；从速度上讲，进给速度已从 10~30 m/min 提高到 60~120 m/min，主轴转速也达到 10 000 r/min，有些高达 100 000 r/min，因此要求检测装置必须满足数控机床高精度和高速度的要求。

(2) 工作可靠　检测装置应能抗击各种电磁干扰，基准尺对温湿度敏感性低，温湿度变化对测量精度影响小。

(3) 便于安装和维护　检测装置安装时要保证要求的安装精度，由于受使用环境影响，整个检测装置要求较好的防尘、防油雾和防切屑等措施。

6.1.3　数控检测装置的性能指标与要求

检测装置安装在伺服驱动系统中，所测量的各种物理量是不断变化的，因此传感器的测量输出必须能准确、快速跟随这些被测量的变化。传感器的性能指标应包括静态特性和动态特性，主要特性如下：

(1) 精度　符合输出量与输入量之间特定函数关系的准确程度称作精度，数控用传感器要满足高精度和高速实时测量的要求。

(2) 分辨率　分辨率应适应机床精度和伺服系统的要求。分辨率的提高，对提高系统性能指标和对提高运行平稳性都很重要。高分辨率传感器已能满足亚微米和角秒级精度设备的要求。

(3) 灵敏度　实时测量装置不但要灵敏度高，而且输出、输入关系中各点的灵敏度应该是一致的。

(4) 迟滞　对某一输入量，传感器的正行程输出量与反行程的输出量不一致，这称为迟滞。数控伺服系统的传感器要求迟滞小。

(5) 测量范围和量程　传感器的测量范围要满足系统的要求，并留有余地。

(6) 零漂与温漂　传感器的漂移量是最重要的性能标志，它反映了随时间和温度的变化，传感器测量精度的微小变化。

下面介绍数控机床上常用的旋转变压器、感应同步器、光栅尺和脉冲编码器等检测装置。

6.2　旋转变压器

6.2.1　旋转变压器的组成及工作原理

旋转变压器是测量角位移用的小型交流电动机，由定子绕组和转子绕组组成。定子绕组接受励磁电压，励磁频率有 400 Hz、500 Hz、1 000 Hz、3 000 Hz、5 000 Hz；转子绕组通过电磁耦合而感应电动势。工作原理与普通变压器相似，区别在于普通变压器一次及二次绕组位置相对固定，输出电压与输入电压比是常数，而旋转变压器定子、转子绕组相对位置随转子角位移而发生变化，因而输出电压是转子角的函数。

通常使用正、余弦旋转变压器，其定子和转子各有互相垂直的两个绕组(见图 6-2(a))。如果将其中一个转子绕组短接，在两个定子绕组中分别施加 U_A 和 U_B 两个交流电压(见图 6-2(b))，由于电磁感应，应用叠加原理，转子绕组中感应电动势为

$$E = kU_A\sin\theta + kU_B\cos\theta$$

式中，k 为旋转变压器的电压比。

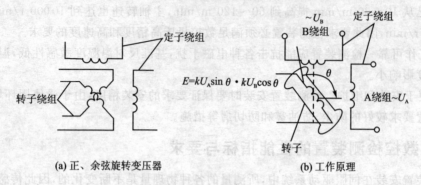

(a) 正、余弦旋转变压器　　　　(b) 工作原理

图 6-2　旋转变压器

对定子绕组加以不同形式的励磁电压,可以得到两种典型应用的工作方式:相位工作方式和幅值工作方式。

6.2.2　相位工作方式

用函数发生器使两个定子绕组加以同频、同幅但相位相差 $\frac{\pi}{2}$ 的交流电压(见图 6-3),即

$$U_A = u_m \sin(\omega t + \theta_0)$$
$$U_B = u_m \cos(\omega t + \theta_0)$$

式中,θ_0 为指令角。

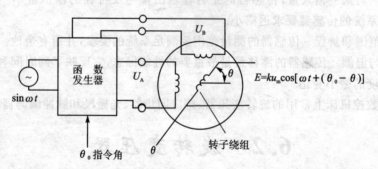

图 6-3　相位工作方式

则转子绕组上感应电动势为

$$E = kU_A \sin\theta + kU_B \cos\theta = $$
$$ku_m \sin(\omega t + \theta_0)\sin\theta + ku_m \cos(\omega t + \theta_0)\cos\theta = $$
$$ku_m \cos[\omega t + (\theta_0 - \theta)]$$

由于旋转变压器转子转轴是和被测轴连接在一起的并且上式中 k、u_m、ω 均为常数,转子绕组输出电压的相位角 $(\theta_0 - \theta)$ 就反映了转轴转角 θ 对指令值 θ_0 (基准相位角)的跟随程度,当 $\theta_0 - \theta = 0$ 时,表明指令位置与实际位置相同,无跟随误差;若 $\theta_0 - \theta \ne 0$,则两者不一致,存在跟随误差。利用其相位差作为伺服驱动的控制信号,控制执行元件向减少相位差的方向移动。

6.2.3　幅值工作方式

用函数发生器使两个定子绕组通以同频、同相位但幅值不同的交流励磁电压(见

图 6-4),即

$$U_A = u_m \cos\theta_0 \sin\omega t;\text{幅值为 } u_m \cos\theta_0$$
$$U_B = -u_m \sin\theta_0 \sin\omega t;\text{幅值为 } -u_m \sin\theta_0$$

式中,θ_0 为指令角。

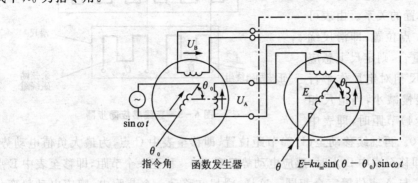

图 6-4 幅值工作方式

则转子绕组上感应电动势为

$$E = kU_A \sin\theta + kU_B \cos\theta = ku_m \cos\theta_0 \sin\theta \sin\omega t - ku_m \sin\theta_0 \cos\theta \sin\omega t =$$
$$ku_m \sin(\theta - \theta_0) \sin\omega t$$

由于旋转变压器转子转轴是和被测轴连接在一起的,并且上式中 k、u_m、ω 均为常数,这样转子输出电压的幅值 $ku_m \sin(\theta - \theta_0)$ 就反映了转轴的转角 θ 对指令值 θ_0 的跟随程度。当幅值为 0 时,即 $\theta_0 - \theta = 0$,表明指令位置与实际位置相同,无跟随误差;若幅值不为 0,则指令位置与实际位置不相同,存在跟随误差。利用幅值作为伺服驱动的控制信号,控制执行元件向减少偏差方向移动。

6.3 感应同步器

感应同步器测量装置是一种非接触电磁测量装置。它可以测量角位移或直线位移,输出的是模拟量,抗干扰能力强,对环境要求低,结构简单,大量程接长方便,成本低,其工作原理与旋转变压器相同。

6.3.1 感应同步器的组成及工作原理

感应同步器测量装置分为直线式和旋转式两种,这里着重介绍直线式感应同步器。直线式感应同步器用于直线位移测量,它相当于一个展开的多极旋转变压器,它由定尺(相当于旋转变压器的转子绕组)和滑尺(相当于旋转变压器的定子绕组)两大部分组成。如图 6-5 所示,定尺是单向均匀感应绕组,尺长一般为 250 mm,绕组节距 2τ 通常为 2 mm。滑尺上有两组励磁绕组,一组叫正弦绕组,另一组叫余弦绕组,两绕组节距与定尺相同,并且相互错开(1/4)节距排列,一个节距相当于旋转变压器的一转(称为 360°电角度),这样两励磁绕组之间相差 90°电角度。

使滑尺与定尺相互平行,并保持一定的间距,在滑尺上加一个交流励磁电压,则在滑尺绕组中产生励磁电流,绕组周围产生按正弦规律变化的磁场。由电磁感应,在定尺上感应出感应电动势,当滑尺与定尺间产生相对位移时,由于电磁耦合的变化,使定尺上感应电动势随位移的变化而变化。

表 6-1 列出定尺感应电动势与定尺、滑尺之间相对位置的关系。由表可见,如果滑尺处于 A 点位置,即滑尺绕组与定尺绕组完全重合,则定尺上感应电动势最大。随滑尺相对定尺作平行移动,感应电动势慢慢减小,当滑尺相对定尺刚好错开(1/4)节距时,即表中 B 点,感应电动势为 0。再继续移动至(1/2)节距位置,即移至表中 C 点,为最大负值电动势。再移至(3/4)节距,即移至表中 D 点时,感应电动势又变为 0。移至一个节距,即移至表中 E 点时,又恢复初始状态,与 A 点位置完全相同。这样,滑尺在移动一个节距内,感应电动势变化了一个余弦周期。

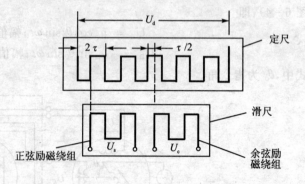

图 6-5 直线感应同步器

表 6-1 感应同步器随滑尺、定尺相对位置感应电压变化

定尺		
滑尺位置	A	
	B	1/4
	C	2/4
	D	3/4
	E	1 节距
电磁调合度		

与旋转变压器工作方式相似,根据滑尺中励磁绕组供电方式不同,感应同步器分为相位工作方式和幅值工作方式。

1. 相位工作方式

给滑尺正弦绕组和余弦绕组加以同频、同幅但相位相差 $\frac{\pi}{2}$ 的交流励磁电压,即

$$u_s = u_m \sin \omega t$$
$$u_c = u_m \cos \omega t$$

由于两绕组在定尺绕组的感应电压滞后滑尺的励磁电压 90°电角度，再考虑两尺间位置变化的机械角 θ，则两绕组在定尺上的感应电动势分别为

$$E_s = ku_m \cos\omega t \cos\theta$$

$$E_c = -ku_m \sin\omega t \sin\theta$$

叠加后得

$$u_d = E_s + E_c = ku_m[\cos\omega t\cos\theta - \sin\omega t\sin\theta] = ku_m\cos(\omega t + \theta)$$

$$\theta = \frac{x}{2\tau}2\pi = \frac{\pi x}{\tau}$$

式中：k 为耦合系数；2τ 为节距；x 为滑尺相对于定尺的位移。

由于 k、u_m、ω 为常数，所以定尺输出电压的相位角 θ 反映了位移增量 Δx。

2. 幅值工作方式

给滑尺正弦绕组和余弦绕组加以同相位、同频率但幅值不同的交流励磁电压，即

$$u_s = u_m \sin\theta_0 \sin\omega t$$

$$u_c = u_m \cos\theta_0 \sin\omega t$$

则两绕组在定尺上感应电动势为

$$E_s = ku_m \sin\theta_0 \cos\theta \cos\omega t$$

$$E_c = ku_m \cos\theta_0 \cos\left(\theta + \frac{\pi}{2}\right)\cos\omega t = -ku_m \cos\theta_0 \sin\theta \cos\omega t$$

$$\theta = \frac{\pi x}{\tau}$$

在定尺上叠加电压 u_d 为

$$u_d = E_s + E_c = ku_m(\sin\theta_0 \cos\theta - \cos\theta_0 \sin\theta)\cos\omega t = ku_m \sin(\theta_0 - \theta)\cos\omega t$$

在滑尺移动过程中，节距内任一 $u_d = 0$、$\theta = \theta_0$ 的点称为节距零点。若改变滑尺的位置，当 $\theta \neq \theta_0$ 时，则在定尺上会感应出电动势

$$u_d = ku_m \sin\Delta\theta \cos\omega t$$

当 $\Delta\theta$ 很小时

$$u_d \approx ku_m \Delta\theta \cos\omega t$$

由

$$\Delta\theta = \Delta x \frac{\pi}{\tau}$$

式中，Δx 为定尺和滑尺的相对位移增量。则

$$u_d = ku_m \Delta x \frac{\pi}{\tau} \cos\omega t$$

u_d 的幅值与 Δx 成正比，因此可通过测定 u_d 幅值来测定位移量 Δx 的大小。

在幅值工作方式中，每当改变一个 Δx 位移增量，就有误差电压 u_d，当 u_d 超过某一预先整定门槛电平就会产生脉冲信号，并以此来修正励磁信号 u_s、u_c，使误差信号重新降到门槛电平以下（相当于节距零点）。这样就把位移量转化为数字量，实现了位移测量。

6.3.2 感应同步器测量系统

1. 鉴相测量系统

当感应同步器工作在相位工作方式时，位移指令值是以相位角度值给定的，如果以指令值

相位信号作为基准相位信号,给感应同步器动尺中两绕组供电,定尺感应电动势相位反映了工作台实际位移,基准相位与感应相位差表明实际位置与指令位置差距,用其作为伺服驱动的控制信号,控制执行元件向减小误差方向移动。

感应同步器鉴相测量系统包括脉冲—相位变换器、励磁供电线路、测量信号放大器和鉴相器等,其原理框图如图 6-6 所示。

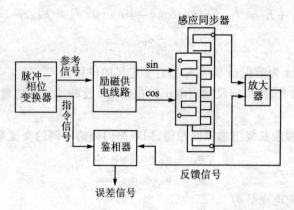

图 6-6　鉴相测量系统结构框图

其中,脉冲—相位变换器的作用是将输入指令脉冲转换成相位值,其原理框图如图 6-7 所示。

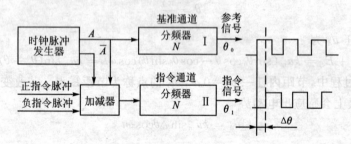

图 6-7　脉冲—相位变换器基本原理图

基准时钟脉冲发生器产生基准脉冲信号 A,一路进入分频器 I (基准分频),经 N 分频后产生参考信号方波,与基准信号有确定的相位关系。另一路经脉冲加减器,根据指令正负进行加减,再进入分频器 II (指令调相分频),经 N 分频后输出指令方波信号,如果没有指令脉冲,由于两分频器具有相同的分频系数,接收 N 脉冲后,会同时产生方波信号,相位相同。当加入 n 个正向指令脉冲时(不允许和基准时钟脉冲重合),由于分频器 I 仍以每接收 N 个基准时钟脉冲产生一个矩形波,而指令调相分频器 II 在同一时间内对 $(N+n)$ 个脉冲分频,因而输出 $\left(1+\dfrac{n}{N}\right)$ 个矩形波,即后者比前者相位超前 $\left(\dfrac{n}{N}\right)°$。反之,加入 n 个反向脉冲,分频器 II 输出为 $\left(1-\dfrac{n}{N}\right)$ 矩形波,即后者比前者相位落后 $\left(\dfrac{n}{N}\right)°$。由此可见,分频器 II 输出的矩形波对分频器 I 参考信号相位有变化。相位移动数值正比于加入进给脉冲数 n,而方向取决于进给脉冲符号。

如果感应同步器节距 $2\tau=2$ mm,脉冲当量为 $\delta=0.001$ mm,即相当于 $\dfrac{\delta}{2\pi}\times 360°=\dfrac{0.001}{2}$

$\times 360°=0.18°$ 相位移,因此应选择分频系数 $N=\dfrac{360°}{0.18°}=2000$。

脉冲加减法器是脉冲—相位变换器的关键部分,它完成向基准脉冲中加入或抵消脉冲的作用。图 6-8 是一种脉冲加减器,A 及 $\bar{A}$ 为基准脉冲发生器发出的在相位上错开 180°的两个同频时钟脉冲,A 为主脉冲,通过与非门 I 输出,$\bar{A}$ 为加减脉冲同步信号。当没有指令脉冲($\pm x$ 为零)时,与非门 I 开,A 脉冲通过。当有指令脉冲 $-x$(指令脉冲与 A 脉冲同步)时,触发器 Q_1 变为"1",接着 Q_2 在 $\bar{A}$ 上升沿变为"1",Q_2 封锁门 I,扣除一个 A 序列脉冲。如果来一个 $+x$ 指令脉冲,触发器 Q_3 在 $\bar{A}$ 上升沿变为"1",接着 Q_4 变为"1",打开门 II,使 A 序列脉冲加入一个 $\bar{A}$ 序列脉冲。

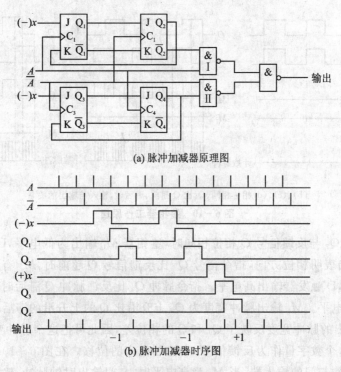

图 6-8 脉冲加减器

图 6-7 中,基准通道分频器 I 输出的参考信号作为相位基准供给励磁供电线路,再由励磁供电线路分解成两个相位相差 90°的方波,经滤波放大得到正弦及余弦励磁电压供给滑尺的两个绕组,如图 6-9 所示。

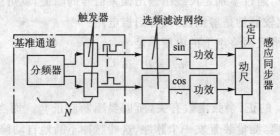

图 6-9 励磁供电线路

鉴相器的作用是鉴别指令信号与反馈信号相位,并判断相位差的大小和方向。这里介绍一种使用异或门和 D 触发器组成的鉴相器,如图 6-10 所示。

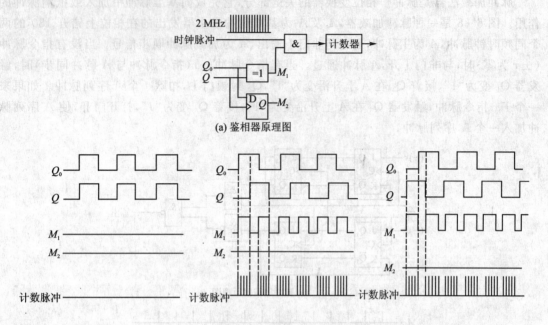

(b)、(c)、(d)相位相同、Q_0 比 Q 超前、滞后时,输入与输出的关系

图 6-10 鉴相器工作原理

当指令信号 Q_0 与反馈信号 Q 相位相同时,鉴相器 M_1 输出为低电平,D 触发器输出高电平,D 触发器输出表明相位方向,指令信号 Q_0 比反馈信号 Q 超前时,M_1 有脉冲输出,脉冲宽度等于超前时间,D 触发器输出高电平。指令脉冲 Q_0 比反馈脉冲 Q 滞后时,M_1 有脉冲输出,D 触发器输出低电平。M_1 输出脉冲宽度为 Q_0 上升沿比 Q 的上升沿的滞后时间。

由于 M_1 输出的脉冲宽度反映了 Q_0 和 Q 的相位差,因此可把这个脉冲变换成与脉宽成正比的数字量,用这个数字量作为反馈信号,来控制机床的位移。在图 6-10 中,M_1 和 2 MHz 的时钟脉冲输入到与门的输入端,当 M_1 为高电平时,与门输出时钟脉冲,输出的脉冲数与 M_1 的脉宽成正比,把这个脉冲数用记数器计数,并在每一个插补时间内把记数器的数值作为反馈量供伺服系统,可实现闭环控制。

2. 鉴幅测量系统

在幅值工作状态下,通过鉴别定尺绕组输出误差信号的幅值,就可进行位移测量。因此在鉴幅测量系统中作为比较器的是鉴幅器,或称门槛电路。

鉴幅测量中,加在滑尺两绕组上的电压满足

$$u_s = u_m \sin \theta_0$$
$$u_c = - u_m \cos \theta_0$$

由于幅值变化与 θ_0 的正、余弦函数有关,所以要不断修正 θ_0。而当定尺和滑尺相对运动时,每移动一个增量距离,测量装置发一个脉冲,这些脉冲不断地自动修改滑尺绕组励磁信号,使 θ 跟随 θ_0 变化。图 6-11 为感应同步器测量系统框图,定尺绕组输出误差信号经放大后送给误差变换器。误差变换器的作用是辨别误差方向和产生实际位移脉冲值。误差变换器包含门槛电路，其整定是根据分辨率确定的。例如，若系统分辨率要求 0.01 mm，门槛值应整定在 0.007 mm，即位移 0.007 mm 产生误差信号经放大刚好达到门槛电平。一旦定尺上输出感应电动势超过门槛时，便会产生输出脉冲，这些脉冲一方面作为实际位移值送脉冲混合器，另一方面作用于正、余弦信号发生器修正其电压幅值，使其满足按 θ_0 正、余弦规律变化。

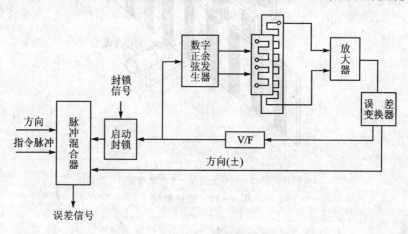

图 6-11 感应同步器鉴幅测量系统

脉冲混合器将指令脉冲与反馈脉冲比较，得到跟随误差，经 D/A 变换后为模拟信号，控制伺服机构带动工作台移动。

6.4 光栅测量装置

光栅测量装置应用较多，它的测量精度可达 ±1 μm，响应速度快，量程宽。光栅有直线光栅和圆光栅，分别用来测量直线位移和角位移。

6.4.1 光栅测量的工作原理

光栅装置的结构是由标尺光栅和指示光栅组成的，在标尺光栅和指示光栅上都有密度相同的许多刻线，称为光栅条纹，光栅条纹的密度一般为每毫米 25、50、100、250 条。对于透射光栅，这些刻线不透光（对于反射光栅，这些刻线不反光）。光线由两刻线之间窄面透射（或反射回来），如图 6-12 所示。把指示光栅平行放在标尺光栅侧面，并使它们的刻线相对倾斜一个很小角度 θ，光源放在标尺光栅另一侧面（以透射光栅为例）。当光线通过时，在指示光栅上会产生莫尔条纹（见图 6-13），莫尔条纹是明暗相间的条纹。当指示光栅移动时，莫尔条纹也移动，移动方向几乎与光栅移动方向垂直。指示光栅相对标尺光栅移动一个刻线距离，莫尔条纹也移动一个莫尔条纹间距。莫尔条纹间距与刻线间距关系如下

$$W \approx \frac{P}{\theta}$$

式中：W 为莫尔条纹间距；P 为两尺刻线间距；θ 为两尺间相对倾斜角（单位为 rad）。

莫尔条纹具有放大效应，若 $P=0.01$ mm、$\theta=0.001$，则 $W \approx 10$ mm，相当于把两尺刻线距离放大 1 000 倍。

光电元件和指示光栅一起移动。当移动时，光电元件接收光线受莫尔条纹影响呈正弦规

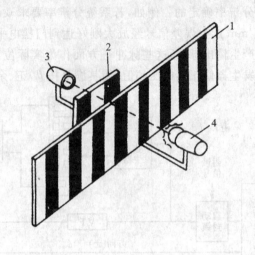

1—标尺光栅；2—指示光栅；3—光电接收器；4—光源

图 6-12 光栅条纹

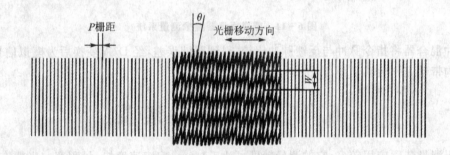

图 6-13 莫尔条纹示意图

律变化，因此光电元件产生按正弦规律变化的电流（电压）。

光栅有玻璃透射光栅和金属反射光栅。玻璃透射光栅是在光学玻璃的表面上涂上一层感光材料或金属镀膜，再在涂层上刻出光栅条纹，用刻蜡、腐蚀、涂黑等办法制成光栅条纹。金属反射光栅是在钢尺或不锈钢带的表面，光整加工成反射光很强的镜面，用照相腐蚀工艺制作光栅。金属反射光栅线膨胀系数容易做到与机床材料一致，安装调整方便，易于制成较长光栅。

6.4.2 光栅测量装置的数字变换线路

图 6-14 是光栅测量系统简图。图中有 a、b、c、d 四块光电池接收莫尔条纹光信号，每相邻两块之间距离为 $W/4$，四块光电池的距离之和正好等于莫尔条纹间距 W。因此同一时刻每块光电池感光强度不同，当莫尔条纹移动时，由于在 W 内通过光线强度呈正弦波变化，所以每块光电池产生的电流（电压）也是正弦波。由于它们之间距离为 $W/4$，所以相邻两块光电池产生正弦波电信号相位相差 $90°$，即图中的 a、b；b、c；c、d 和 d、a 之间的电信号波形相位相差 $90°$。由此可知 a、c 及 b、d 间的相位差 $180°$。把 a、c 的输出接到同一差动放大器两个输入端，把 b、d 的输出接到另一差动放大器上，可获得两组相位相差 $90°$ 的放大信号。再经变换电路处理后可得到正方向脉冲和反向脉冲。

第 6 章 数控机床测量反馈系统

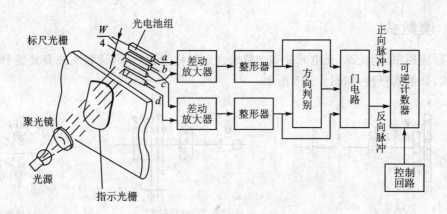

图 6-14 光栅测量系统简图

图 6-15 是数字变换电路和变换后的波形图。光电信号经差动放大器放大后进入整形电路,整形后的方波,一路直接进入微分电路产生脉冲,另一路反相后再进入微分电路产生脉冲。图中四个微分电路对应一个莫尔条纹间距,先后产生四个脉冲信号。当 A 点在方波上升沿时,A' 处产生脉冲;当 A 点在下降沿时,$\overline{A}$ 处为上升沿,$\overline{A}'$ 处产生脉冲。同理,B 点在方波上升沿时,B' 产生脉冲;B 点下降沿时,$\overline{B}'$ 处产生脉冲。这些脉冲信号再经组合逻辑电路处理后,便可输出四倍频的正向脉冲或反向脉冲。由图 6-15 可知:当正向移动时,A 点在方波上升沿时 B 点是高电平,A' 点脉冲可以通过与门和或门输出正向脉冲;$\overline{A}$ 点在方波的上升沿时 $\overline{B}$ 处为高电平,$\overline{A}'$ 脉冲也可以通过与门和或门输出正向脉冲。同理,当 B 点在上升沿时,$\overline{A}$ 为高电平,$\overline{B}$ 上升沿时,A 为高电平,因此 B' 点和 $\overline{B}'$ 的脉冲也可分别由与门和或门输出正方脉冲。这样,在一个周期中可输出四个脉冲,称为四倍频。

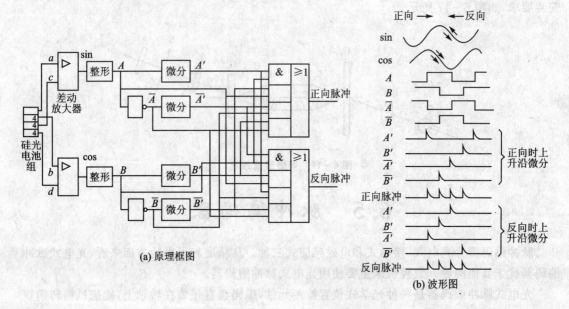

图 6-15 光栅信号 4 倍频线路

除四倍频外,还有十倍频、二十倍频线路。经倍频处理后,提高了测量分辨率和测量精度。

6.4.3 读数头

在实际应用中,把光源、光电元件和光栅组合一起称为读数头,读数头按其光路分为分光式、直射式、反射式三种,如图 6-16 所示。

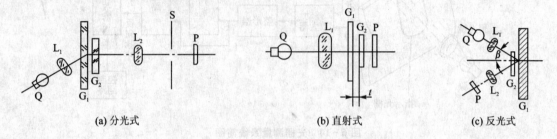

图 6-16 读数头

对于分光式和直射式读数头,光源 Q 发出的光经透镜 L_1 变成平行光,照射在光栅 G_1 和 G_2 上,由透镜 L_2 把 G_2 形成的莫尔条纹聚焦在焦平面上的光电管 P 上。

对于反射式读数头,平行光以与光栅法平面成 β 入射角照射在光栅 G_1 反射面上,反射光在 G_2 上形成莫尔条纹经 L_2 聚焦在焦平面的光电管 P 上。

6.4.4 等倍透镜系统

光栅栅距很小,两光栅间距也很小,如果不能保证标尺光栅和指示光栅之间的安装间距,就不能得到正确信号。因此,在实际使用中常采用等倍透镜系统,它是在指示光栅 G_1 和标尺光栅 G_2 之间装上等倍透镜 L_3 和 L_4,这样,G_1 的像以同样大小投影在 G_2 上形成莫尔条纹,满足安装要求,如图 6-17 所示。

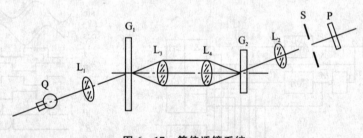

图 6-17 等倍透镜系统

6.5 脉冲编码器

脉冲编码器分光电式、接触式和电磁感应式三种。从精度和可靠性方面来看,光电式脉冲编码器优于其他两种。数控机床主要使用光电式脉冲编码器。

光电式脉冲编码器是一种光学式位置检测元件,编码盘直接装在转轴上,能把机械转角变成电脉冲信号,是数控机床上使用很广泛的位置检测装置,同时也用于速度检测。光电式脉冲编码器按编码方式又可分为绝对值式和增量式两种,这两种在数控机床中均有应用。常用的为增量式脉冲编码器,而绝对值式脉冲编码器则用在有特殊要求的场合。

增量式编码器结构简单,成本低,使用方便。缺点是有可能由于噪声或其他外界干扰产生计数误差,若因停电、刀具破损而停机,事故排除后不能再找到事故发生前执行部件的正确位置。而绝对值式编码器是利用其圆盘上的图案来表示数值的,坐标值可从绝对编码盘中直接读出,不会有累计进程中的误计数。运转速度可以提高,编码器本身具有机械式存储功能,即便因停电或其他原因造成坐标值清除,通电后仍可找到原绝对坐标位置。其缺点是,当进给转数大于一转时,需作特别处理,如用减速齿轮将两个以上的编码器连接起来组成多级检测装置,但其结构复杂、成本高。

下面分别介绍增量式编码器与绝对值式编码器的工作原理与应用场合。

6.5.1 增量式脉冲编码器

1. 增量式脉冲编码器的分类与结构

增量式脉冲编码器是一种增量检测装置,它的型号由每转输出的脉冲数来区别。数控机床上常用的编码器有两种,一种是以十进制为单位的,如2000 P/r、2500 P/r、3000 P/r等;另一种是以二进制为单位的,如1024 P/r、2048 P/r、4096 P/r等。目前,在高速、高精度数字伺服系统中,应用高分辨率脉冲编码器的脉冲数则较高,如18 000 P/r、20 000 P/r、25 000 P/r、30 000 P/r等。现在已有使用每转10万以上脉冲的脉冲编码器。

光电式增量脉冲编码器的结构如图6-18所示。

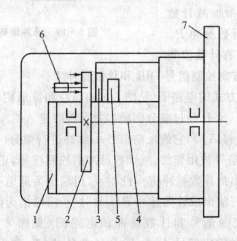

1—电路板;2—圆光栅;3—指示光栅;4—轴;
5—光敏元件;6—光源;7—连接法兰
图6-18 光电式增量脉冲编码器的结构示意图

在一个圆盘的圆周上刻有相等间距的线纹,分为透明和不透明的部分,称为圆光栅。圆光栅与工作轴一起旋转。与圆光栅相对平行地放置一个固定的扇形薄片,称为指示光栅,上面刻有相差1/4节距的两个狭缝(在同一圆周上,称为辨向狭缝)。此外,还有一个零位狭缝(一转输出一个脉冲信号)。脉冲编码器与伺服电动机相连,它的法兰盘固定在电动机的端面上,罩上防护罩,构成一个完整的角度检测装置或速度检测装置。

2. 增量式脉冲编码器的工作原理

当圆光栅旋转时,光线透过两个光栅的线纹部分,形成明暗相间的条纹。光电元件接收这些明暗相间的光信号,并转化为交替变化的电信号,该信号为两组近似于正弦的电流信号 A 和 B,如图 6-19 所示。A 信号和 B 信号相位相差 90°,经放大和整形后变成方波。除了上述的两个信号外,还有一个 Z 脉冲信号,该脉冲信号也是通过上述处理得到的,编码器每转一周,该信号只产生一个脉冲。

Z 脉冲信号主要用来产生机床的基准点,用于机床各坐标轴的准确回零操作。

脉冲编码器输出信号有 A、$\overline{A}$、B、$\overline{B}$、Z、$\overline{Z}$ 等信号,这些信号经过适当的处理后,可作为角度位移测量脉冲,或经过频率/电压变换作为速度反馈信号,进行速度调节。

3. 增量式脉冲编码器的应用

增量式脉冲编码器在数控机床上作为角度位置或速度检测装置,将检测信号反馈给数控装置。增量式脉冲编码器将位置检测信号反馈给 CNC 装置时,通常有两种方式:一是应用于带加减计数要求的可逆计数器,形成加计数脉冲 P_+ 和减计数脉冲 P_-;二是适应有计数控制

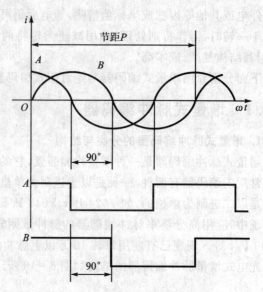

图 6-19 脉冲编码器的输出波形

和计数要求的计数器,形成方向控制信号 DIR 和计数脉冲 P。

图 6-20 所示为第一种方式的电路图(见图 6-20(a))和波形图(见图 6-20(b))。脉冲编码器的输出脉冲信号 A、$\overline{A}$、B、$\overline{B}$ 经过差分驱动和差分接收进入 CNC 装置,再经过整形放大电路变为 A_1、B_1 两路脉冲。将 A_1 和它的反向信号 $\overline{A_1}$ 脉冲进行微分(图中为上升沿微分)作为加、减计数脉冲。B_1 路脉冲信号被用作加、减计数脉冲的控制信号,正走时(顺时针旋转,A 脉冲超前 B 脉冲),由 y_2 门输出加计数脉冲 P_+,此时 y_1 门输出为低电平;反走时(逆时针旋转,B 脉冲超前 A 脉冲),由 y_1 门输出减计数脉冲 P_-,此时 y_2 门输出为低电平。

图 6-21 为产生方向控制信号和计数脉冲的电路图(见图 6-21(a))和波形图(见图 6-21(b))。脉冲编码器的输出信号 A、$\overline{A}$、B、$\overline{B}$ 经差分、整形、微分、与非门 C 和 D,由 RS 触发器(由 1、2 与非门组成)输出方向信号 DIR,正走(顺时针旋转)时为"0",反走(逆时针旋转)时为"1"。由与非门 3 输出计数脉冲 P。

正走时,A 脉冲超前 B 脉冲。D 门在 A 信号控制下,将 B 脉冲上升沿微分作为计数脉冲反向输出,为负脉冲。该脉冲经与非门 3 变为正向计数脉冲输出。D 门输出的负脉冲同时又将触发器置为"0"状态,Q 端输出"0",作为正走方向控制信号。

反走时,B 脉冲超前 A 脉冲。这时,由 C 门输出反走时的负计数脉冲,该负脉冲也由 3 门反向输出作为反走时的计数脉冲。不论正走、反走,与非门 3 都为计数脉冲输出门。反走时,C 门输出的负脉冲使触发器置"1",作为反走时的方向控制信号。

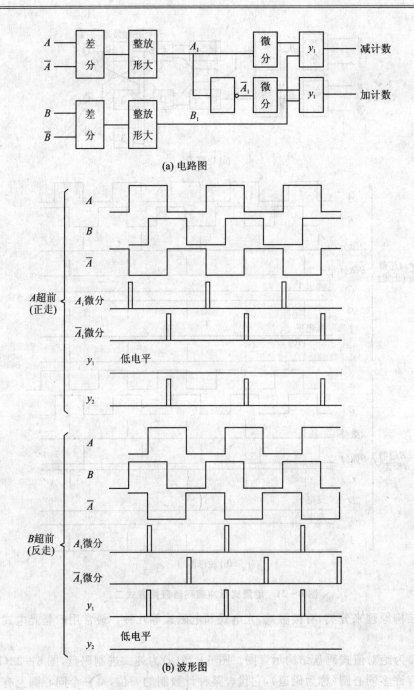

图 6-20 增量式脉冲编码器应用方式一

6.5.2 绝对值式脉冲编码器

1. 绝对值式脉冲编码器的种类与工作原理

绝对值式脉冲编码器是一种直接编码和直接测量的检测装置。它能指示绝对位置,没有累计误差,电源切断后,位置信息不丢失。常用的编码器和编码尺通称为码盘。

从编码器使用的计数制来分类,有二进制编码、二进制循环码(葛莱码)、二—十进制码等

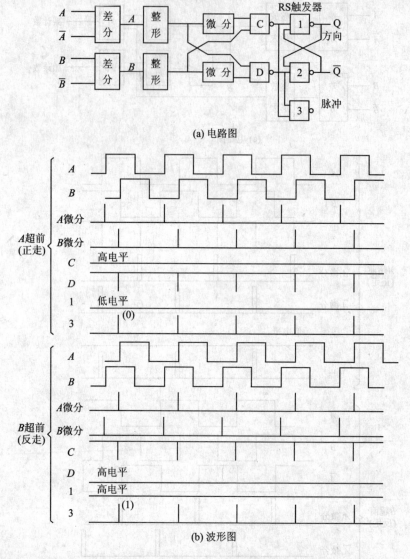

图 6-21 增量式脉冲编码器应用方式二

编码器。从结构原理来分类,有接触式、光电式和电磁式等几种。最常用的是光电式二进制循环码编码器。

图 6-22 为绝对值式码盘结构示意图。图 6-22(a) 为纯二进制码盘,图 6-22(b) 葛莱码盘。码盘上有许多同心圆(称为码道),它代表某种计数制的一位,每一个同心圆上有透光与不透光(或绝缘与导电)部分,透光(或导电)部分为"1",不透光(或绝缘)部分为"0",这样组成了不同的图形。每一径向方向,若干同心圆组成的图形代表了某一绝对计数值。二进制码盘每转一个角度,计数图案的改变将按二进制规律变化。葛莱码的计数图案的切换每次只改变一位,误差可以控制在一个单位内。

接触式码盘可以做到 9 位二进制,它的优点是简单、体积小、输出信号强,不需放大;缺点是电刷摩擦、寿命低、转速不能太高(几十转/分),而且精度受到最低位(最外圆上)分段宽度的限制。要求更大计数长度,可采用粗、精测量组合码盘。

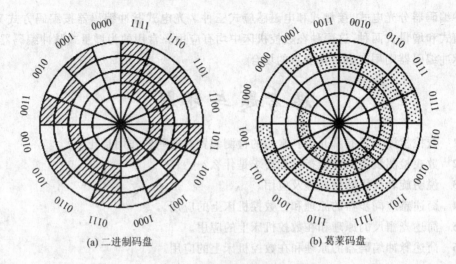

(a) 二进制码盘　　　　　　　　(b) 葛莱码盘

图 6-22　绝对值式码盘

光电式码盘没有接触磨损，寿命长、转速高。最外层每片宽度可以做得很小，因而精度高。单个码盘可以做到 18 位二进制。缺点是结构复杂、价格高。在数控机床上使用的绝对值式脉冲编码器，通常为光电式码盘结构。

电磁式码盘是在导磁性好的软铁和坡莫合金圆盘上，用腐蚀的方法做成相应码制的凸凹图形，当磁通通过码盘时，由于磁导大小不一样，其感应电动势也不同，因而可以区分"0"和"1"，达到测量的目的。该种码盘是一种无接触式码盘，具有寿命长、转速高等优点。

2. 混合式绝对值编码器

这种编码器是把增量制码与绝对制码同制在一块码盘上。在圆盘的最外圈是高密度的增量条纹，中间有四个码道组成绝对式四位葛莱码，每 1/4 同心圆被葛莱码分割为 16 个等分段。圆盘最里面有发一转信号的狭缝。

该码盘的工作原理是三级计数：粗、中、精计数。码盘转的转数由对"一转脉冲"的计数表示。在一转以内的角度位置由葛莱码的 4×16 不同数值表示，每 1/4 圆葛莱码的细分由最外圈增量制码完成。

本章小结

在闭环和半闭环系统中，检测装置是保证机床加工精度的关键。位置检测装置的选用应符合满足数控机床的精度和速度要求、工作可靠、便于安装和维护等原则，选择具有良好的精度、分辨率、灵敏度，迟滞、零漂和温漂小，测量范围和量程适宜的传感器。

本章系统讲解了数控机床各种常用传感器包括：旋转变压器、感应同步器、光栅和脉冲编码器的原理和应用。

旋转变压器是测量角位移用的小型交流电动机，有相位和幅值两种工作方式。

感应同步器测量装置是一种非接触电磁测量装置，可以测量角位移或直线位移；感应同步器测量装置分为直线式和旋转式两种，同旋转变压器工作方式相似，根据滑尺中励磁绕组供电方式不同，感应同步器也分为相位工作方式和幅值工作方式。

光栅有直线光栅和圆光栅，分别用来测量直线位移和角位移。

脉冲编码器分光电式、接触式和电磁感应式三种。光电式脉冲编码器按编码方式又可分为绝对值式和增量式两种,这两种在数控机床中均有应用。常用的为增量式脉冲编码器,而绝对值式脉冲编码器则用在有特殊要求的场合。

思考题与习题

6-1 数控检测装置有哪几类?常用的检测装置有哪些?作用是什么?
6-2 数控检测装置的性能指标和要求是什么?
6-3 说明旋转变压器的原理及应用。
6-4 简述感应同步器的原理和在数控机床上的应用。
6-5 简述光栅尺的原理和在数控机床上的应用。
6-6 简述脉冲编码器的原理和在数控机床上的应用。

第7章 数控机床的机械系统

本章要点

数控机床本体的设计可靠性在很大程度上也决定了整机的可靠性,是实现机床性能的核心因素。本章介绍数控机床的机械结构及主要部件,主要包括数控机床的布局特点、主运动系统、进给系统机械结构、运动传动机构以及典型部件等的功能和实现方法,为进一步熟悉各种数控机床并具备操作技能打好机床结构方面的基础。

7.1 概　述

如第1章所述,机床数控技术由机械技术、控制技术和外围技术三大部分组成。其中,控制技术和外围技术在前几章已做了介绍,本章主要介绍数控机床的机械结构及主要部件。数控机床的机床本体(主要是机械传动结构及功能部件)的设计可靠性在很大程度上也决定了整机的可靠性。数控机床的功能部件包括滚珠丝杠、滚动导轨、数控车床转塔刀架、加工中心的刀库和机械手等。

7.1.1 数控机床机械结构特点

数控机床是机电一体化产品的典型代表,尽管它的机械结构与普通机床的结构有许多相似之处,如有普通机床所具有的床身、立柱、导轨、工作台和刀架等部件,但为了与控制系统的高精度、高速度控制相匹配,对机床主机部分的结构设计还提出了高精度、高刚度、低惯量、低摩擦、无间隙、高谐振频率和适当的阻尼比等要求。由于机械结构形式是体现其性能的具体手段,是实现性能的核心因素,因此,数控机床的关键部件在结构设计中也有了重大变化。与普通机床相比,数控机床在结构上进行了改进,主要表现在以下几个方面:

(1) 主传动装置多采用无级变速或分段无级变速方式,可利用程序控制主轴的变向和变速;主传动具有较宽的调速范围,数控机床的机械传动结构大为简化,传动链也大大缩短。有些数控机床的主传动系统已开始采用结构紧凑及性能优异的电主轴。

(2) 为减小摩擦、消除传动间隙和获得更高的加工精度,更多地采用了高效传动部件,进给传动装置中广泛采用无间隙滚珠丝杠传动和无间隙齿轮传动,利用贴塑导轨或静压导轨来减少运动副的摩擦力,提高传动精度。有些数控机床的进给部件直接使用直线电动机驱动,从而实现了高速、高灵敏度伺服驱动。

(3) 为适应连续的自动化加工和提高加工生产效率,数控机床机械结构具有较高的静、动态刚度和阻尼精度,以及较高的耐磨性,而且热变形小;床身、立柱、横梁等主要支撑件采用合理的截面形状,且采取一些补偿变形的措施,使其具有较高的结构刚度。

(4) 为了改善劳动条件,减少辅助时间,改善操作性和提高劳动生产率,加工中心刀库采用了刀具自动夹紧装置与自动换刀装置及自动排屑装置等辅助装置,可进行多工序、多面加工,大大提高了生产率。

7.1.2 数控机床对机械结构的要求

在数控机床发展的最初阶段,其机械结构与通用机床相比没有多大的变化,只是在自动变速、刀架和工作台自动转位和手柄操作等方面作些改变。随着数控技术的发展,考虑到它的控制方式和使用特点,才对机床的生产效率、加工精度和寿命提出了更高的要求。根据数控机床的适用场合和机构特点,对数控机床结构提出以下要求:

1. 较高的机床静、动刚度

数控机床是按照数控编程或手动输入数据方式提供的指令自动进行加工的。由于机械结构(如机床床身、导轨、工作台、刀架和主轴箱等)的几何精度与变形产生的定位误差在加工过程中不能人为地调整与补偿。因此,必须把各机械结构部件产生的弹性变形控制在最小限度内,以保证加工精度与表面质量符合要求。良好的静刚度、动刚度是数控机床保证加工精度及其精度保证特性的关键因素之一。与普通机床相比,其静刚度、动刚度应提高 50% 以上。

为了提高数控机床主轴的刚度,不但经常采用三支撑结构,而且选用刚性很好的双列短圆柱滚子轴承和角接触向心推力轴承及推力轴承,以减小主轴的径向和轴向变形。为了提高机床大件的刚度,采用封闭截面的床身,并采用液力平衡减少移动部件因位置变动造成的机床变形。为了提高机床各部件的接触刚度,增加机床的承载能力,采用刮研的方法增加单位面积上的接触点,并在结合面之间施加足够大的预加载荷,以增加接触面积,这些措施都能有效地提高接触刚度。为使数控机床具有良好的静刚度,应注意合理选择构件的结构形式,如基础件采用封闭的完整箱体结构,构件采用封闭式截面,合理选择及布局隔板和筋条(见图 7-1 和图 7-2),尽量减小接合面,提高部件间接触刚度等。合理进行结构布局如图 7-3 所示。

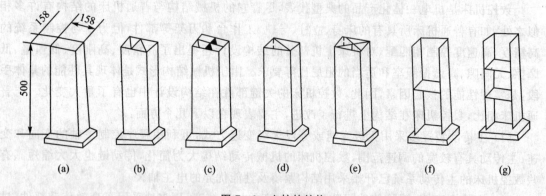

图 7-1 立柱的结构

为了充分发挥数控机床的高效加工能力,并能进行稳定切削,在保证静态刚度的前提下,还必须提高动态刚度。常用的措施主要有提高系统的刚度、增加阻尼以及调整构件的自振频率等。试验表明,提高阻尼系数是改善抗振性的有效方法。钢板的焊接结构既可以增加静刚度,减轻结构质量,又可以增加构件本身的阻尼。因此,近年来在数控机床上采用了钢板焊接结构的床身、立柱、横梁和工作台;还可以采用在床身表面喷涂阻尼涂层;采用新材料(如人造花岗石、混凝土等)等方法实现。

2. 减少机床的热变形

在内外热源的影响下,机床各部件将发生不同程度的热变形,使工件与刀具之间的相对运

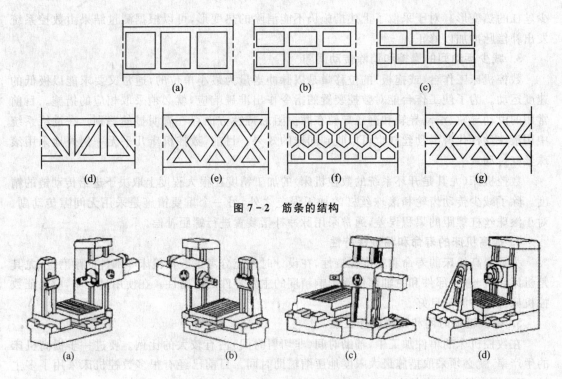

图 7-2 筋条的结构

图 7-3 机床的几种布局形式

动关系遭到破环,也会使机床的精度下降。对于数控机床来说,因为全部加工过程是计算机指令控制的,热变形的影响就更为严重。为了减少热变形,在数控机床结构中通常采用以下措施:

(1) 减少发热　机床内部发热是产生热变形的主要热源,应当尽可能地将热源从主机中分离出去。

(2) 控制温升　在采取了一系列减少热源的措施后,热变形的情况将有所改善。但要完全消除机床的内外热源通常是十分困难的,甚至是不可能的。所以,必须通过良好的散热和冷却来控制温升,以减少热源的影响。其中比较有效的方法是在机床的发热部位强制冷却,也可以在机床低温部分通过加热的方法,使机床各点的温度趋于一致,这样可以减少由于温差造成的翘曲变形。

(3) 改善机床机构　在同样发热条件下,机床机构对热变形也有很大影响。如数控机床过去采用的单立柱机构有可能被双柱机构所代替。由于左右对称,双立柱机构受热后的主轴线除产生垂直方向的平移外,其他方向的变形很小,而垂直方向的轴线移动可以方便地用一个坐标的修正量进行补偿。

对于数控车床的主轴箱,应尽量使主轴的热变形发生在刀具切入的垂直方向上。这就可以使主轴热变形对加工直径的影响降低到最小限度。在结构上还应尽可能减小主轴中心与主轴向地面的距离,以减少热变形的总量,同时应使主轴箱的前后温升一致,避免主轴变形后出现倾斜。

数控机床中的滚珠丝杠常在载荷大、转速高以及散热差的条件下工作,因此滚珠丝杠容易发热。尤其是在开环系统中,它会使进给系统丧失定位精度。目前某些机床用预紧的方法减少丝杠的热变形。对于采取了上述措施仍不能消除的热变形,可以根据测量结果由数控系统发出补偿脉冲加以修正。

3. 减少运动间的摩擦和消除传动间隙

数控机床工作台(或拖板)的位移量是以脉冲当量为最小单位的,通常又要求能以极低的速度运动。为了使工作台能对数控装置的指令作出准确响应,就必须采取相应的措施。目前常用的滑动导轨、滚动导轨和静压导轨在摩擦阻尼特性方面存在着明显的差别。在进给系统中用滚珠丝杠代替滑动丝杠也可以收到同样的效果。目前,数控机床几乎无一例外地采用滚珠丝杠传动。

数控机床(尤其是开环系统的数控机床)的加工精度在很大程度上取决于进给传动链的精度。除了减少传动齿轮和滚珠丝杠的加工误差之外,另一个重要措施是采用无间隙传动副。对于滚珠丝杠螺距的累积误差,通常采用脉冲补偿装置进行螺距补偿。

4. 提高机床的寿命和精度保持性

为了提高机床的寿命和精度保持性,在设计时应充分考虑数控机床零部件的耐磨性,尤其是机床导轨、进给部件和主轴部件等影响精度的主要零件的耐磨性。在使用过程中,应保证数控机床各部件润滑良好。

5. 减少辅助时间和改善操作性能

在数控机床的单件加工中,辅助时间(非切屑时间)占有较大的比例。要进一步提高机床的生产率,就必须采取措施最大限度地压缩辅助时间。目前已经有很多数控机床采用了多主轴、多刀架以及带刀库的自动换刀装置等,以减少换刀时间。对于切屑用量较大的数控机床,床身机构必须有利于排屑。

7.2 数控机床的布局特点

数控机床的基础件主要包括床身、立柱和工作台等支撑件,它们的基本功能是支撑、承载和保持各执行器件的相对位置。数控机床集粗、精加工于一体,既要能够承受粗加工时大吃刀量、大走刀量时最大切削力,又要能够保证精加工时的高精度。因此,对基础件的结构设计在强度、刚度、抗振性、热变形和内应力等都提出了很高的要求。现行生产的数控机床采用的主要措施有:铸件采用全封闭截面,合理布置内部隔板和肋条,含砂造型或填充混凝土等材料,导轨面加宽,车床采用倾斜的床身和导轨有利于排屑,床身、立柱采用钢质焊接结构,可以明显提高其刚度,根据热对称原则布局还能增加散热隔热效果。

7.2.1 概述

数控机床的机床本体由基础件和配套件组成。其中,基础件包括床身、底座、立柱、横梁和工作台等;其他为配套件,包括主运动系统(主轴)、进给传动系统、辅助功能部件(气动、润滑、冷却、排屑、防护等)、刀架或自动换刀装置(ATC)、自动托盘交换装置(APC、AWC)和特殊功能装置(如刀具破损监控和精度检测等)。所谓数控机床的布局是指机床机械结构部件相对安装位置的总体方案。

7.2.2 数控机床布局特点

数控机床的总体结构布局应既满足机床性能、加工适应范围及确定各构件间位置的内在因素,同时亦满足从外观、操作、管理到人际关系等外部因素安排机床总布局。

数控机床不同的布局形式给机床工作带来了不同的影响,从而形成不同的特点。其影响主要表现在如下几个方面:

1. 不同布局适应不同的工件形状、尺寸及质量

如图 7-4 所示均为数控铣床,但四种布局方案适应的工件质量、尺寸却不同。其中,图(a)适应较轻工件,图(b)适应较大尺寸工件,图(c)适应较重工件,图(d)适应更重更大工件。

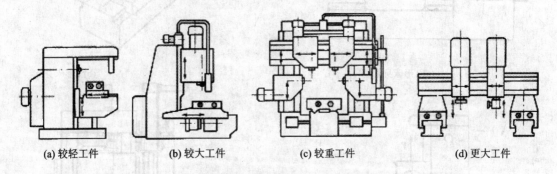

(a) 较轻工件　　(b) 较大工件　　(c) 较重工件　　(d) 更大工件

图 7-4　数控铣床的不同布局

2. 不同布局有不同的运动分配及工艺范围

如图 7-5 所示为数控镗铣床的三种布局方案。其中,图(a)为主轴立式布置,上下运动,对工件顶面进行加工;图(b)为主轴卧式布置,加工工作台上分度工作台的配合,可加工工件多个侧面;图(c)在图(b)基础上再增加一个数控转台,完成工件上更多内容的加工。

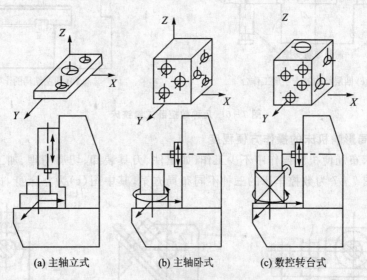

(a) 主轴立式　　(b) 主轴卧式　　(c) 数控转台式

图 7-5　数控镗铣床的不同布局

3. 不同布局有不同的机床结构性能

如图 7-6 所示为几种数控卧式镗铣床。其中,图(a)、图(b)为 T 形床身布局,工作台支撑于床身,刚度好,工作台承载能力强;图(c)、图(d)工作台为十字形布局,其中图(c)主轴箱悬挂于单立柱一侧,使立柱受偏载,图(d)主轴箱装在框式立柱中间,对称布局,受力后变形小,有利于提高加工精度。

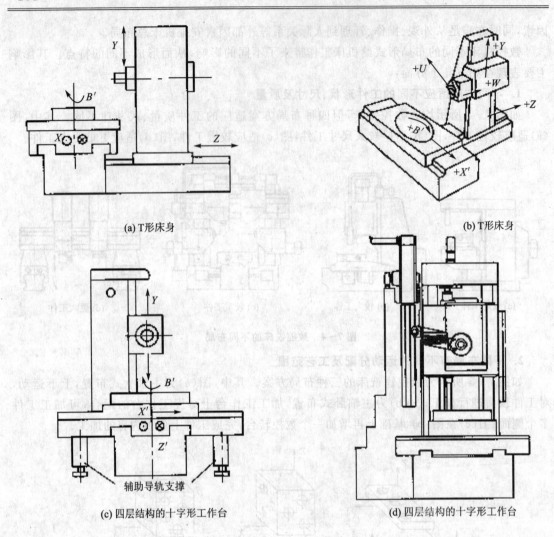

图 7-6 几种数控卧式镗铣床

4. 不同布局影响机床的操作方便程度

不同的机床布局使机床操作中不少工作(如工件、刀具装卸、切屑清理、加工观察等)方便程度不同。如图 7-7 为数控车床的三种不同布局方案,其中图(c)为立床身,排屑最方便,切

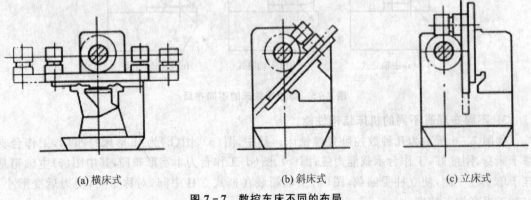

图 7-7 数控车床不同的布局

屑直接落入自动排屑的运输装置;图(b)为斜床身,排屑亦较方便;图(a)为横床身,加工观察与排屑均不易。

7.3 数控机床的主运动结构

7.3.1 概述

1. 主运动系统的定义

数控机床的主轴是指带动刀具和工件旋转,产生切削运动且消耗功率最大的运动轴。主运动系统是指驱动主轴运动的系统。

2. 主传动系统的功能

主传动系统的功能是实现各种刀具和工件所需的切削功率,且在尽可能大的转速范围内保证恒功率输出,同时为使数控机床获得最佳的切削速度,主传动须在较宽的范围内实现无级变速。即其功能可概括为包括传递动力(传递切削加工所需要的动力)、传递运动(传递切削加工所需要的运动)和运动控制(控制主运动的大小方向开停)。

现行数控机床采用高性能的直流或交流无级调速主轴电动机,较普通机床的机械分级变速传动链大为简化。对加工精度有直接影响的主轴组件的精度、刚度、抗振性和热变形性能要求,可以通过主轴组件的结构设计和合理的轴承组合及选用高精度专用轴承加以保证。为提高生产率和自动化程度,主轴应有刀具或工件的自动夹紧、放松、切屑清理及主轴准停机构。最近日本又开发研制了新型的陶瓷主轴,质量轻,热膨胀系数低,用在加工中心上,具有高的刚性和精度。

3. 数控机床对主传动系统要求

(1) 动力功率高 由于日益增长的对高效率要求,加之刀具材料和技术的进步,大多数 NC 机床均要求有足够高的功率来满足高速强力切削。一般 NC 机床的主轴驱动功率在 3.7~250 kW 之间。

(2) 调速范围宽 调速范围有恒扭矩和恒功率调速范围之分。现在,数控机床的主轴调速范围一般在:100~10000 r/min,且能无级调速。要求恒功率调速范围尽可能大,以便在尽可能低的速度下,利用其全功率变速范围负载波动时,速度应稳定。

(3) 控制功能的多样化 数控加工要求主轴系统应具有同步控制功能(NC 车床车螺纹用)、主轴准停功能(加工中心自动换刀、NC 车床车螺纹用)、恒线速切削功能(NC 车床和 NC 磨床在进行端面加工时,为了保证端面加工的粗糙度要求,要求接触点处的线速度为恒值)和 C 轴控制功能(车削中心用)。

(4) 性能要求高 数控加工对主轴系统的性能要求较高,如电动机过载能力强。要求有较长时间(1~30 min)和较大倍数的过载能力;在断续负载下,电动机转速波动要小;速度响应要快,升降速时间要短;电动机温升低,振动和噪音小;可靠性高,寿命长,维护容易;体积小,质量轻,与机床连接容易等。

4. 主运动变速系统的参数

主运动变速系统的参数包括运动参数和动力参数。其中,运动参数包括变速范围和转速等;动力参数包括电动机功率和扭矩等。

(1) 动力参数 主运动的功率为
$$N = N_c/\eta (\text{kW})$$
式中，$N_c = \dfrac{p_z v}{60\,000} = \dfrac{Mn}{955\,000}(\text{kW})$，$p_z$ 为切削力的切向分力(N)，v 为切削速度(m/min)，M 为切削扭矩(N·cm)，n 为主轴转速(r,min)，η 为主运动的总效率，即在 0.70~0.85(消耗在传动链上的功率)。

(2) 主运动的调速范围 主轴的调速范围是指主轴变速能力，为
$$R_n = \dfrac{n_{\max}}{n_{\min}}$$
式中：$n_{\max}$ 为主轴最高输出转速；$n_{\max}$ 为主轴最低输出转速。

通常数控机床的调速范围较普通机床要高，即 R_n 在 100~10000 之间。

7.3.2 主运动的配置形式和驱动电动机

数控机床主轴驱动电动机可以采用普通三相异步电动机，也可以采用直流或交流主轴伺服电动机，主运动的配置形式采用与驱动电动机相关。常用以下几种配置方案：

1. 普通电机—机械变速系统—主轴部件

该传动方案的特点是能够满足各种切削运动转矩输出的要求，但变速范围不大，由于是有级变速使切削速度的选择受到限制，而且该配置的结构较复杂，所以现在仅有少数经济型数控机床采用该配置，其他已很少采用。

2. 变频器—交流电机—1~2 机械变速—主轴部件

如图 7-8 所示，该方案采用少数几对齿轮降速，用液压拨叉自动变速，电动机主轴仍为无级变速，并实现主轴的正反启动、停止、制动。这种配置的结构简单、安装调试方便，且在传动上能满足转速与转矩的输出要求，但其调速范围及特性相对于交、直流主轴电动机系统而言要差一些，主要用于经济型或中低档数控机床上。

3. 交、直主轴电机—主轴部件

主轴电动机采用交流或直流伺服电机，由同步齿形带传动至主轴，如图 7-9 所示。该方式主轴箱及主轴结构简单，主轴部件刚性好；传动效率高、平稳、噪声小；不需润滑；其变速范围宽，最高转速可达 8 000 r/min，且控制功能丰富；但由于输出扭矩小，低速性能不太好，在中档机床中应用较多。

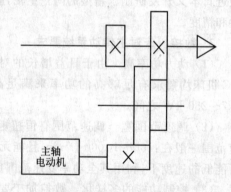

图 7-8 采用变速齿轮传动

4. 电主轴

电主轴又称内装式主轴电动机，即主轴与电动机转子合为一体，其优点是主轴部件结构紧凑、质量轻、惯量小，可提高启动、停止的响应特性，利于控制振动和噪声。目前最高转速可达 200 000 r/min。其缺点是电动机运转产生的振动和热量将直接影响到主轴，因此，主轴组件的整机平衡、温度控制和冷却是内装式电动机主轴的关键问题。图 7-10 为电主轴传动方式。

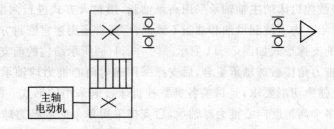

图 7-9　采用同步齿形带传动

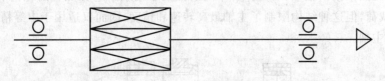

图 7-10　电主轴传动

7.3.3　主轴部件

主轴部件是机床的重要部件之一,其精度、抗振性和热变形对加工质量有直接影响。特别是数控机床在加工过程中不进行人工调整,这些影响就更为严重。数控机床主轴部件在结构上要解决好主轴的支撑、主轴内刀具自动装夹、主轴的定向停止等问题。主轴部件包括轴承、主轴准停装置、自动夹紧和切屑清除装置和润滑与冷却装置等。

1. 轴承部件支撑形式

数控机床主轴轴承的支撑形式、轴承材料、安装方式均不同于普通机床,其目的是保证足够的主轴精度。数控机床主轴部件的精度、刚度和热变形对加工质量有直接影响。由于加工过程中不对数控机床进行人工调整,因此这些影响就更为严重。目前数控机床的主轴厂生产有三种形式:

1) 前后支撑采用不同轴承

前支撑采用双列短圆柱滚子轴承和 60°角接触双列向心推力球轴承组合,后支撑采用成对向心推力球轴承。此配置形式使主轴的综合刚度大幅度提高,可以满足强力切屑的要求,因此普遍应用于各类数控机床。

2) 前轴承采用高精度双列向心推力球轴承

向心推力球轴承高速时性能良好,主轴最高转速可达 4 000 r/min。但是,它的承载能力小,因而适用于高速、轻载和紧密的数控车床。

3) 双列和单列圆锥滚子轴承

这种轴承径向和轴向刚度高,能承受重载荷,尤其能承受较强的动载荷,安装与调整性能也好。但是,这种轴承限制了主轴的最高转速和精度,因此使用中等精度、低速与重载的数控机床。在主轴的机构上,要处理好卡盘和刀架的装夹、主轴的卸荷、主轴轴承的定位和间隙调整、主轴部件的润滑和密封以及工艺上的其他一系列问题。为了尽可能减少主轴部件温升热变形对机床工作精度的影响,通常利用润滑油的循环系统把主轴部件的热量带走,使主轴部件与箱体保持恒定的温度。在某些数控镗、铣床上采用专用的制冷装置,比较理想的实现了温度控制。近年来,某些数控机床的主轴轴承采用高级油脂,用封入方式进行润滑,每加一次油脂可以使用 7 年至 10 年。为了使润滑油和油脂不致混合,通常采用迷宫密封方式。

数控机床主轴的支撑形式如图 7-11 所示。图 7-11(a)所示结构的前支撑采用双列短圆柱滚子轴承和双向推力角接触球轴承组合,后支撑采用成对向心推力球轴承。这种结构的综合刚度高,可以满足强力切削要求,是目前各类数控机床普遍采用的形式。图 7-11(b)所示结构的前支撑采用多个高精度向心推力球轴承,后支撑采用单个向心推力球轴承。这种配置的高速性能好,但承载能力较小,适用于高速、轻载和精密数控机床。图 7-11(c)所示结构的前支撑采用双列圆锥滚子轴承,后支撑为单列圆锥滚子轴承。这种配置的径向和轴向刚度很高,可承受重载荷,但这种结构限制了主轴最高转速和精度,因而仅适用于中等精度、低速与重载的数控机床主轴。

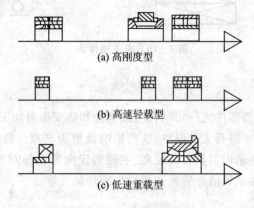

图 7-11 主轴支撑配置

2. 主轴准停装置

主轴准停装置满足刀具交换时,刀柄键槽位置必须固定。

3. 自动夹紧和切屑清除装置

自动夹紧一般由液压或气压装置予以实现;而切屑清除则是通过设于主轴孔内的压缩空气喷嘴来实现,其孔眼分布及其角度是影响清除效果的关键。

4. 润滑与冷却

低速时采用油脂、油液循环润滑;高速时采用油雾、油气润滑方式。主轴的冷却以减少轴承及切割磁力线发热,有效控制热源为主。

7.4 进给系统的机械传动结构

数控机床的进给系统是由伺服电动机驱动,通过滚珠丝杠带动刀具或工件完成各坐标方向的进给运动。为确定进给系统的传动精度和工作稳定性,在设计机械装置时,以"无间隙、低摩擦、低惯量、高刚度"为原则,具体措施有:

① 采用低摩擦、轻拖动、高效率的滚珠丝杠和直线滚动导轨;
② 采用大扭矩、宽调速的伺服电动机直接与丝杠相连接,缩短和简化进给传动链;
③ 通过消隙装置消除齿轮、丝杠、联轴器的传动间隙;
④ 对滚动导轨和丝杠预加载荷,预拉伸。

7.4.1 进给系统机械传动结构概述

1. 进给系统的功用

数控机床的进给传动系统负责接受数控系统发出的脉冲指令,并经放大和转换后驱动机床运动执行件实现预期的运动。协助完成加工表面的成形运动,传递所需的运动及动力。

2. 数控机床对进给传动系统的要求

为保证数控机床高的加工精度,要求其进给传动系统有高的传动精度、高的灵敏度(响应速度快)、工作稳定、有高的构件刚度及使用寿命、小的摩擦及运动惯量,并能清除传动间隙。

3. 进给传动系统种类

根据所采用的伺服电动机不同,将数控机床的进给系统分为步进伺服电动机伺服进给系统、直流伺服电动机伺服进给系统、交流伺服电动机伺服进给系统和直线电动机伺服进给系统等四种。

(1)步进伺服电动机伺服进给系统 一般用于经济型数控机床。

(2)直流伺服电动机伺服进给系统 功率稳定,但因采用电刷,其磨损导致在使用中需进行更换。一般用于中档数控机床。

(3)交流伺服电动机伺服进给系统 应用极为普遍,主要用于中高档数控机床。

(4)直线电动机伺服进给系统 无中间传动链,精度高,进给快,无长度限制;但散热差,防护要求特别高,主要用于高速机床。

4. 进给系统机械部分的组成

进给系统机械部分一般由传动机构、运动变换机构、导向机构和执行件(工作台)组成。其中,传动机构有齿轮传动和同步带传动等;运动变换包括丝杠螺母副、蜗杆齿条副、齿轮齿条副等;导向机构一般为导轨(包括滑动导轨、滚动导轨或静压导轨)。图7-12所示为滚珠丝杠螺母副和滚动导轨副为主的进给系统的机械组成。

1—进给伺服电动机;2—联轴节;3—滚动导轨副;4—进给润滑系统;5—滚珠丝杠副

图7-12 滚珠丝杠螺母副和滚动导轨副的进给系统组成

7.4.2 滚珠丝杠螺母副

为了提高进给系统的灵敏度、定位精度为防止爬行,必须降低数控机床进给系统的摩擦并减少静、动摩擦系数之差。在数控机床上常采用滚珠丝杠副,可将滑动摩擦变为滚动摩擦,满足进给系统减少摩擦的基本要求。把伺服电动机的旋转运动转化为直线运动,完成机床工作台所需要的运动。该传动副传动效率高,摩擦力小,并可消除间隙,无反向空行程;但制造成本高,不能自锁,尺寸亦不能太大,一般用于中小型数控机床的直线进给。

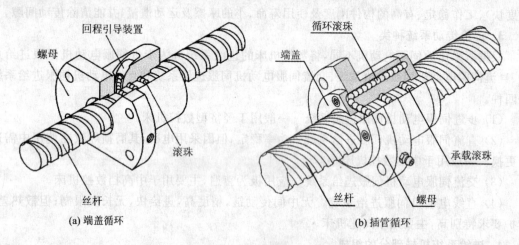

图 7-13 滚珠丝杠副的结构

丝杠和螺母的螺纹滚道间装有承载滚珠,当丝杠或螺母转动时,滚珠沿螺纹滚道滚动,则丝杠与螺母之间相对运动时产生滚动摩擦。为防止滚珠从滚道中滚出,在螺母的螺旋槽两端设有回程引导装置,它们与螺纹滚道形成循环回路,使滚珠在螺母滚道内循环。滚珠丝杠副中滚珠的循环方式有内循环和外循环两种。滚珠丝杠副的传动效率高达 $85\% \sim 98\%$,是普通滑动丝杠副的 $2 \sim 4$ 倍。滚珠丝杠副的摩擦角小于 $1°$,因此不自锁。如果滚珠丝杠副驱动升降运动(如主轴箱或升降台的升降),则必须有制动装置。

滚珠丝杠的静、动摩擦系数实际上几乎没有什么差别。它可以消除反向间隙并施加预载,有助于提高定位精度和刚度,滚珠丝杠由专门工厂制造。

7.4.3 回转工作台

为了扩大数控机床的工艺范围,数控机床除了沿 X、Y、Z 三个坐标轴作直线进给外,往往还需要有围绕 Y 或 Z 轴的圆周进给运动。数控机床的圆周进给运动和分度运动一般由回转工作台来实现,对于加工中心,回转工作台已成为一个不可缺少的部件。数控机床中常用的回转工作台有分度工作台和数控回转工作台。

1. 分度工作台

分度工作台实现工作台的定角度回转运动,即分度、转位和定位工作,不能实现圆周进给,如图 7-14 所示。数控分度头是按照数控系统的指令,在需要分度时将工作台连同工件回转一定的角度,分度时也可以采用手动分度。分度工作台一般只能回转规定的角度(如 $90°$、$60°$ 和 $45°$ 等)。按定位元件可把分度工作台分为插销定位、反靠定位、齿盘定位和钢球定位等几种。

2. 数控回转工作台

数控回转工作台外观上与分度工作台相似,但内部结构和功能大不相同。数控回转工作台除了分度和转位的功能之外,还能实现数控圆周进给运动,如图 7-15 所示。数控回转工作台的作用是根据数控装置发出的指令脉冲信号,完成圆周进给运动,进行各种圆弧加工或曲面加工,也可以进行分度工作。

图 7-14 数控分度头

图 7-15 数控回转工作台

7.4.4 导 轨

导轨是进给传动系统的重要环节,是机床基本结构的要素之一,它在很大程度上决定数控机床的刚度、精度与精度保持性。导轨具有导向和支撑、承载的作用。数控机床对导轨的要求是:一定的导向精度;良好的摩擦特性:摩擦系数小(较高的灵敏度),动、静摩擦系数之差小(低速平稳性好);阻尼特性好(高速时不振动);足够的刚度和强度和良好的精度保持性。目前,数控机床上的导轨形式主要有滑动导轨、滚动导轨和液体静压导轨等。

1. 滑动导轨

滑动导轨具有结构简单、制造方便、刚度好、抗振性高等优点,在数控机床上应用广泛,如图 7-16 所示。目前多数使用金属对塑料形式,称为贴塑导轨。贴塑滑动导轨的特点:摩擦特性好,耐磨性好,运动平稳,工艺性好,速度较低。

2. 滚动导轨

滚动导轨是在导轨面之间放置滚珠、滚柱或滚针等滚动体,使导轨面之间产生滚动摩擦(不是滑动磨擦),如图 7-17 所示。滚动导轨与滑动导轨相比,其灵敏度高,摩擦系数小,且动、静摩擦系数相差很小,因而运动均匀,尤其是在低速移动时,不易出现爬行现象;定位精度高,重复定位精度可达 $0.2\mu m$;牵引力小,移动轻便;磨损小,精度保持性好,使用寿命长。但滚动导轨的抗振性差,对防护要求高,结构复杂,制造困难和成本高。

3. 液体静压导轨

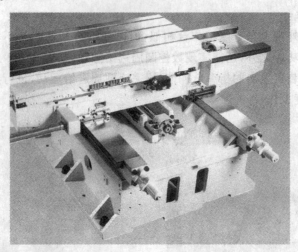

图 7-16　滑动导轨

图 7-17　滚动导轨

7.5　数控机床的刀具交换装置

数控镗床、数控铣床和加工中心采用具有数控进给驱动机构特点的回转工作台,实现圆周任意角度的分度和进给运动。对多工序数控机床,配置自动交换工作台,可以进一步缩短辅助加工时间。本节将讨论数控机床的自动刀具交换装置的形式、刀库的类型、刀具系统及选刀方式,最后将介绍一个自动刀具交换装置的实例。

7.5.1　概　述

1. 自动换刀装置的定义

自动换刀装置(ATC:automatic tool changer)是储备一定数量的刀具并完成刀具的自动交换功能的装置。采用自动换刀装置的目的:

① 缩短非切削时间,提高生产率,可使非切削时间减少到 20%～30%;
② "工序集中",扩大数控机床工艺范围,减少设备占地面积;
③ 提高加工精度。

2. 数控机床对 ATC 要求

数控机床对 ATC 要求有如下要求:① 换刀时间尽可能短;② 刀具重复定位精度高;③ 刀具储存量足够;④ 结构紧凑,便于制造、维修、调整;⑤ 布局应合理,使机床总布局美观大方;⑥ 较好的刚性,避免冲击、振动及噪声,运转安全可靠;⑦ 防屑、防尘装置。

7.5.2 自动换刀装置的形式

1. 自动换刀装置的作用

自动换刀装置可帮助数控机床节省辅助时间,并满足在一次安装中完成多工序、工步加工要求。

2. 对自动换刀装置的要求

数控机床对自动换刀装置的要求是:换刀迅速、时间短,重复定位精度高,刀具储存量足够,所占空间位置小,工作稳定可靠。

3. 换刀形式

数控机床的换刀形式有以下几种:

(1) 回转刀架换刀　其结构类似普通车床上回转刀架,根据加工对象不同可设计成四方或六角形式,由数控系统发出指令进行回转换刀。

(2) 更换主轴头换刀　各主轴头预先装好所需刀具,依次转至加工位置,接通主运动,带动刀具旋转。该方式的优点是省去了自动松夹、装卸刀具、夹紧及刀具搬动等一系列复杂操作,缩短了换刀时间,提高了换刀可靠性。

(3) 使用刀库换刀　将加工中所需刀具分别装于标准刀柄,在机外进行尺寸调整之后按一定方式放入刀库,由交换装置从刀库和主轴上取刀交换。

4. 刀具交换装置

自动换刀装置中,实现刀库与主轴间传递和装卸刀具的装置为刀具交换装置。刀具交换方式常有两种:采用机械手交换刀具和由刀库与机床主轴的相对运动交换刀具(刀库移至主轴处换刀或主轴运动到刀库换刀位置换刀),其中以机械手换刀最为常见。

5. 带刀库的自动换刀系统

这类换刀装置由刀库、选刀机构、刀具交换机构及刀具在主轴上的自动装卸机构等四部分组成,刀库可装在机床的工作台上、立柱上或主轴箱上,也可作为一个独立部件装在机床之外。这类换刀装置应用最广泛。刀库装在机床的工作台上,这种换刀装置,直接利用机床本身及刀库的运动进行换刀。当某一刀具加工完毕从工件退出后,即开始进行自动换刀。

现在的中小型加工中心,刀库不是装在工作台上,而是装在立柱上的一个托架上。采用刀库在托架的导轨上平行于 X 方向运动与主轴的上下运动实现换刀。

当刀库的容量大、刀具较重或机床总体布局等原因,刀库也可作为一个独立部件,装在机床之外。刀库远离主轴,常常要附加运输装置,来完成刀库与主轴之间刀具的运输。为了缩短换刀时间,可采用带刀库的双主轴或多主轴换刀系统。

7.5.3 刀库

刀库是自动换刀装置中最主要的部件之一,其容量、布局及具体结构对数控机床的总体设计有很大影响。

1. 刀库容量

刀库容量指刀库存放刀具的数量,一般根据加工工艺要求而定。刀库容量小,不能满足加工需要;容量过大,又会使刀库尺寸大,占地面积大,选刀过程时间长,且刀库利用率低,结构过于复杂,造成很大浪费。

2. 刀库类型

刀库一般有盘式、链式及鼓轮式刀库几种。

(1) 盘式刀库 在盘式刀库中刀具呈环行排列,空间利用率低,容量不大但结构简单,如图 7-18 所示。

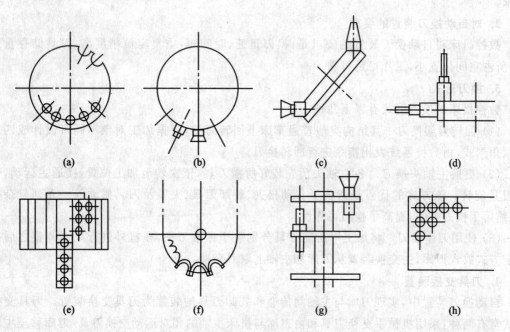

图 7-18 盘式刀库

(2) 链式刀库 链式刀库结构紧凑,容量大,链环的形状也可随机床布局制成各种形式而灵活多变,还可将换刀位突出以便于换刀,应用较为广泛,如图 7-19 所示。

(3) 鼓轮式或格子式刀库 这种刀库占地小,结构紧凑,容量大,但选刀、取刀动作复杂,多用于 FMS 的集中供刀系统。

3. 选刀方式

选刀方式常有顺序选刀和任意选刀两种。顺序选刀在加工前,将加工所需刀具依工艺次序插入刀库刀套中,顺序不能有差错,加工时按顺序调刀。工件变更时,需重调刀具顺序,操作烦琐,且加工同一工件中刀具不能重复使用;任意选刀是刀具均有自己的代码,加工中任选且可重复使用,也不用放于固定刀座,装刀、选刀都较方便。

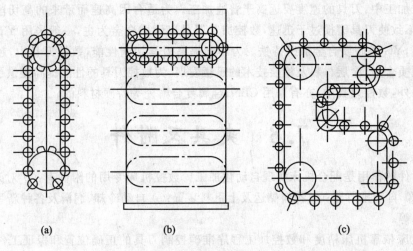

图 7-19 链式刀库

7.6 机床床身

(1) 数控机床床身作用　床身用于支撑机床中各零部件,保证这些零部件在加工过程中占有的准确位置并承受切削力。

(2) 对床身的要求　数控机床对床身的要求是有足够的刚性、抗振性,小的热变形,且易于安装和调整。

(3) 数控机床床身类型　大部分机床采用铸铁床身,生产中亦有采用人造花岗石及钢板焊接床身的。

7.7 刀具系统

数控机床的回转刀架、更换主轴换刀和带刀库的自动换刀系统及多刀架、多主轴布局对提高生产效率和自动化水平发挥了重要作用。为使刀具在机床上迅速定位、夹紧,普遍采用标准刀具系统和机夹刀。数控刀具系统在数控加工中具有极其重要的意义,正确选择和使用与数控机床相匹配的刀具系统是充分发挥机床的功能和优势、保证加工精度以及控制加工成本的关键。

1. 刀具系统内容

刀具系统非常庞大,包含内容极多,如刀具种类、规格、结构、材料、参数和标准等。不同的刀具类型和刀柄的结合构成一个品种规格齐全的刀具系统,供用户选择和组合使用,所具备的刀具系统必须与所使用的机床相适应。

2. 刀具结构与刀具材料

与普通刀具相类似,数控刀具亦有整体和机夹式之分。为充分发挥刀具的切削能力,优化其结构,数控刀具更多采用机械夹固可转位刀式。与普通刀具不同的是:数控刀具在结构上对尺寸精度要求很高,以满足较高的定位精度及重复定位精度要求,与之对应,刀架或刀柄等接口部分的制造精度亦很高。

在数控加工中,刀具的速度要远高于普通加工。为适合因高速而带来的高切削温度及严重摩擦,而不致使刀具磨损过于迅速,数控加工刀具以硬质合金为主,一般采用YT类硬质合金加工钢料,YG类硬质合金加工铸铁。为不断提高刀具切削性能,数控刀具中,越来越多地采用涂层硬质合金,涂层材料及涂层技术的迅猛发展,为数控刀具的性能提高提供了良好的条件。除此以外,数控刀具中,亦有采用CBN、金属复合陶瓷等特硬材料的。

7.8 夹具及附件

机床附件的作用是配合机床实现自动化加工。数控机床专用的附件有:① 对刀仪;② 自动编程机;③ 自动排屑器;④ 物料储运及上下料装置;⑤ 自动冷却、润滑及各种新型配套件如导轨防护罩等。

数控机床依靠机床精度和数控加工程序准确控制刀具的正确位置和保证工件的位置精度,使用夹具时不要考虑常规夹具上的导向和对刀功能,只需具备定位和夹紧两种功能就能满足要求。通常,选用通用夹具,在一次安装中完成工件尽可能多的表面加工;当工件品种和结构变化较大时,可选用组合夹具;当工件形状复杂,不易安装且批量较大时,可考虑设计专用夹具。作为一种可重复使用的夹具系统,组合夹具尤其是孔系组合夹具已在数控机床上逐步获得推广应用,如图7-20所示为孔系组合夹具。图7-21是槽系组合夹具。

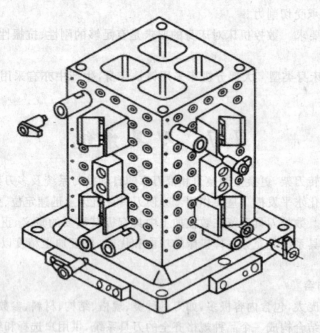

图7-20 孔系组合夹具

数控机床上常用的夹具及附件有:机用虎钳、平口虎钳、液压虎钳、卡盘和对刀仪等,其具体使用方法参见相关文献。

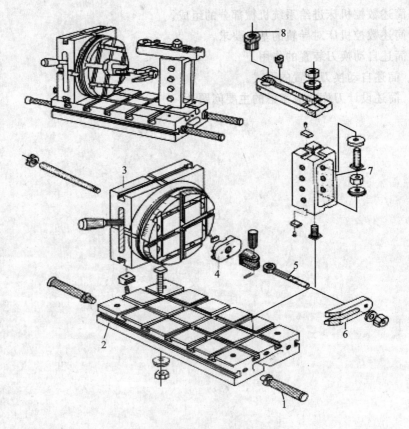

图 7-21 槽系组合夹具

本章小结

数控机床本体的设计可靠性在很大程度上也决定了整机的精度和可靠性,是实现机床性能的核心因素。本章介绍了数控机床的机械结构的特点和数控加工对机械部件的要求,而数控加工对数控机床的机械结构和布局提出了更高的要求。详细阐述了包括数控机床的主轴传动系统结构和主要零配件、进给系统机械结构以及典型部件等的功能和实现方法,对刀具交换装置、机床床身、夹具及附件等作了介绍,为进一步熟悉各种数控机床并具备操作技能打好机床结构方面的基础。

习题与思考题

7-1 简述数控机床机械结构的组成。

7-2 简述数控机床的功能和性能对布局结构的要求。

7-3 简述影响数控机床总体布局的因素。

7-4 简述数控机床主运动系统的功能。

7-5 简述数控机床对主传动系统的要求。

7-6 简述数控机床主运动的配置形式及其特点。

7-7 简述数控机床进给系统机械部分的组成。
7-8 简述数控机床对导轨的基本要求。
7-9 简述自动换刀装置的作用。
7-10 简述自动换刀装置的形式。
7-11 简述设计刀库时应考虑的主要问题。

附 录

附录1　FANUC系统准备功能G代码

代码	功能	模态指令类型	非模态指令类型	代码	功能	模态指令类型	非模态指令类型
G00	点定位	a		G54	沿X轴直线偏移	f	
G01	直线插补	a		G55	沿Y轴直线偏移	f	
G02	顺时针圆弧插补	a		G56	沿Z轴直线偏移	f	
G03	逆时针圆弧插补	a		G57	XY平面直线偏移	f	
G04	暂停	—	*	G58	ZX平面直线偏移	f	
G05	不指定	#	#	G59	YZ平面直线偏移	f	
G06	抛物线插补	a		G60	准确定位1(精)	h	
G07	不指定	#	#	G61	准确定位2(粗)	h	
G08	自动加速	—	*	G62	快速定位(粗)	h	
G09	自动减速	—	*	G63	攻螺纹	—	*
G10~16	不指定	#	#	G64~G67	不指定	#	#
G17	XY平面选择	c		G68	内角刀具偏置	#(d)	#
G18	ZX平面选择	c		G69	外角刀具偏置	#(d)	#
G19	YZ平面选择	c		G70~G79	不指定	#	#
G20~G32	不指定	#	#	G80	取消固定循环	e	
G33	等螺距螺纹切削	a		G81	钻孔循环	e	
G34	增螺距螺纹切削	a		G82	钻或扩孔循环	e	
G35	减螺距螺纹切削	a		G83	钻深孔循环	e	
G36~G39	永不指定	#	#	G84	攻螺纹循环	e	
G40	刀具补偿/偏置取消	d		G85	镗孔循环1	e	
G41	刀具补偿—左	d		G86	镗孔循环2	e	
G42	刀具补偿—右	d		G87	镗孔循环3	e	
G43	刀具偏置—正	#(d)	#	G88	镗孔循环4	e	
G44	刀具偏置—负	#(d)	#	G89	镗孔循环5	e	
G45	刀具偏置+/+	#(d)	#	G90	绝对值输入方式	j	
G46	刀具偏置+/−	#(d)	#	G91	增量值输入方式	j	
G47	刀具偏置−/−	#(d)	#	G92	预值寄存	—	*
G48	刀具偏置−/+	#(d)	#	G93	时间倒数进给率	k	
G49	刀具偏置0/+	#(d)	#	G94	每分钟进给	k	
G50	刀具偏置0/−	#(d)	#	G95	主轴每转进给	k	
G51	刀具偏置+/0	#(d)	#	G96	主轴恒线速度	i	
G52	刀具偏置−/0	#(d)	#	G97	主轴每分钟转速	i	
G53	取消直线偏移功能	f		G98~G99	不指定	#	#

注：1. *号表示该功能为非模态有效指令，只在所出现的程序段中有效；

　　2. #号表示如选做特殊用途，必须在程序格式说明中说明。

附录2 FANUC系统辅助功能M代码

代码(1)	功能开始时间		功能保持到被注销或被适当程序指令代替(4)	功能仅在所出现的程序段内有用(5)	功能(6)	代码(1)	功能开始时间		功能保持到被注销或被适当程序指令代替(4)	功能仅在所出现的程序段内有用(5)	功能(6)
	与程序段指令运动同时开始(2)	在程序段指令完成后开始(3)					与程序段指令运动同时开始(2)	在程序段指令完成后开始(3)			
M00		*		*	程序停止	M38	*		#		主轴速度范围1
M01		*		*	计划停止	M39	*		#		主轴速度范围2
M02		*		*	程序结束	M40~M45	#	#	#	#	如有需要作为齿轮的换挡;此外不指定
M03	*		*		主轴正向运转						
M04	*		*		主轴逆向运转						
M05		*	*		主轴停止	M46~M47	#	#	#	#	不指定
M06	#	#		*	换刀						
M07	*		*		2号冷却液开	M48		*	*		注销M49
M08	*		*		1号冷却液开	M49	*		*		进给率修正旁路
M09		*	*		冷却液关	M50	*		*		3号冷却液开
M10	#	#	*		夹紧	M51	*		*		4号冷却液开
M11	#	#	*		松开	M52~M54	#	#	#	#	不指定
M12	#	#	#	#	不指定						
M13	*		*		主轴正向运转及切削液开	M55	*		*		刀具直线位移,位置1
M14	*		*		主轴逆向运转及切削液开	M56	*		*		刀具直线位移,位置2
						M57~M59	#	#	#	#	不指定
M15	*			*	正运动	M60		*		*	更换工件
M16	*			*	负运动	M61	*		*		工件直线位移,位置1
M17~M18	#	#	#	#	不指定	M62	*		*		工件直线位移,位置2
M19		*	*		主轴定向停止	M63~M70	#	#	#	#	不指定
M20~M29	#	#	#	#	永不指定	M71	*		*		工件角度位移,位置1
M30		*		*	纸带结束	M72	*		*		工件角度位移,位置2
M31	#	#		*	互锁旁路						
M32~M35	#	#	#	#	不指定	M73~M89	#	#	#	#	不指定
M36	*		#		进给范围1	M90~M99	#	#	#	#	不指定
M37	*		#		进给范围2						

注:1. #号表示如选做特殊用途,必须在程序说明中说明;2. *号表示属本栏所指;3. M90~M99可指定为特殊用途。

附录3　FANUC系统部分功能的技术术语及解释

1) 控制轨迹数(controlled path)

CNC控制的进给伺服轴(进给)的组数。加工时每组形成一条刀具轨迹。各组可单独运动,也可同时协调运动。

2) 控制轴数(controlled axis)

CNC控制的进给伺服轴总数/每一轨迹。

3) 联动控制轴数(simultaneously controlled axes)

每一轨迹同时插补的进给伺服轴数量。

4) PMC控制轴(axis control by PMC)

由PMC(可编程机床控制器)控制的进给伺服轴。控制指令编在PMC的程序(梯形图)中,因此修改不便。所以这种方法通常只用于移动量固定的进给轴控制。

5) C_f轴控制(C_f axis control)

车床系统中,主轴的回转位置(转角)控制和其他进给轴相同,由进给伺服电动机实现。该轴与其他进给轴联动进行插补,加工任意曲线。

6) Cs轮廓控制(Cf contouring control)(T系列)

车床系统中,主轴的回转位置(转角)控制不是用进给伺服电动机,而由FANUC主轴电动机实现。主轴的位置(角度)由装于主轴(不是主轴电动机)上的高分辨率编码器检测。此时主轴作为进给伺服轴工作,其运动速度为:rad/min。并可与其他进给轴同时进行插补,加工出轮廓曲线。

7) 回转轴控制(rotary axis control)

将进给轴设定为回转轴作角度位置控制。回转一周的角度,可用参数设为任意值。FANUC系统通常只是基本轴以外的进给轴才能设为回转轴。

8) 控制轴脱开(controlled axis detach)

指定某一进给伺服轴脱离CNC的控制而无系统报。报通常用于转台控制。机床不用转台时,执行该功能交转台电动机的插头拔下,卸掉转台。

9) 伺服关断(servo off)

用PMC信号将进给伺服轴的电源关断,使其脱离CNC的控制,用手可以自由移动。但是CNC仍然实时地监视该轴的实际位置。该功能可用于在CNC机床上用机械手轮控制工作台的移动,或工作台、转台被机械夹紧时以避免进给电动机发生过流。

10) 位置跟踪(follow-up)

当伺服关断、急停或伺服报警时,若工作台发生机械位置移动。在CNC的位置误差寄存器中就会有位置误差。位置跟踪功能就是修改CNC控制器监测的机床位置,使位置误差寄存器中的误差变为零。当然,是否执行位置跟踪应该根据实际控制的需要而定。

11) 增量编码器(increment pulse coder)

回转式(角度)位置测量元件,装于电动机轴或滚珠丝杠上,回转时发出等间隔脉冲表示位移量。由于码盘上没有零点，所以不能表示机床的位置。只有在机床回零，建立了机床坐标系的零点后，才能表示出工作台或刀具的位置。

使用时增量编码器的信号输出有两种方式：串行和并行。CNC 单元与此对应有串行接口和并行接口。

12) 绝对值编码器(absolute pulse coder)

回转式(角度)位置测量元件，用途与增量编码器相同。不同的是这种编码器的码盘上有绝对零点，该点作为脉冲的计数基准。因此计数值既可以反映位移量也可以实时地反映机床的实际位置。另外，关机后机床的位置也不会丢失。开机后不用回零点，即可立即投入加工运行。与增量编码器一样，使用时应注意脉冲信号的串行输出与并行输出，以便于与 CNC 单元的接口相配(早期的 CNC 系统无串行口)。

13) FSSB(FANUC 串行伺服总线)

FANUC 串行伺服总线(FANUC serial servo bus)是 CNC 单元与伺服放大器间的信号高速传输总线。使用一条光缆可以传递 4~8 个轴的控制信号，因此，为了区分各个轴，必须设定有关参数。

14) 简易同步控制(simple synchronous control)

两个进给轴一个是主动轴，另一个是从动轴。主动轴接收 CNC 的运动指令，从动轴跟随主动轴运动，从而实现两个轴的同步移动。CNC 随时监视两个轴的移动位置，但是并不对两者的误差进行补偿，如果两个轴的移动位置超过参数的设定值，CNC 即发出报警，同时停止各轴的运动。该功能用于大工作台的双轴驱动。

15) 双驱动控制(tandem control)

对于大工作台，一个电动机的力矩不足驱动时，可以用两个电动机，这就是本功能的含义。两个轴中一个是主轴，另一个是从动轴。主动轴接收 CNC 的控制指令，从动轴增加驱动力矩。

16) 同步控制(synchronous control)(T 系列的双迹系统)

双轨迹的车床系统，可以实现一个轨迹的两个轴的同步，也可实现两个轨迹的两个轴的同步。同步控制方法与上述"简易同步控制"相同。

17) 混合控制(composite control)(T 系列的双迹系统)

双轨迹的车床系统，可以实现两个轨迹的轴移动指令的互换，即第一轨迹的程序可以控制第二轨迹的轴运动；第二轨迹的程序可以控制第一轨迹的轴运动。

18) 重叠控制(superimposed control)(T 系列的双迹系列)

双轨迹的车床系统，可以实现两个轨迹的轴移动指令同时执行。与同步控制的不同点是：同步控制中只能给主动轴运动指令，而重叠控制既可给主动轴送指令，也可给从动轴送指令。从动轴的移动量为本身的移动量与主动轴的移动量之和。

19) B 轴控制(B-axis control)(T 系列)

B 轴是车床系统的基本轴(X,Z)以外增加的一个独立轴，用于车削中心。其上装有动力主轴，因此可以实现钻孔、镗孔或与基本轴同时工作实现复杂工件的加工。

20) 卡盘/尾架的屏障(chuck/tailstock barrier)(T 系列)

该功能是在 CNC 的显示屏上有一设定画面,操作员根据卡盘和尾架的形状设定一个刀具禁入区,以防止刀尖与卡盘和尾架碰撞。

21) 刀架碰撞检查(tool post interference check)(T 系列)

双迹车床系统中,当用两个刀架加工一个工件时,为避免两个刀架的碰撞可以使用该功能。其原理是用参数设定两刀架的最小距离,加工中必须进行检查。在发生碰撞之前停止刀架的进给。

22) 异常负载检测(abnormal load detection)

机械碰撞、刀具磨损或断裂会对伺服电动机及主轴电动机造成大的负载力矩,可能会损害电动机及驱动器。该功能就是监测电动机的负载力矩,当超过参数的设定值时提前使电动机停止并反转退回。

23) 手轮中断(manual handle interruption)

在自动运行期间摇动手轮,可以增加运动轴的移动距离。用于选种或尺寸的修正。

24) 手动干预及返回(manual intervention and return)

在自动运行期间,用进给暂停使进给轴停止。然后用手动将该轴移动到某一位置做一些必要的操作(如换刀)。操作结束后按下自动加工启动按钮即可返回原来的坐标位置。

25) 手动绝对值开/关(manual absolute ON/OFF)

该功能用来决定在自动运行时,进给暂停后用手动移动的坐标值是否加到自动运行的当前位置值上。

26) 手摇轮同步进给(handle synchronous feed)

在自动运行时,刀具的进给速度不是由加工程序指定的速度,而是与手摇脉冲发生器的转动速度同步。

27) 手动方式数字指令(manual numeric command)

CNC 系统设计了专用的 MDI 画面。通过该画面用 MDI 键盘输入运动指令(G00,G01等)和坐标轴的移动量,由 JOG(手动连续)进给方式执行这些指令。

28) 主轴串行输出/主轴模拟输出(spindle serial output/Spindle analog output)

主轴控制有两种接口:一种是按串行方式传送数据(CNC 给主轴电动机的指令)的接口称为串行输出;另一种是输出模拟电压量作为主轴电动机指令的接口。前一种必须使用 FANUC 的主轴驱动单元和电动机,后一种用模拟量控制的主轴驱动单元(如变频器)和电动机。

29) 主轴定位(spindle positioning)(T 系统)

这是车床主轴的一种工作方式(位置控制方式)。用 FANUC 主轴电动机和装在主轴上的位置编码器,实现固定角度的间隔的圆周上的定位或主轴任意角度的定位。

30) 主轴定向

为了执行主轴定位或者换刀,必须将机床主轴在回转的圆周方向定位于某一转角上,作为动作的基准点。CNC 的这一功能就称为主轴定向。FANUC 系统提供了以下 3 种方法:用位置编码器定向和用磁性传感器定向和用外部一转信号(如接近开关)定向。

31) Cs 轴轮廓控制(Cs Contour control)

Cs 轮廓控制是将车床的主轴控制变为位置控制,实现主轴按回转角度的定位。并可与其他进给轴插补以加工出形状复杂的工件。

Cs 轴控制必须使用 FANUC 串行主轴电动机,在主轴上要安装高分辨率的脉冲编码器。因此,用 Cs 轴进行主轴的定位要比上述的主轴定位精度高。

32) 多主轴控制(Multi—spindle control)

CNC 除了控制第一主轴外,还可以控制其他的主轴,最多可控制 4 个(取决于系统)。通常是两上串行主轴和一个模拟主轴。主轴的控制命令 S 由 PMC(梯形图)确定。

33) 刚性攻丝(Rigid tapping)

攻丝操作不使用浮动夹头而是由主轴的回转与攻丝进给轴的同步运行实现。主轴回转一转,攻丝轴的进给量等于丝锥的螺距,这样可提高精度和效率。

要实现刚性攻丝,主轴上必须装有位置编码器(通常是 1024 脉冲/每转),并要求编制相应的梯形图,设定有关的系统参数。

铣床、车床(车削中心)都可实现刚性攻丝。但车床不能像铣床一样实现反攻丝。

34) 主轴同步控制(Spindle synchronous control)

该功能可实现两个主轴(串行)的同步运行。除速度同步回转外,还可实现回转相位的同步。利用相位同步,在车床上可用两个主轴夹持一个形状不规则的工件。根据 CNC 系统的不同,可实现一个轨迹内的两个主轴的同步,也可实现两个轨迹中的两个主轴的同步。按收 CNC 指令的主轴称为主主轴,跟随主主轴同步回转的称为从主轴。

35) 主轴简易同步控制(simple spindle synchronous control)

两个串行主轴同步运行,接收 CNC 指令的主轴为主主轴,跟随主主轴运转的为从主轴。两个主轴同时以相同转速回转,可同时进行刚性攻丝、定位或 Xs 轴轮廓插补等操作。与上述的主轴同步不同,简易主轴同步不能保证两个主轴的同步化。进入简易同步状态由 PMC 信号控制,因此必须在 PMC 程序中编制相应的控制语句。

36) 主轴输出的切换(spindle output switch)

这是主轴驱动器的控制功能。使用特殊的主轴电动机,这种电动机的定子有两个绕组:高速绕组和低速绕组,用该功能切换两个绕组。经实现宽的恒功率调速范围。绕组的切换用继电器,切换控制由梯形图实现。

37) 刀具补偿存储器 A、B、C(tool compensation memory A,B,C)

刀具补偿存储器可用参数设为 A 型、B 型或 C 型的任意一种。A 型不区分刀具的几何形状补偿量和磨损补偿量。B 是把几何形状补偿与磨损补偿分开。通常,几何补偿量是测量刀具尺寸的差值;磨损补偿量是测量加工工件尺寸的差值。C 型不但将几何开头补偿与磨损补偿分开,将刀具长度补偿代码与半径补偿代码也分开。长度补偿代码为 H,半径补偿代码为 D。

38) 刀尖半径补偿(tool nose radius compensation)(T)

车刀的刀尖都有圆弧,为了精确车削,根据加工时的走刀方向和刀具与工件间的相对方位刀尖圆弧半径进行补偿。

39) 三维刀具补偿(Three—dimension tool compensation)(M)

在多坐标联动加工中,刀具移动过程中可在三个坐标方向对刀具进行偏移补偿。可实现用刀具侧面加工的补偿,也可实现用刀具端面加工的补偿。

40) 刀具寿命管理(Tool life management)

使用多把刀具时将刀具按其寿命分组,并在 CNC 的刀具管理表上预先设定好刀具的使用顺序。加工中使用的刀具到达寿命值时可自动或人工更换同一组的下一把刀具,同一组的刀具用完后就使用下一组的刀具。刀具的更换无论是自动还是人工,都必须编制梯形图偏置,刀具寿命的单位可用参数设定为"分"或"使用次数"。

41) 自动刀具长度测量(automatic tool length measurement)

在机床上安装接触传感器,和加工程序一样编制刀具长度的测量程序(G36,G37),在程序中要指定刀具使用的偏置号。在自动方式下执行该程序,使刀具与传感器接触,从而测出其与基准刀具的长度差值,并自动将该值填入程序指定的偏置号中。

42) 极坐标插补(polar coordinate interpolation)(T)

极坐标编程就是把两个直线轴的笛卡尔坐标系变为横轴为直线轴,比值轴为回转轴的坐标系,用该坐标系编制非圆型轮廓的加工程序。通常用于车削直线槽,或在磨床上磨削凸轮。

43) 圆柱插补(Cylindrical interpolation)

在圆柱笔柱体的外表面上进行加工操作时(如加工滑块槽),为了编程简单,将两个直线轴的笛卡尔坐标系变为横轴为回转轴(C)、纵轴为直线轴(Z)的坐标系,用该坐标系编制外表面上的加工轮廓。

44) 虚拟轴插补(hypothetical interpolation)(M)

在圆弧插补时将其中的一个轴定为虚拟插补轴,即插补运算仍然按正常的圆弧插补,但插补出的虚拟轴的移动量并不输出,因此虚拟轴也就无任何运动。这样使得另一轴的运动呈正弦函数规律。可用于正弦曲线运动。

45) NURBS 插补(NURBS Interpolation)(M)

汽车和飞机等工作用的模具多数用 CAD 设计。为了确保精度,设计中采用了非均匀有理化 B 样条函数(NURBS)描述雕刻(Sculpture)曲面和曲线。

参考文献

[1] 王永章,杜君文,程国全. 数控技术[M]. 北京:高等教育出版社,2001.
[2] 王彪,张兰. 数控加工技术[M]. 北京:北京大学出版社,2006.
[3] 何雪明,吴晓光,常兴. 数控技术[M]. 武汉:华中科技大学出版社,2006.
[4] 毕承恩,丁乃建. 现代数控机床(上、下册)[M]. 北京:机械工业出版社,1991.
[5] 周凯. PC数控原理系统及应用[M]. 北京:机械工业出版社,2006.
[6] 王润孝,秦现生. 机床数控原理与系统(第二版)[M]. 西安:西北工业大学出版社,2004.
[7] 杨有君. 数控技术[M]. 北京:机械工业出版社,2005.
[8] 卢胜利,王睿鹏,祝玲. 现代数控系统—原理、构成与实例[M]. 北京:机械工业出版社,2007.
[9] 王爱玲. 机床数控技术[M]. 北京:高等教育出版社,2006.
[10] 王令其,张思弟. 数控加工技术[M]. 北京:机械工业出版社,2008.
[11] 曹凤. 数控编程[M]. 重庆:重庆大学出版社,2008.
[12] 全国数控培训网络天津分中心组编. 数控编程[M]. 北京:机械工业出版社,2008.
[13] 杨伟群等. 数控工艺培训教程(数控铣部分)[M]. 北京:清华大学出版社,2002.
[14] 宋放之等. 数控工艺培训教程(数控车部分)[M]. 北京:清华大学出版社,2003.
[15] 无锡职业技术学院精品课程网站 http://jpkc.wxit.net.cn/.